网络系统分析与设计

主　编　严承华

副主编　谢　慧　廖　巍　徐建桥

北京大学出版社

PEKING UNIVERSITY PRESS

内 容 简 介

本书针对网络系统分析与设计的特点，全面系统地介绍了网络系统所涉及的各种理论、技术，网络系统设计方案和步骤，以及网络系统工程项目需要的基本知识、体系结构、通信协议、网络设备、传输介质等多项技术和相关产品的基础理论和实施技术，并结合网络技术最新发展趋势，完善网络系统中有关综合布线与运行环境设计、网络设计测试与优化等内容，同时将物联网、三网融合等新技术和新产品的知识融合进来，并对网络系统的需求分析与方案设计、综合布线与网络设计、局域网组建、安全解决方案和工程项目管理等相关知识做了详细讲解，最后通过范例讲解了网络系统分析与设计方案。

本书所涉及的问题是广大网络系统工程技术人员极为关心、亟待解决的问题，因此它具有教材和技术资料的双重特征。本书既可以作为各类本科、专科、职业技术院校计算机相关专业的教材和教学参考书，也可以作为网络系统行业的技术人员、有志于从事网络系统技术工作的高校学生、网络系统项目管理人员、系统集成公司的网络工程技术人员的工作参考书。

图书在版编目(CIP)数据

网络系统分析与设计/严承华主编. —北京：北京大学出版社，2012.6

(21 世纪全国本科院校电气信息类创新型应用人才培养规划教材)

ISBN 978-7-301-20644-7

Ⅰ. ①网… Ⅱ. ①严… Ⅲ. ①计算机网络－网络系统－系统分析－高等学校－教材②计算机网络－网络系统－系统设计－高等学校－教材 Ⅳ. ①TP393

中国版本图书馆 CIP 数据核字(2012)第 091925 号

书　　　　名：网络系统分析与设计
著作责任者：严承华　主编
策　划　编　辑：郑　双
责　任　编　辑：郑　双
标　准　书　号：ISBN 978-7-301-20644-7/TP · 1221
出　　版　　者：北京大学出版社
地　　　　址：北京市海淀区成府路 205 号　100871
网　　　　址：http://www.pup.cn　http://www.pup6.cn
电　　　　话：邮购部 62752015　发行部 62750672　编辑部 62750667　出版部 62754962
电　子　邮　箱：pup_6@163.com
印　　刷　　者：河北滦县鑫华书刊印刷厂
发　　行　　者：北京大学出版社
经　　销　　者：新华书店
　　　　　　　　787 毫米×1092 毫米　16 开本　20.25 印张　469 千字
　　　　　　　　2012 年 6 月第 1 版　　2012 年 6 月第 1 次印刷
定　　　　价：39.00 元

未经许可，不得以任何方式复制或抄袭本书之部分或全部内容。

版权所有，侵权必究　　举报电话：010-62752024

电子邮箱：fd@pup.pku.edu.cn

前　　言

随着计算机网络技术的广泛应用，网络系统在全世界快速发展并迅速普及应用，推动人类社会跨入了信息化时代。信息化网络系统已经成为当今世界社会发展的支柱和基础，我国的信息化建设也日益蓬勃，随着电子政务、电子商务、企业网和园区网建设的深入实施，社会对计算机网络系统建设和管理人才的需求迅速增长。

计算机网络系统的建设和管理内容复杂，头绪繁多。随着网络规模不断扩大及其复杂性日益增加，网络系统的构建和日常维护变得越来越重要。因此，要求相应的网络工程专业人员必须具备一定的系统分析与设计专业素质和实践经验，需要具备计算机硬件和软件、网络和通信、信息和安全方面的丰富知识，具有很强的系统设计和分析能力，以及强烈的求知欲和非常强的自学能力。要成为一名合格的网络工程技术人员，需要全面掌握网络规划与设计、综合布线和施工、机房建设、网络主干系统构建及网络系统分析等各方面的知识，熟悉各种网络设备的性能、特点和配置过程，并了解网络技术的各种规范和要求，能设计和分析网络系统。

本书全面介绍网络系统分析、设计和管理，从基础知识到系统设计与分析，采用了循序渐进的思路，既强调知识的基础性，又注重技术的实用性和新颖性，使读者不但能掌握相关的基础知识，更重要的是能达到"懂原理、会分析、会设计、会建网"的目的。另外，本书还融合了目前计算机网络中的新技术，以期读者能了解当前网络系统的最新进展。

本书由浅入深，清楚阐述基本概念，注重理论联系实际，结合网络系统的最新发展，使读者对现代网络系统分析设计的框架体系和发展趋势有较全面的理解和掌握。本书的目的是使读者熟悉计算机网络建设的整个过程及网络管理的基本原理，掌握网络系统分析与设计方法，为读者进一步学习和实践打下坚实基础。

全书共分 11 章，第 1~3 章主要讲述了网络系统的相关内容，主要包括网络系统的基本知识、网络体系结构及通信协议和网络设备与传输介质；第 4~6 章主要讲述了网络系统的设计知识，主要包括网络需求分析与方案设计、综合布线与运行环境设计和 LAN 的组建与 VPN；第 7 章和第 8 章主要讲述了网络系统分析的相关内容，主要包括网络性能分析和网络设计测试与优化；第 9 章述了网络系统安全解决方案；第 10 章讲述了网络系统工程项目管理；第 11 章讲述了网络系统分析与设计方案范例。

本书由海军工程大学严承华担任主编，参加编写工作的人员还有海军工程大学谢慧、张琪、廖巍、张志明、冯坤、徐建桥等。在编写过程中，本书还得到了海司机要局、海军工程大学信息安全系领导和同事的支持和帮助，在此一并表示感谢，特别感谢北京大学出版社的郑双老师在本书出版的过程中给予的支持和帮助。

本书可作为网络工程、信息工程、通信工程、自动化、计算机科学技术等本科专业及信息与计算机类专业研究生的教材和教学参考书，也可作为专业技术人员的参考和培训资料。由于编者水平有限，难免存在不当之处，恳请读者批评指正。

编　者

2012 年 3 月

目　　录

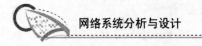

第 **1** 章
网络系统的基本知识

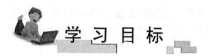
学 习 目 标

- 了解计算机网络的发展过程；
- 了解局域网的拓扑结构；
- 理解并掌握计算机网络的交换技术。

知 识 结 构

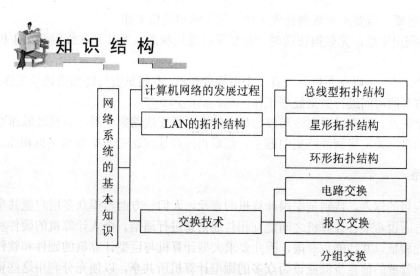

计算机网络是密切结合计算机技术和通信技术，正迅速发展并获得广泛应用的一门综合性学科。国家网络建设的规模和水平是衡量一个国家综合国力、科技水平和社会信息化的重要标志。经过 50 多年的发展，计算机网络技术已经进入了一个崭新的时代，特别是在当今的信息社会，网络技术已深入到国家经济各部门和社会生活的各个方面，成为人们日常生活工作中不可缺少的工具。本章从网络的产生和发展开始，全面地介绍计算机网络的功能、应用、组成等基本概念。

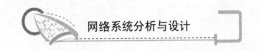

1.1　计算机网络的发展过程

计算机网络的出现依赖于计算机技术和通信技术的发展，经历了批处理系统、分时系统以及计算机网络 3 个阶段。

1.1.1　批处理系统

早期的计算机系统，没有管理程序和操作系统，用户只能将自己的程序和数据手工输入送到计算机中心。在出现了第二代计算机(晶体管时代)后，在软件方面产生了批处理系统，这样通过通信线路可对分散在各地的数据进行集中处理，这种脱机通信方式的批处理系统需要操作员干预，由操作员传送原始数据和程序到计算机，然后把计算结果返回给远程站点。随着计算机技术的进一步发展，在机器上增加了通信控制装置，从而构成具有联机通信功能的批处理系统。这种联机系统是机器依靠通信线路直接、自动且不需人工干预地接收来自远程站的输入信息，并将其加以处理，最后通过通信线路将处理结果送到远程站。

1.1.2　分时系统

随着连接终端的越来越多，批处理系统存在的缺点越来越明显，主要表现在以下两个方面。

(1) 主机负担过重，既要承担数据处理工作，又要承担通信工作。

(2) 通信线路利用率低，无数据传送时，也要保持连通状态，尤其是在终端距离主机较远时更是如此。

为克服第一个缺点，可以在主机前设置一个前置处理机，专门负责与终端的通信工作，使主机系统能有较多的时间进行数据处理工作。

为克服第二个缺点，通常采用在终端较为集中的地区设置线路集中器，并通过低速通信线路，把附近的终端先汇集到线路集中器上，然后再用高速线路把集中器与主机相连。

1.1.3　计算机网络

随着计算机应用的深入，特别是家用计算机的普及，人们一方面希望众多用户能共享信息资源，另一方面也希望各计算机之间能互相传递信息进行通信。个人计算机的硬件和软件配置一般都比较低，其功能也有限，因此要求大型计算机与巨型计算机的硬件和软件资源，以及它们所管理的信息资源应该为众多的微型计算机所共享，以便充分利用这些资源。这些原因促使计算机向网络化发展，使分散的计算机连接成网，组成计算机网络。

计算机网络是现代通信技术与计算机技术相结合的产物。计算机网络就是把分布在不同地理区域的计算机与专门的外部设备通过通信线路互联成一个规模大、功能强的网络系统，从而使网络内众多的计算机可以方便地互相传递信息，共享硬件、软件、数据信息等资源。

计算机网络具有共享资源、提高可靠性、分担负荷和实现实时管理等优点。从 20 世纪80年代末开始，计算机网络技术进入新的发展阶段，它以光导纤维(以下简称"光纤")通信应用于计算机网络、多媒体技术、综合业务数字网络(integrated service digital network, ISDN)以及人工智能网络的出现和发展为主要标志；20世纪90年代至21世纪初是计算机网络高速发展的时期，随着社会的发展，计算机网络的应用将向更高层次发展，尤其是Internet的建立，推动了计算机网络的飞速发展。

据预测，今后计算机网络将具有以下3个特点。

(1) 开放式的网络体系结构使不同软硬件环境、不同网络协议的网络实现互联，真正达到资源共享、数据通信和分布处理的目的。

(2) 向高性能发展，追求高速、高可靠和高安全性；采用多媒体技术，以提供文本、声音、图像等综合性服务。

(3) 计算机网络的智能化将提高网络的性能和综合的多功能服务，能更加合理地进行网络各种业务的管理，真正以分布和开放的形式向用户提供服务。

社会及科学技术的发展对计算机网络的发展提出了更高的要求，同时也为其发展提供了更加有利的条件。计算机网络与通信网的结合使得众多的个人计算机不仅能够同时处理文本、声音、图像等信息，而且还可以让这些信息能及时地与全国乃至全世界的信息进行交换。

一般来说，计算机网络可以提供以下4个方面的服务。

(1) 资源共享。

(2) 信息传输与集中处理。

(3) 均衡负荷与分布处理。

(4) 综合信息服务。

计算机网络可以向全社会提供各种经济信息、科研情报和咨询服务。其中，国际互联网上的环球信息网(world wide web, WWW)服务就是一个最典型也是最成功的例子。ISDN就是将电话机、传真机、电视机和复印机等办公设备纳入计算机网络中，提供了数字、语音、图形图像等多种信息的传输。

计算机网络目前正处于迅速发展的阶段，随着网络技术的不断更新，计算机网络的应用范围将不断扩大。除了资源共享和信息传输等基本功能外，计算机网络还具有以下4个方面的应用。

(1) 远程登录。远程登录是指允许一个地点的用户与另一个地点的计算机上运行的应用程序进行交互对话。

(2) 传送电子邮件(E-mail)。计算机网络可以作为通信媒介，用户可以在自己的计算机上把电子邮件发送到世界各地，这些邮件可以包含文字、声音、图形图像等信息。

(3) 电子数据交换(electronic data interchange, EDI)。EDI是计算机网络在商业中的一种重要的应用形式。它以共同认可的数据格式，在具有贸易伙伴关系的计算机之间传输数据，代替了传统的贸易单据，从而节省了大量的人力和财力，提高了效率。

(4) 联机会议。利用计算机网络，人们可以通过个人计算机参加会议讨论，除了可以使用文字外，还可以传送声音和图像。

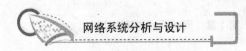

总之，计算机网络的应用范围非常广泛，已经渗透到国民经济以及人们日常生活的各个方面。

下面简单介绍计算机网络的分类、基本组成和简单协议。

1. 计算机网络的分类

计算机网络的种类很多，根据各种不同的分类原则，可以得到各种不同类型的计算机网络。计算机网络通常是按照规模大小和延伸范围来分类的，常见的有局域网(local area network，LAN)、城域网(metropolitan area network，MAN)和广域网(wide area netwok，WAN)。Internet 可以视为世界上最大的 WAN。另外，按照网络的拓扑结构划分，计算机网络可以分为环形网络、星形网络、总线型网络等；按照通信传输的介质划分，可以分为双绞线网、同轴电缆网、光纤网和卫星网等；按照信号频带占用方式划分，可以分为基带网和宽带网。

传输介质是网络中发送方与接收方之间的物理通路，对网络数据通信的质量有很大的影响。常用的网络传输介质有 4 种，即双绞线、同轴电缆、光缆(光导纤维)和无线通信(微波/卫星通信)。

1) LAN

LAN 是指在一个较小地理范围内的各种计算机网络设备互联在一起的通信网络，可以包含一个或多个子网，通常局限在几千米的范围之内。按照网络的拓扑结构和传输介质不同，LAN 通常可划分为以太网(ethernet)、令牌环网(token ring)、光纤分布式数据接口(fiber distributed data interface，FDDI)、异步传输模式(asynchronous transfer made，ATM)等，其中最常用的是以太网。

LAN 中常用设备有以下 3 种。

(1) 网络接口卡(network interface card，网络接口卡)。网络接口卡简称网卡，负责计算机与网络介质之间的电气连接、比特数据流的传输和网络地址的确认，主要技术参数为带宽速度、总线方式、电气接口方式。

(2) 集线器(hub)。这里主要指共享式集线器，它相当于一个多口的中继器，一条共享的总线，能实现简单的加密和地址保护。它主要考虑带宽速度、接口数、智能化(可网管)和扩展性(可级联和堆叠)。

(3) 交换机(switch)。这里主要指交换式集线器。交换机是在保护原有投资的基础上出现的，能够提高网络性能、网络响应速度、网路负载能力。交换机技术现在正不断地更新发展，功能在不断地加强，可以实现网络分段、虚拟子网(virtual local area network，VLAN)划分、多媒体应用、图像处理，以及 CAD/CAM、客户机/服务器(client/server，C/S)方式的应用。

不同型号的设备可提供多种不同的网络接口，以适应不同的传输介质(如光缆、双绞线)和速率(10 Mb/s 或 100 Mb/s)的要求。

LAN 被广泛应用在各行各业。将基于个人计算机的智能工作站连接成 LAN 可以实现共享文件和相互协同，还可以共享磁盘、打印机等资源，这类网络在组建时考虑的关键问题是联网的费用要低；若将大型计算机连接成 LAN，可以共享计算机房中的贵重资源(如海量存储器等)，这类网络关键在于要高速传输数据；用于办公室自动化的 LAN 更是一个广泛的应用领域，其组建的关键是要提高办公室的效率。随着综合声音、图像、图形的多媒体技术在 LAN 中的广泛应用，计算机网络的应用形式更加多种多样。

2) MAN

MAN 主要是由一个城市范围内的各 LAN 互联而成的，一般较少提起。

3) WAN

WAN 是由相距较远的 LAN 或 MAN 互联而成，通常除了涉及计算机设备以外，还要涉及一些电信通信方式。以下是 WAN 的主要应用。

(1) 公用电话网(public switched telephone network，PSTN)。PSTN 速度为 9600b/s～28.8kb/s，需要异步调制解调器(modem)和电话线，投资少，安装调试容易，常常被用作拨号访问方式。通常我们访问 Internet 多采用此种方式。

(2) ISDN。ISDN 具有 128kb/s 的基本接口，使用普通电话线但需要电信提供 ISDN 业务、数字传输、来电显示，拨通时间短，费用约为普通电话的 4 倍。目前开通 ISDN 的城市已不多，它正逐渐被 ADSL 所取代。

(3) 数字数据专线(digital data network leased line，DDN 专线)。DDN 专线的速度为 64kb/s～2.048Mb/s(E1 标准)，需要配同步 modem，有 EIA/TIA 232(V.24)和 V.35 两种标准；点对点的连接方式，结构不够灵活。

(4) X.25。X.25 速度为 9600b/s～64kb/s，是比较落后的方式，应用广泛；采用冗余校验纠错，可靠性高，但速度慢，延迟大。

(5) 帧中继(frame relay)。帧中继是较新的技术，速度为 64kb/s～2.048Mb/s(E1 标准)；它采用一点对多点的连接方式，分组交换；具有独特的 Bursty 技术(在传输信息量大的情况下可以超越传输线速度)。目前只有较少城市开通帧中继服务。

此外，还有用于 WAN 的 ATM 技术，但目前在中国尚未应用。

WAN 中常用设备有以下两种。

(1) 路由器(router)。WAN 的通信过程与邮局中信件传递的过程类似，都是根据地址来寻找到达目的地的路径，这个过程在广域网中称为路由(routing)。路由器负责不同 WAN 中各 LAN 之间的地址查找(建立路由)、信息包翻译和交换，实现计算机网络设备与电信设备的电气连接和信息传递，因此路由器必须具有 WAN 和 LAN 两种网络通信接口。

(2) modem。modem 作为网络设备与电信通信线路的接口，负责在电话线上传递数字信息。modem 分为同步和异步两种，分别被用来与路由器的同步串行接口和异步串行接口相连接。

WAN 中的电信通信服务由电信局提供，路由器只提供相应的接口。路由器的 WAN 通信接口分为两大类，即同步串行接口(syncserial port)和异步串行接口(asyncserial port)。DDN 专线、帧中继、X.25 使用路由器的同步串行接口，ISDN 使用路由器的 ISDN BRI 接口(属同步串行接口)，PSTN 使用路由器的异步串行接口。

2. 网络协议简介

计算机网络中实现通信必须有一些约定，即通信协议，必须对速率、传输代码、代码结构、传输控制步骤、出错控制等制定标准。

为了使两个结点之间能进行对话，必须在它们之间建立通信工具(接口)，使彼此之间能进行信息交换。接口包括两部分：一是硬件装置，功能是实现结点之间的信息传送；二是软件装置，功能是规定双方进行通信的约定协议。协议通常由 3 部分组成：一是语义部分，用于决定双方对话的类型；二是语法部分，用于决定双方对话的格式；三是变换规则，用于决定通信双方的应答关系。

由于结点之间的联系可能是很复杂的，因此在制定协议时，一般是把复杂成分分解成一些简单的成分，再将它们复合起来。最常用的复合方式是层次方式，即上一层可以调用下一层，而与再下一层不发生关系。通信协议的分层是这样规定的：把用户应用程序作为最高层，把物理通信线路作为最低层，将其间的协议处理分为若干层，规定每层处理的任务，也规定每层的接口标准。

由于世界各大型计算机厂商推出各自的网络体系结构，因而国际标准化组织(international organization for standardization，ISO)于 1978 年提出著名的"开放系统互连(open system interconnection，OSI)参考模型"。它将计算机网络体系结构的通信协议规定为物理层、数据链路层、网络层、传输层、会话层、表示层、应用层 7 层，受到计算机界和通信业的极大关注，通过十多年的发展和推进已成为各种计算机网络结构的靠拢标准。

3. 传输控制协议/Internet 协议

传输控制协议/Internet 协议(transmission control protocol/Internet protocol，TCP/IP)是为美国 ARPANET 设计的，目的是使不同厂家生产的计算机能在共同网络环境下运行。它涉及异构网通信问题，后发展成为 DARPANET，要求 Internet 上的计算机均采用 TCP/IP 协议，UNIX 操作系统已把 TCP/IP 协议作为它的核心组成部分。TCP 是传输控制协议，规定一种可靠的数据信息传递服务。IP 协议又称 Internet 协议，是支持网间互联的数据报协议，它提供网间连接的完善功能，包括 IP 数据报规定互联网络范围内的地址格式。TCP/IP 协议与低层的数据链路层和物理层无关，这也是 TCP/IP 协议的重要特点。正因为如此，它能广泛地支持由低两层协议构成的物理网络结构。目前已使用 TCP/IP 协议连接成洲际网、全国网与跨地区网。

1.1.4 Internet 与物联网

"物联网"的概念于 1999 年首次提出，当时的定义是，把所有物品通过射频识别等信息传感设备与 Internet 连接起来，实现智能化识别和管理。物联网最初被定位为一种将各类传感器和现有的 Internet 相互衔接的技术。

2005 年，国际电信联盟(international telecommunication union，ITU)发布的 *ITU Internet Reports 2005：The Internet of Things* 中指出，无所不在的"物联网"时代即将来临，世界上所有的物体从轮胎到牙刷、从房屋到纸巾都可以通过 Internet 主动进行信息交换，射频识别技术(radio frequency identification，RFID)、传感器技术、纳米技术、智能嵌入技术将得到广泛的应用。2009 年 1 月 28 日，IBM 首席执行官 Samuel Palmisano(其中文名为彭明盛)在与美国工商业领袖的"圆桌会议"中首次提出"智慧地球"概念，建议新政府投资新一代的智慧型基础设施。此概念得到美国各界的高度关注，极有可能上升为美国的国家战略，并在世界范围内引起轰动。2009 年 8 月 7 日，温家宝总理视察中国科学院无锡微纳传感网工程技术研发中心时指出，要尽快建立中国的传感信息中心，并形象地称之为"感知中国"中心。此后，2009 年 8 月 24 日，中国移动总裁王建宙赴台湾首次发表公开演讲，提出了"物联网"理念。2010 年"两会"期间，国务院的政府工作报告所附的注释中对物联网有如下说明：物联网是通过传感设备按照约定的协议，把各种网络连接起来，进行信息交换和通信，以实现智能化识别、定位、跟踪、监控和管理的一种网络。

如今国际社会广泛达成共识，物联网被认为是继计算机、Internet 与移动通信网之后世界信息产业的第三次浪潮，代表了下一代信息发展技术，被世界各国当做应对国际金融危机，振兴经济的重点技术领域。物联网的关键技术、体系结构、系统模型、网络体系和服务体系都成为当前的研究热点。

物联网的研究和开发目前还处于起步阶段，国内外对物联网的定位和特征的理解还没有统一，物联网的系统模型和结构尚没有形成标准。物联网示范系统建设和部署在社会层面和技术层面也面临较大的挑战。尽管如此，与基础性研究同步，物联网应用研究也取得了一定的进展，在仓储物流、假冒产品的防范、医疗护理、精准农业传感技术的精确应用、智能化专家管理系统、远程监测和遥感系统、生物信息和诊断系统、食物安全追溯系统以及智能楼宇、路灯管理、智能电表、城市自来水网等基础设施领域体现了极大的应用价值，并将发挥巨大的潜在作用。

1.2　LAN 的拓扑结构

计算机网络是由多台独立计算机通过通信线路连接起来的。然而，通信线路是如何把多个计算机连接起来的呢？能否把连接方式抽象成一种可描述的结构？如果能抽象出可描述的结构，其网络结构是否一样？如果不一样，它们各自的特点又是什么？对这些问题的研究是十分必要的。

计算机科学家通过采用从图论演变而来的"拓扑"方法，抛开网络中的具体设备，把工作站、服务器(server)等网络单元抽象为"点"，把网络中的电缆等通信媒体抽象为"线"，这样从拓扑学的观点看计算机网络系统，就形成了由点和线组成的几何图形，从而抽象出了网络系统的具体结构，称这种采用拓扑学方法抽象出的网络结构为计算机网络的拓扑结构。拓扑学方法是一种研究与大小形状无关的点、线、面特点的方法。计算机网络系统的拓扑结构主要有总线型、星形、环形、树形、全互联型和不规则型等多种拓扑结构，如图 1.1 所示是最常见的 4 种结构。网络拓扑结构对整个网络的设计、功能、可靠性、费用等方面有着重要的影响。

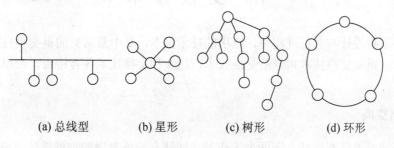

(a) 总线型　　　　(b) 星形　　　　(c) 树形　　　　(d) 环形

图 1.1　常见 LAN 络拓扑结构的逻辑结构

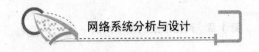

1.2.1 总线型拓扑结构

总线型网络采用单根传输线作为传输介质，所有站点都通过相应的硬件接口直接连接到传输介质或者总线上。使用一定长度的电缆将设备连接在一起。设备可以在不影响系统中其他设备工作的情况下从总线上取下。任何一个站点发送的信号都可以沿着介质传播，而且能被其他所有站点接收。总线型拓扑结构的优点是，电缆长度短，易于布线和维护；结构简单，传输介质是无源元件，从硬件的角度看，十分可靠。总线型拓扑结构的缺点是，因为总线型网络不是集中控制的，所以故障检测需要在网上的各个站点上进行；在扩展总线的干线长度时，需重新配置中继器、剪裁电缆、调整终端器等；总线上的站点需要介质访问控制功能，这就增加了站点的硬件和软件费用。

1.2.2 星形拓扑结构

星形网是由通过点到点链路连接到中央结点的各站点组成的，通过中心设备实现许多点到点的连接。在数据网络中，中心设备是主机或集线器。在星形网络中，可以在不影响系统其他设备工作的情况下，非常容易地增加和减少设备。星形拓扑结构的优点是，利用中央结点可以方便地提供服务和重新配置网络；单个连接点的故障只影响一个设备，不会影响全网，容易检测和隔离故障，便于维护；任何一个连接只涉及中央结点和一个站点，因此控制介质访问的方法很简单，从而访问协议也十分简单。星形拓扑结构的缺点是，每个站点直接与中央结点相连，需要大量电缆，因此费用较高；如果中央结点产生故障，则全网不能工作，所以对中央结点的可靠性和冗余度要求很高。

1.2.3 环形拓扑结构

环形网络由连接成封闭回路的网络结点组成，每一个结点与它相邻的结点连接。环形网络的一个典型代表是令牌环 LAN，它的传输速率为 4Mb/s 或 16Mb/s，这种网络结构最早由 IBM 推出，但现在已被其他厂家采用。在令牌环网络中，拥有"令牌"的设备允许在网络中传输数据，这样可以保证在某一时间内网络中只有一台设备可以传送信息。在环形网络中信息流只能是单方向的，每个收到信息包的站点都向它的下游站点转发该信息包，信息包在环网中"旅行"一圈，最后由发送站进行回收。

1.3 交 换 技 术

在网络系统设计与分析过程中，应用的技术很多，其中最常见的是交换技术，包括电路交换技术，报文交换技术和分组交换技术，这 3 种交换技术各有特点，应用在网络系统的各层中。

1.3.1 电路交换

电路交换是通过网络结点在两个工作站之间建立一条专用的物理通信信道。常见的电路交换如电话系统，当交换机收到一个呼叫后，就在网络中寻找一条临时通路供两端的用户通话，这条临时通路可能要经过若干个交换局的转接，并且一旦建立连接就成为这一对用户之间的临时专用通道，别的用户不能打断，直到电话结束信道拆除。电路交换的通信过程可分为电路连接建立、数据传输和电路连接拆除 3 个阶段。

(1) 电路连接建立阶段：在开始传输数据之前，通过呼叫完成逐个结点的连接过程，在两个站点之间建立一条直通的电路。

(2) 数据传输阶段：电路建立阶段之后，在两个站点之间的直通电路上传输数据。传输的数据可以是数字信息，也可以是模拟，在传输过程中通道始终占用建立过程中的线路，传输采用全双工方式。

(3) 电路连接拆除阶段：数据传输结束后，要中止电路连接，释放结点和信道资源。这可由通信双方的任何一方来完成，拆除信号必须传至电路通过的各个结点，以便释放后能重新分配这些结点资源。电路交换的主要缺点是电路接续时间长、线路利用率低。目前电路交换方式的数据通信网是利用现有电话网实现的，所以数据终端的连续控制等信号要求与电话网兼容。

1.3.2　报文交换

20 世纪 60 年代和 70 年代，数据通信普遍采用报文交换方式，目前这种技术仍被普遍应用在某些领域(如电子信箱等)。为了获得较好的信道利用率，出现了存储-转发的想法，这种交换方式就是报文交换。它的基本原理是用户之间进行数据传输，主叫用户不需要先建立呼叫，而先进入本地交换机存储器，等到连接该交换机的中继线空闲时，再根据确定的路由转发到目的交换机。由于每份报文的头部都含有被寻址用户的完整地址，所以每条路由不是固定分配给某一个用户，而是由多个用户进行统计复用。

在报文交换方式中，若报文较长，需要较大容量的存储器，若将报文放到外存储器中，一方面会造成响应时间过长，增加了网路延迟时间；另一方面报文交换通信线路的使用效率仍不高。

1.3.3　分组交换

分组交换与报文交换都采用存储-转发交换方式，即先把来自用户的信息文件暂存于存储装置中，并划分为多个一定长度的分组，每个分组前边都加上固定格式的分组标题，用于指明该分组的发端地址、收端地址及分组序号等。

以报文分组作为存储转发的单位，分组在各交换结点之间传送比较灵活，交换结点不必等待整个报文的其他分组到齐，可以一个分组、一个分组地转发。这样不仅可以大大压缩结点所需的存储容量，而且也缩短了网路时延。另外，较短的报文分组比长的报文可以大大减少差错的产生，提高了传输的可靠性，如图 1.2 所示。

由数据终端设备 A 发出数据信息，通过用户线送到交换机 α 暂时存储，数据信息在交换机 α 内分成具有一定长度的分组并在每一分组前边加上指明该分组发端地址、收端地址及分组序号的分组标题。交换机 α 为了把这些分组转发给接收局交换机 γ，就需要选择空闲路由。可以根据交换网的状态给每个分组选择不同的路由，一般不会出现因为某一路由过忙而不能转发的情况。分组数据到达终点局的交换机 γ 后，按照接收地址来分发。由于各分组数据是经过各自的路由转送来的，所以它们未必能按照先后顺序到达。因此，交换机 γ 应按分组的序号重新排列，最后通过用户线将数据送至数据终端设备 B。

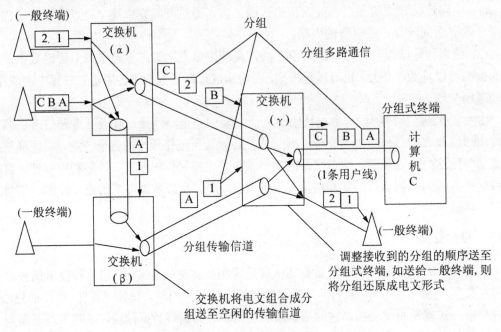

图 1.2　分组交换概念示意图

以上所述是分组交换网的数据分组方式，每一个数据分组都包含终点地址信息，分组交换机为每一个数据分组独立地寻找路径。因一份报文包含着不同分组，这些分组可能沿着不同的路径到达终点，因此在网络终点需要对这些分组进行重新排序。

本 章 小 结

本章介绍了网络系统的基本知识、LAN 的拓扑结构和网络通信所必需的交换技术。

计算机网络的出现依赖于计算机技术和通信技术的发展，经历了批处理系统、分时系统以及计算机网络 3 个阶段。网络的拓扑结构是从拓扑学的观点看计算机网络系统，形成的由点和线组成的几何图形，从而抽象出了网络系统的具体结构。交换技术主要包括电路交换、报文交换和分组交换，它们是网络通信的技术基础。

习 　 题

一、填空题

1. 计算机网络的出现依赖于计算机技术和通信技术的发展，它经历了＿＿＿＿＿、

_____以及_____这 3 个阶段。

2．计算机网络通常是按照规模大小和延伸范围来分类的，常见的有_____、_____和_____。

3．按照网络的拓扑结构和传输介质，LAN 通常可划分为_____、_____、_____、_____等。

4．计算机网络系统的拓扑结构主要有_____、_____、_____、树形、全互联型和不规则型 6 种。

5．常用的交换技术主要有_____、_____、_____。

二、选择题

1．计算机的发展和_____的结合产生了计算机网络。

    A．操作系统   B．通信技术   C．集成电路   D．压缩编码技术

2．ARPANET 出现在网络发展的第_____阶段。

    A．一   B．二   C．三   D．四

3．LAN 是_____的简称。

    A．局域网   B．城域网   C．广域网   D．园区网

4．两台计算机利用电话线路传输数据信号时，必备的设备是_____。

    A．网卡   B．modem   C．中继器   D．同轴电缆

5．下面不属于通信中的交换技术的是_____。

    A．电路交换   B．分组交换   C．报文交换   D．存储交换

三、问答题

1．按照规模大小和延伸范围划分，计算机网络可以分为哪几类？

2．按照信号频带占用方式来划分，计算机网络可以分为哪几类？

3．按照网络的拓扑结构划分，计算机网络可以分为哪几类？

4．什么是计算机网络？计算机网络的主要功能包括哪些方面？

5．网络系统中常用的交换技术包括哪 3 种？

第 2 章
网络体系结构及通信协议

学习目标

- 理解 OSI 和 TCP/IP 网络参考模型;
- 了解物理层、数据链路层、会话层、表示层和应用层的工作原理;
- 理解网络层和传输层的工作原理;
- 了解通信协议的基本概念;
- 理解并掌握 IP 地址的构成。

知识结构

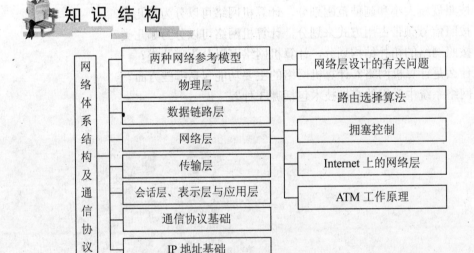

半个世纪以来,计算机网络已从功能单一、结构简单的网络迅速发展成为一种复杂、多样、无处不在的大系统。计算机网络的实现要解决很多复杂的技术问题:支持多种通信介质,支持多厂商、异种互联,支持多种业务和高级人机接口,满足人们对多媒体日益增

长的需求。正如结构化程序设计中对复杂问题的模块化分层处理一样，在处理计算机网络这种复杂系统时所采用的方法也是把复杂的大系统分层处理，每层完成特定功能，各层协调起来实现整个网络系统。本章将主要介绍当前网络中普遍使用的层次化网络研究方法及相关的通信协议。

2.1　两种网络参考模型

计算机网络体系是为了完成计算机间的通信合作，把每个计算机互连的功能划分成定义明确的层次，规定了同层进程通信的协议及相邻层之间的接口及服务，目前这种体系结构用两种网络参考模型来表达，即 OSI 参考模型和 TCP/IP 参考模型。

2.1.1　OSI 参考模型

OSI 参考模型基于 ISO 的建议，作为各种层上使用的协议国际标准化的第一步而发展起来的。该模型一共分为 7 层，即物理层、数据链路层、网络层、传输层、会话层、表示层和应用层。

1. 物理层

物理层涉及通信在信道上传输的原始比特流。设计该层时必须保证一方发出 "1" 时，另一方接收到的是 "1" 而不是 "0"。在物理层，设计的问题主要是处理机械的、电气的和过程的接口，以及物理层下的物理传输介质等。例如，用多少伏特电压表示 "1"，多少伏特表示 "0"；一个比特持续多少微秒，传输是否在两个方向上同时进行；最初的连接如何建立和完成，通信后连接如何终止；网络接插件有多少针以及各针的用途。

2. 数据链路层

数据链路层的主要任务是物理层传输原始比特的功能，使之对网络层显示为一条无错的线路。发送方把输入数据分装在数据帧(data frame)里，按顺序发送各帧，并处理接收方回送的确认帧(acknowledgement frame)。由于物理层仅仅接收和传送比特流，并不关心它的意义和结构，所以只能依赖各链路层来产生和识别帧边界。这里需要解决的问题是帧的破坏、丢失和重复的问题；防止高速发送方的数据把低速的接收方 "淹没"，故需要某种流量调节控制；如果线路用于双向传输，数据链路软件还必须解决新的麻烦，即从 A 到 B 的数据确认帧将同从 B 到 A 的数据帧竞争线路的使用权。借道(piggy backing)是一种巧妙的方法。

3. 网络层

网络层关系到子网的运行控制，其中的一个关键问题是确定分组从源端到目的端的路由选择问题。路由既可以选用网络中固定的静态路由表，也可以在每一次会话时决定，还可以根据网络的当前负载状况，高度灵活地为每一个分组决定路由。

拥有子网的用户总希望自己提供的子网服务得到报酬，所以网络层常常设有记账的功能。

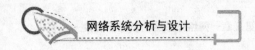

4. 传输层

传输层的基本功能是从会话层接收数据，并且在必要的时候将它分成较小的单元，传输给网络层，并确保到达对方的各段信息正确无误，而且这些任务必须高效地完成。

通常情况下，会话层每请求建立一个传输连接，传输层就会为其创建一个独立的网络连接。一方面，如果传输连接需要一个较高的吞吐量(throughput)，传输层也可以为其创建多个网络连接，让数据在这些网络连接上分流，以提高吞吐量；另一方面，如果创建和维持一个网络连接费用较高，传输层可以将几个传输连接复用到一个网络连接上，以降低费用。

传输层是真正的从源到目标(端到端)层，即源端机上的程序，利用报文头和控制报文与目标机上的类似程序进行对话。

5. 会话层

会话层允许不同计算机上的用户建立会话关系。会话层允许进行类似传输层的普通数据的传输，并提供对某些应用有用的增强服务的会话，也可以被用于远程登录到分时系统或在两台机器之间传递文件。

会话层提供的服务包括以下3种。

(1) 管理会话。会话层允许信息同时双向传输，或任一时刻只能单向传输。

(2) 令牌管理(token management)。有些协议保证双方不能同时进行同样的操作，这一点很重要。为管理这些活动，会话层提供令牌。令牌可以在会话的双方之间交换，只有持有令牌的一方可以执行某种关键操作。

(3) 同步(synchronization)。发送和接收数据的双方在建立会话关系后，会话层提供会话双方执行操作的同步。

6. 表示层

表示层可以完成某些特定的功能。表示层服务的一个典型例子是用一种大家都认同的标准方法对数据进行编码。

7. 应用层

应用层包含大量人们普遍需要的协议。解决这一问题的方法之一是定义一个抽象的网络虚拟终端(network virtual terminal)，编辑程序和其他所有的程序都面向该虚拟终端。而对每一种终端类型都有一个软件把网络虚拟终端映射到实际终端，所有虚拟终端软件都位于应用层。

应用层的另一种功能是传输文件。不同的文件系统有不同的文件命名原则，文本行有不同的表示方法等。不同的系统之间传输文件所需要处理的各种不兼容问题，也同样属于应用层的工作。此外还有 E-mail、远程作业输入、名录查询和其他各种通用和专用的功能。

2.1.2 TCP/IP 参考模型

TCP/IP 参考模型是计算机网络的"祖父"——ARPANET 和其后继的 Internet 使用的参考模型。ARPANET 是由美国国防部(US department of defense，DoD)赞助的研究网络。

它通过租用的电话线连接了数百所大学和政府部门。当无线网络和卫星出现以后，现有的协议在和它们相连的时候出现了问题，所以需要一种新的参考体系结构。这个体系结构在它的两个主要协议出现以后，被称为 TCP/IP 参考模型(TCP/IP reference model)。由于 DoD 担心他们一些珍贵的主机、路由器和互联网关可能会突然崩溃，所以网络必须实现的另一目标是网络不受子网硬件损失的影响，已经建立的会话不会被取消，而且整个体系结构必须相当灵活。

TCP/IP 参考模型共分 4 层，即应用层、传输层、互联网层和主机至网络层。与 OSI 参考模型相比，TCP/IP 参考模型没有表示层和会话层。

1. 主机至网络层

主机至网络层相当于 OSI 参考模型中的物理层和数据链路层。

2. 互联网层

互联网层相当于 OSI 参考模型中的网络层，是整个体系结构的关键部分。它的功能是使主机可以把分组发往任何网络并使分组独立地传向目标(可能经由不同的网络)。这些分组到达的顺序和发送的顺序可能不同，因此如果需要按顺序发送和接收，高层必须对分组进行排序。

互联网层定义了正式的分组格式和协议，即 IP 协议(Internet protocol)。互联网层的功能就是把 IP 分组发送到应该去的地方。分组路由和避免阻塞是设计上的主要问题。TCP/IP 互联网层和 OSI 参考模型的网络层在功能上非常相似。

3. 传输层

传输层是指位于互联网层上的那一层。它的功能是使源端和目标主机上的对等实体可以进行会话。在这一层定义了两个端到端的协议。

(1) TCP 协议。TCP 是一个面向连接的协议，允许从一台机器发出的字节流无差错地发往另一台机器。它将输入的字节流分成报文段并传给互联网层。TCP 协议还要处理流量控制以避免快速发送方向低速接收方发送过多的报文而使接收方无法处理。

(2) 用户数据报协议(user datagram protocol，UDP)。UDP 是一个不可靠的、无连接的协议，用于不需要 TCP 排序和流量控制能力，而自己完成这些功能的应用程序。自从这个模型出现以来，IP 已经在其他很多网络上实现了。

4. 应用层

在 TCP/IP 参考模型的最上层是应用层，它包含所有的高层的协议。高层协议有虚拟终端协议(TELNET)、文件传输协议(file transfer protocol，FTP)、简单邮件传输协议(simple message transfer protocol，SMTP)、域名系统服务(domain name service，DNS)、超文本传输协议(hypertext transfer protocol，HTTP)。

(1) TELNET。该协议允许一台机器上的用户登录到远程机器上并且进行工作。

(2) FTP。该协议提供有效的将数据从一台机器上移动到另一台机器上的方法。

(3) SMTP。该协议最初仅是一种传输文件，但是后来为它提出了专门的协议。

(4) DNS。该协议用于把主机名映射到网络地址。

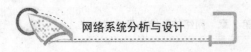

(5) HTTP。该协议用于在 WWW 上获取主页等。

2.1.3 两种网络参考模型的比较

OSI 参考模型和 TCP/IP 参考模型有很多相似之处，它们都是基于独立的协议栈的概念，而且层的功能也大体相似。例如，在两个参考模型中，传输层及传输层以上的层都为通信的进程提供端到端的、与网络无关的传输服务。这些层形成了传输提供者。同样，在两个参考模型中，传输层以上的层都是传输服务由应用主导的用户。

除了这些基本的相似之处外，两个参考模型也有很多差别。本节主要讨论两个参考模型的关键差别，需要说明的是，这里仅比较两个参考模型，而不是其相应的协议栈。这些协议本身将在后面的章节中讨论。

OSI 参考模型有 3 个主要概念，即服务、接口和协议。OSI 参考模型的最大贡献就是使这 3 个概念之间的区别明确化了。

每一层都为其上面的层提供一些服务。服务定义该层做些什么，而不管上面的层如何访问它或该层如何工作。某一层的接口告诉上面的进程如何访问其。其负责定义需要什么参数以及预期结果是什么样的。同样，它也和该层如何工作无关。最后，某一层中使用的对等协议是该层的内部事务。它可以使用任何协议，只要能完成工作(如提供承诺的服务)，也可以改变使用的协议而不会影响到其上面的层。这些思想和现代的面向对象的编程技术非常吻合。一个对象(像一个层一样)有一组方法(操作)，该对象外部的进程可以使用它们。这些方法的语义定义该对象提供的服务。方法的参数和结果就是对象的接口。对象内部的代码就是它的协议，在该对象外部是不可见的。

TCP/IP 参考模型最初没有明确区分服务、接口和协议，虽然后来人们试图改进它以便接近于 OSI 参考模型。例如，互联网层提供的真正服务只是发送 IP 分组和接收 IP 分组。因此，OSI 参考模型中的协议比 TCP/IP 参考模型的协议具有更好的隐藏性，在技术发生变化时能相对比较容易地替换掉。最初将协议分层的主要目的之一就是能做这样的替换。

OSI 参考模型产生于协议发明之前。这意味着该模型没有偏向于任何特定的协议，因此非常通用，但其缺点是设计者在协议方面没有太多的经验，因此不知道把哪些功能放到哪一层最好。例如，数据链路层最初只处理点到点的网络。当广播式网络出现以后，就不得不在该模型中再加上一个子层。当人们开始用 OSI 参考模型和现存的协议组建真正的网络时，才发现它们不符合要求的服务规范，因此不得不在模型上增加子层以弥补不足。最后，本来期望每个国家有一个网络，由政府运行并使用 OSI 参考模型的协议，因此没有人考虑 Internet。总而言之，事情并不像预计的那样顺利。

而 TCP/IP 参考模型却正好相反。首先出现的是协议，模型实际上是对已有协议的描述。因此不会出现协议不能匹配模型的情况，它们配合得相当好。唯一的问题是该模型不适合于任何其他协议栈。因此，它对于描述其他非 TCP/IP 网络并不特别有用。具体来说，两个参考模型间明显的差别是层的数量问题，即 TCP/IP 参考模型有 4 层，而 OSI 模型只有 7 层。它们都有(互联网层)网络层、传输层和应用层，但其他层并不相同。

两个参考模型的另一个差别是面向连接的和无连接的通信。OSI 参考模型在网络层支持无连接和面向连接的通信,但在传输层仅有面向连接的通信,这是它所依赖的(因为传输服务对用户是可见的)。然而 TCP/IP 参考模型在网络层仅有一种通信模式(无连接),但在传输层支持两种模式,给了用户选择的机会。这种选择对简单的请求——应答协议是十分重要的。

2.2 物 理 层

物理层是网络中的底层,向下是物理设备之间的接口,直接与传输介质相连接,使比特流通过该接口从一台设备传给相邻的另一台设备,为数据链路层提供位流传输服务。

设计物理层要考虑到机械、电气、功能和过程性的接口等一系列问题。

2.2.1 物理层协议描述

1. 机械特性

机械特性一般指连接器的大小和形状,即合适的电缆、插头或插座。连接器一般都是插接式的。

2. 电气特性

电气特性主要考虑信号波形结构、电压电平和电压变化的规则以及信号的同步等。电气特性决定了传输速率和传输距离。

3. 功能特性

功能特性是各种各样的,包括有关规定、目的要求、数据类型、控制方式等。功能特性说明接口信号引脚的功能和作用,反映电路功能。

4. 过程特性

过程特性是在功能特性的基础上,规定了接口的功能函数、传输数据的顺序等,如怎样建立和拆除物理线路连接,全双工通信还是半双工通信。

5. RS-232C

计算机或终端与 modem 间的接口是物理层协议的一个实例,其中常见的物理层标准是 RS-232C。

机械方面的技术指标:每个插座有 25 针插头,顶上一排针(从左到右)分别编号为 1～13,下面一排针(也是从左到右)编号为 14～15,还有其他一些严格的尺寸说明。

RS-232C 的电气指标:用低于-3V 的电压表示二进制"1",用高于+4V 的电压表示二进制"0";允许的最大数据传输率为 20kb/s;最长可驱动电缆 15m。

RS-232C 的功能性指标规定了 25 针插头各与哪些电路连接,以及每个信号的含义。如图 2.1 所示为其中 9 针的连接情况,这 9 针是经常要用到的,其余的针则不常用。

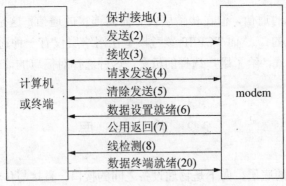

图 2.1   RS-232C 电路中的主要连接

两台计算机之间都不用 modem 通过 RS-232C 连接，可将两个计算机通过一个称为空 modem 的设备连接。该设备将一台计算机的发送线连接到另一台计算机的接收线上，并以相似的方式交叉连接到一些别的线路。空 modem 看上去就像一小段电缆。

RS-232C 只适用于短距离使用，距离过长时可靠性将变差。

2.2.2   ISDN

ISDN 的目标是将多种业务集中在一个网内，为用户提供经济有效的数字化的综合服务。综合服务的范围包括电话、传真、可视图文及数据通信等。

1. ISDN 系统体系结构

ISDN 的主要思想是数字比特管道，比特就在其中流过。不管比特是源自于什么数字设备，比特都能在管道中双向流动。

数字比特管道通常能通过对比特流的时分多路复用来支持多个独立的信道。数字比特管道有两个主要标准，即家庭用的低带宽标准和商业用的高带宽标准。

图 2.2 为家庭和小型商务网用的一般配置。电信公司在用户的房间里放置一个网络终端设备 NT1，并将其连接到电信公司的 ISDN 交换机上，距离通常为几千米，用的是以前用于连接电话线的双绞线，NT1 组件上有一个连接器，其中可以插入一个无源的总线电缆。电缆上可以连接 8 部数字设备，其连接方式和 LAN 的连接方式相似。

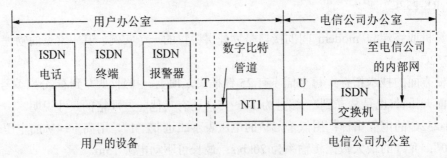

图 2.2   家庭和小型商务网模型

NT1 不仅起接插板的作用，它还包括管理、测试、维护和性能监视等功能。NT1 还可以解决争用的逻辑,当几个设备同时访问总线时,由 NT1 来决定哪个设备获得总线访问权。

大型商务网模型被用于大型的商务应用,如图 2.3 所示。在这个模型中,用户交换机(private branch exchange,PBX)NT2 连接到 NT1,并提供电话、终端和其他设备的真正接口。ISDN PBX 在概念上和 ISDN 交换机相差不大,只是 ISDN PBX 比较小并且不能并发处理太多会话,它常用于单位内部的分机电话(可以是模拟电话)和数字通信。

U-T 在各种设备之间定义了 4 个参考点,即 R、S、T 和 U,这些参考点已在图 2.3 中标出。

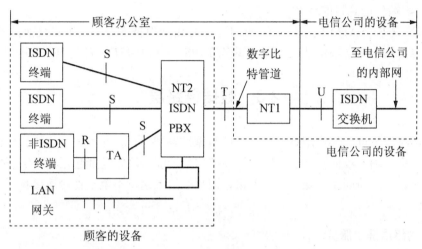

图 2.3　大型商务网模型

U 参考点是电信公司 ISDN 交换机和 NT1 之间的连接,目前由两根铜质双绞线构成,但是将来可能会被光纤取代。

T 参考点是 NT1 上连接器提供给客户的连接点。

S 参考点是 ISDN PBX 和 ISDN 终端间的接口。

R 参考点是终端适配器(TA)和非 ISDN 终端(模拟设备)间的连接。在 R 参考点上可以使用多种不同类型的接口。

2. ISDN 接口

ISDN 比特管道支持由时分多路复用分隔的多个信道,共有 6 种标准化的信道。

① 4kHz 模拟电话信道。

② 64kb/s 数字信道,用于话音或数字。

③ 8kb/s 或 16kb/s 数字信道。

④ 16kb/s 数字信道,用于段外信令。

⑤ 64kb/s 数字信道,用于 ISDN 内部信令。

⑥ 384kb/s、1536kb/s 或 1920kb/s 数字信道。

ITU-T 并不打算在数字比特管道上采用任意的信道组合。目前,ITU-T 有以下 3 种标准化的组合。

① 基本速率：2B+1D。

② 主速率：23B+1D(美国和日本)或 30B+1D(欧洲)。

③ 混合：1A+1C。

基本速率称为窄带 ISDN (N-ISDN)，以便和宽带 ISDN(ATM)区分。

3. 宽带 ISDN

宽带 ISDN(B-ISDN)基本上是一个数字虚电路，它以 155Mb/s 的速率把固定大小的分组(信元)从源端传送到目的地。

B-ISDN 是基于 ATM 技术的，而 ATM 基于分组交换技术而不是电路交换技术(虽然它可以很好地仿真电路交换)。与之相比，现有的 PSTN 和 N-ISDN 都是电路交换技术。

2.3　数据链路层

数据链路层最重要的作用就是通过一些数据链路层协议，在不太可靠的物理链路上实现可靠的数据传输。数据链路层要完成许多特定的功能，这些功能包括为网络层设计良好的服务接口、处理帧同步、处理传输差错、调整帧的流速，不至于使慢速接收方被快速发送方"淹没"。

2.3.1　为网络层提供服务

数据链路层的功能是为网络层提供服务。其基本服务是将源机器中来自网络层的数据传输给目的机器的网络层。数据链路层一般提供 3 种基本服务，即无确认的无连接服务、有确认的无连接服务、有确认的面向连接的服务。

1. 无确认的无连接服务

无确认的无连接服务是源机器向目的机器发送独立的帧，而目的机器对收到的帧不做确认。如果由于线路上的噪声而造成帧丢失，数据链路层不去恢复它，恢复工作留给上层去完成。这类服务适用于误码率很低的情况，也适用于像语音之类的实时传输，在实时传输情况下有时数据延误比数据损坏影响更严重。大多数 LAN 在数据链路层都使用无确认的无连接服务。

2. 有确认的无连接服务

有确认的无连接服务仍然不建立连接，但是对所发送的每一帧都进行单独确认。以这种方式，发送方就会知道帧是否正确地到达。如果在某个确定的时间间隔内帧没有到达，就必须重发此帧。

3. 有确认的面向连接的服务

采用有确认的面向连接的服务，源机器和目的机器在传递任何数据之前，需要先建立一条连接。在这条连接上所发送的每一帧都被编号，数据链路层保证所发送的每一帧都确实已收到。而且它保证每帧只收到一次，所有的帧都是按正确顺序收到的。面向连接的服务为网络进程间提供了可靠地传送比特流的服务。

2.3.2 帧同步

在数据链路层，数据的传送单位是帧。帧是指从物理层送来的比特流信息按照一定的格式进行分割后形成的若干个信息块。数据一帧一帧地传送，就可以在出现差错时，将有差错的帧再重传一次，从而避免了将全部数据都重传。

帧同步是指接收方应当能从收到的比特流中准确地区分出一帧的开始和结束所在位置。把比特流分成帧，目前常用的有以下 4 种方法。

1. 字符计数法

字符计数法是在帧头部中使用一个字段来标明帧内字符的数量，如图 2.4 所示。

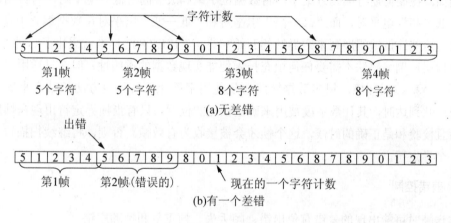

图 2.4 字符流

这个方法存在的问题是，计数值有可能由于传输差错而被修改，从而造成收发双方不同步。

2. 带字符填充的首尾界符法

首尾界符法在每一帧中以字符序列 DLE STX 开头，以 DLE ETX 结束(DLE 的 ASCII 码为 0010000，STX 的 ASCII 码为 0000010，ETX 的 ASCII 码为 0000011)。

用这种方法，目的机器一旦丢失帧边界，它只需查找 DLE STX 或 DLE ETX 字符序列，就可以找到它所在的位置。这个方法存在的问题是，当传送如目标程序或浮点数这样的二进制数据时，DLE STX 或 DLE ETX 字符可能出现在数据中，这种情况会干扰帧边界的确定。

有一种解决办法是使发送方的数据链路层在数据中的每个偶然遇到的 DLE 字符前，插入一个 DLE 的 ASCII 码。接收方的数据链路层在将数据交给网络层之前丢掉这个 DLE 字符，这种技术称为字符填充。用这种方法成帧的主要缺点是帧内容要完全依赖于 8 位字符，特别是 ASCII 字符。

3. 带位填充的首尾标志法

首尾标志法允许数据帧包含任意个数的比特，而且也允许每个字符的编码包含任意个

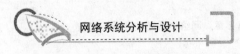

数的比特。它的工作方式是每一帧使用一个特殊的位模式，即以 01111110 作为开始和结束标志字节。当发送方的数据链路层在数据中遇到 5 个连续的 1 时，它自动在其后插入 1 个 0 到输出比特流中，这种位填充技术类似于字符填充技术。当接收方看到 5 个连续的 1 后面跟着 1 个 0 时，自动将此 0 删去。如果用户数据中包含与位模式相同的数据 01111110，则将以 011111010 的形式传送出去，但是仍然以 01111110 的形式存放在接收方的存储器中。

采用位填充技术，两帧间的边界就可以通过位模式唯一地识别。如果接收方不同步，它只需在输入流中扫描标志序列，即可重新获得同步。

4. 物理层违例编码法

物理层违例编码法只适用于那些在物理介质的编码策略中采用冗余编码的网络。

例如，在曼彻斯特编码方案中，将数据位 1 编码成“高—低”电平对，将数据位 0 编码成“低—高”电平对，而“高—高”电平对和“低—低”电平对在数据编码中是违例。可以借用这些违例编码序列来定界帧的开始和终止。IEEE 802 标准就采用了这种方法。

物理层违例编码法不需要任何填充技术便能实现数据的透明性，但它只适用于采用冗余编码的特殊编码环境。很多数据链路协议使用字符计数与其他方法相结合来提高可靠性。当一帧到达时，其计数字段被用来确定帧尾的位置。只有当帧界定符出现在帧尾的位置，而且校验和是正确的时候，这个帧才会被接收为有效帧。否则，将继续扫描输入流直到下一个界定符。

2.3.3 差错控制

传送帧时可能出现的差错有位出错、帧丢失、帧重复和帧顺序错。

位出错的分布规律及出错位的数量很难限制在预定的简单模式中，一般采用漏检率及其微小的 CRC 检错码再加上反馈重传的方法来解决。为了保证可靠传送，常采用的方法是向数据发送方提供有关接收方接收情况的反馈信息。一个否定性确认意味着发生了某种差错，相应的帧必须被重传，这种做法即是反馈重传。更复杂的情况是，一帧可能完全丢失(如消失在突发性噪声中)。在这种情况下，发送方将会永远等下去。

这个问题可以通过在数据链路层中引入计时器来解决，当发送方发出一帧时，通常也启动计时器，该计时器计到设置值的时间时清零。如果所传出的帧或者确认信息丢失了，则计时器会发出超时信号，提醒发送方可能出现了问题，最常用的解决方法是重传此帧。但是多次传送同一帧的危险是接收方可能两次甚至多次收到同一帧，为了防止这种情况发生，通常有必要对发出的各帧进行编号，这样接收方就能辨别出是重复帧还是新帧，还能判断出帧的顺序是否正确。采用定时器和编号的主要目的是保证每一帧都能最终正确地传给目的地——网络层。

2.3.4 流量控制

在数据链路层及较高层中另一个重要的设计问题是如何处理发送方的传送能力比接收方接收能力大的情况。

通常的解决办法是通过流量控制来限制发送方所发出的数据流量,使其发送速率不要超过接收方能处理的速率。流量控制的方法有发送等待方法、预约缓冲区法、滑动窗口控制方法、许可证法和限制管道容量方法等。下面简要介绍滑动窗口控制方法。

在所有的滑动窗口协议中,每一个要发出的帧都包含一个序列号,范围是 0 到某个最大值。任何时刻发送过程都保持着一组序列号,对应于允许发送的帧,这些帧在发送窗口之内。类似地,接收过程也维持一个接收窗口,对应于一组允许接收的帧。发送过程的窗口和接收过程的窗口不需要有相同的窗口上限和下限,甚至不必具有相同的窗口大小。在某些协议中,窗口的大小是固定的;但在另外一些协议中,窗口可以根据帧的发送、接收情况而变大和缩小。

滑动窗口的基本思想:发送方要预约一个窗口,窗口尺寸(以 W 表示)值表示能进入窗口的分组个数。例如,$W=4$ 表示发送方可有 4 个要发送的分组进入窗口,进入窗口的分组可以一次连续发送。窗口是滑动的,在发送出一个或多个分组获得确认后,窗口相应滑动,移出已获得确认的分组,移入下面新的待发分组。

发送窗口中的序列号代表已经发送了的但尚未确认的分组。来自网络层的一个新分组无论何时到达,都会给此分组下一个最高的序列号,而且此窗口的上限加 1,当确认到来,窗口的下限加 1。用这种方法,窗口可维持一系列未确认的分组。如果窗口一旦达到最大值,发送过程的数据链路层必须强制关闭网络层的传送,直到有一个缓冲区空闲出来为止,如图 2.5 所示。

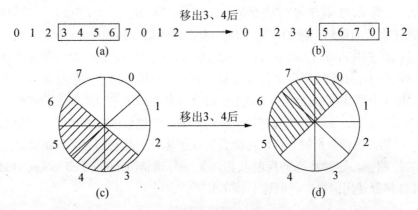

图 2.5 滑动窗口 $W=4$

接收方对分组的确认是逐个进行的,但分组到达的顺序可能是随机的。接收方在 4 号分组先得到确认,而 3 号分组尚未获得确认之前的发送窗口是不能滑动的。只有在 3、4 号分组都获得确认后才一起移出。这样就可以保证按发送方的传送顺序传输所有的帧给接收方机器的网络层。

如设置 $W=1$,则成了简单的停顿协议,即每发送一个分组后需获得对方确认后才能发下一个分组,显然这种方式信道利用率较低。

接收方滑动窗口内的分组表示允许接收的分组,移出窗口的分组为已确认的分组。当

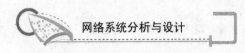

序列号等于窗口的下限的帧收到后，把它交给网络层，产生一个确认，且窗口整个向前移动一个位置，移出后空缺的部分(序列号最大的部分)可移入新的允许接受的分组。

与发送方的窗口不同，接收方窗口总是保持初始时的大小。滑动窗口技术限制了信息流突发性的过量输入，并对停顿协议做了改进，提高了信道有效利用率。

2.3.5 高级数据链路控制协议

高级数据链路控制(high-level data link control，HDLC)协议是一种数据链路层协议，它广泛应用于 X.25 及许多其他网络中。

HDLC 协议是一种是一种面向位的协议，而且使用位填充技术来保证数据的透明性。所有面向位的协议所使用的帧的结构如图 2.6 所示。

位	8	8	8	≥0	16	8
	01111110	地址	控制	数据	校验和	01111110

图 2.6 面向位的协议的帧格式

帧是用一个标志序列(01111110)来分隔的。在空闲的点到点线路上，标志序列不断地进行传输。

帧有 3 种类型，即信息帧、监控帧和无序号帧。这 3 种帧的控制字段的内容，如图 2.7 所示。协议使用了具有 3 位序列号的滑动窗口，在任何时刻，最多可以有 7 帧待确认。

如图 2.7(a)所示，Seq(序号)字段是帧的序列号，Next(下一个)字段是一个确认帧序号，它不是正确接收到的最后一帧的序号，而是未收到的第一帧的序号(即下一个希望收到的帧)。P/F 位代表 Poll/Final(查询/最后)，在计算机(或集中器)查询一组终端时使用。监控帧的各种类型是由 Type(类型)字段进行区分的。类型 0 是用来指示希望收到下一个帧的一个确认帧。类型 1 是否定性确认帧。类型 2 是接收准备尚未就绪。类型 3 是选择性拒绝，它只要求指定的帧重传。无序号帧有时用于控制目的，但也可以在不可靠非连接服务中用于携带数据。控制帧就像数据帧一样，可能丢失或损坏，因此它们也必须确认，为此提供了一种特殊的控制帧。这种特殊的控制帧称为无序号确认(unnumbered acknowledgement，UA)。HDLC 尽管使用面很广，但远不够完美。

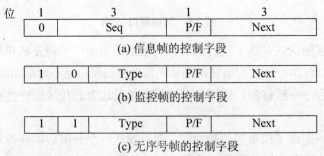

(a) 信息帧的控制字段

(b) 监控帧的控制字段

(c) 无序号帧的控制字段

图 2.7 3 种帧

2.3.6　Internet 中的数据链路层

在大多数宽阔的区域内，网络的结构是通过点到点线路建成的。下面将讨论 Internet 中的点到点线路中的数据链路层协议。

有两个协议被广泛应用在 Internet 上，即串行线路网际协议(serial line Internet protocol，SLIP)和点到点协议(point to point protocol，PPP)，它们是 TCP/IP 协议簇的一部分，相连的两端设备(主机或路由器)都具有独立的 IP 地址，IP 数据报被自动封装在 SLIP/PPP 帧中传送。

1. SLIP

SLIP 的目的是使用 modem 通过电话线，把工作站连接到 Internet 上去。此协议非常简单，工作站只是在线路上发送了原始的 IP 分组，在其后用了特殊的标志字节(0xC0)，便于成帧。如果标志字节出现在 IP 分组内部，就采用字符填充形式，即在每个要发送的 IP 分组的头部和尾部附加一个标志字节，就完成了 SLIP。

尽管 SLIP 仍在被广泛地应用，但在其使用过程中存在一些严重的问题。第一，它没有数据校验功能；第二，SLIP 只支持 IP；第三，它不能进行动态 IP 地址分配；第四，SLIP 没有提供任何形式的身份验证；第五，SLIP 不是一个已通过的 Internet 标准。

2. PPP

为了解决 SLIP 存在的问题，1988 年 Internet 工程任务实施组(Internet engineering task force，IETF)推出了点到点线路的数据链路层协议——PPP，从而解决了以上所有的问题，并成为正式的 Internet 标准。

PPP 可处理错误检测，支持多种协议；在连接时期允许商议 IP 地址，允许身份验证，以及在 SLIP 上做许多其他改进。PPP 的应用前景非常乐观，不管是拨号线路，还是租用路由器与路由器的线路都是如此。

PPP 是个协议簇，它有 3 个主要组成部分。

(1) 供在串行链路上封装数据报文的方法。这是以 HDLC 协议为基础来封装数据报的。

(2) 链路控制协议(link control protocol，LCP)。LCP 是 PPP 中一个用于建立一条链路的子协议。

(3) 网络控制协议簇(network control protocols，NCP)。该子协议簇能为多种网络层协议(如 IP、IPX、AppleTalk、OSI 等)建立和配置逻辑连接。

PPP 具有如下特点。

(1) PPP 是一个直接连接两个设备的点到点链路协议，可以配置和自动封装多种网络层协议。

(2) PPP 能对任何属于物理层的 DTE/DCE 接口进行操作。这些接口包括 EIA/TIA 的 RS-232/RS-422/RS-423 和 ITU-T 的 V.35。

(3) PPP 的链路可以采用专线方式或交换方式，但必须是全双工的。

(4) PPP 支持同步串行模式，也支持异步串行模式，也可同时支持两者。

(5) PPP 对数据传输速率没有任何限制，既可在电话线上进行低速传输，也可使用 T1/E1

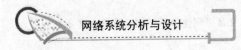

作为点到点链路介质。

T1 的传输速率为 1.544Mb/s，E1 的传输速率为 2.048Mb/s。为了使用 T1/E1，需要在路由器/主机处连入 DSU/CSU 设备。DSU/CSU 设备用于在 WAN 链路上传输时进行编码。

PPP 的帧格式类似 HDLC 的帧格式。PPP 和 HDLC 的主要区别是，PPP 是面向字符的，而不是面向位的。PPP 在拨号 modem 线路上使用字符填充技术，所以所有的帧都是字节的整数。PPP 帧不仅能够通过拨号电话线发送出去，而且还能够通过真正的面向位的 HDLC 线路(即路由器与路由器相连)发送出去。PPP 的帧格式如图 2.8 所示。

字节	1	1	1	1或2	2或4	1
	标志 01111110	地址 11111111	控制 00000011	协议	有效载荷	校验和	标志 01111110

图 2.8 PPP 的帧格式

2.4 网 络 层

网络层负责将源端发出的分组经各种途径送到目的端。从源端到目的端可能需经过许多中间结点(数据链路层仅将数据帧从导线的一端送到其另一端)。

2.4.1 网络层设计的有关问题

1. 为传输层提供服务

网络层在网络层和传输层的接口上为传输层提供服务。它是通信子网的边界。网络层可以提供面向连接的服务，也可以提供无连接的服务，它们之间的差别在于将分组排序、差错控制、流量控制等复杂的功能放在何处。

在面向连接的服务中，认为通信子网是可靠的，从而将以上复杂的功能置于网络层(通信子网)中；而在无连接的服务中，认为通信子网是不可靠的，从而将以上复杂的功能置于传输层(主机)中。

2. 通信子网的内部结构

通信子网的构成基本上有两种，一种是采用连接的，另一种是采用无连接的。连接通常称为虚电路，无连接组织结构中的独立分组称为数据报。

1) 虚电路服务

虚电路服务是网络层向传输层提供的一种使所有分组按顺序到达目的端系统的可靠的数据传送方式。进行数据交换的两个端系统之间存在着一条为它们服务的虚电路。

虚电路服务是网络层向传输层提供的服务，也是通信子网向端系统提供的网络服务。但是，提供这种虚电路服务的通信子网内部的实际操作既可以是虚电路方式，也可以是数据报方式。例如，在 Internet 中，内部使用数据报交换方式，但可以向端系统提供数据报和虚电路两种服务。

2) 数据报服务

数据报服务一般仅由数据报交换网来提供，而由虚电路交换网提供数据报服务的组合方式并不常见，并且既不经济，效率也低。

Internet 具有一个无连接的网络层，而 ATM 具有一个面向连接的网络层。

3. 数据报子网与虚电路子网的比较

通信子网内部采用数据报和采用虚电路的不同之处如表 2-1 所示。

表 2-1　数据报子网与虚电路子网的比较

项 目 类 型	数据报子网	虚电路子网
电路设置	不需要	需要
地址	每个分组都有源端和目的端的完整地址	每个分组都含有一个短的虚电路号
状态信息	子网不存储状态信息	建立好的每条虚电路都要求占用子网表空间
路由选择	对每个分组独立选择	当虚电路建好时，路由就已确定，所有分组都经过此路由
路由器失败的影响	除了在崩溃时全丢失分组外，无其他影响	所有经过路由器的虚电路都要被终止
拥塞控制	难以控制	如果有足够的缓冲区分配给已经建立的每条虚电路，则容易控制

2.4.2　路由选择算法

网络层的主要功能是将分组从源端机器经选定的路由送到目的端机器。路由选择算法和它们使用的数据结构是网络层设计的一个主要内容。

路由选择算法是网络层软件的一部分，负责确定所收到的分组应传送的外出线路。路由选择算法可以分为两大类，即非自适应算法和自适应算法。非自适应算法不根据实测和估计的网络当前通信量和拓扑结构来做路由选择。网络结点之间的路由是事先计算好的，在网络启动时就已设置到路由器中，这种算法有时也称为静态路由选择。自适应算法是根据网络通信量的变化和拓扑结构来改变其路由选择的，这种算法有时也称为动态路由选择。

向量距离路由选择算法和链路状态路由选择算法都是常用的自适应选择算法。

1. 向量距离算法

1) 向量距离算法的基本要素

在向量距离(V-D)算法中有两个基本的要素，即向量和距离。这两个要素构成了动态路由表的基本元素结构。

向量是指从源路由器去目的网络的路径。这里的路径是指从源路由器去目的网络途径中，首先应把包传递给其相邻路由器，至于相邻路由器为达到目的网络接着把包传给下面哪一个路由器，源路由器则不关心。一个路由器经与所有相邻路由器的层层连接，构成了去所有目的网络的路径拓扑结构图。

距离是向量距离算法选择最佳路径的一种度量规划，即度规(metrics)。可把源站到目

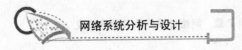

的站中间经过的最小路由器数(下跳数 hop)作为度量最佳路径的唯一权值。

事实上，距离也可以用延迟来作为权度量，也可以由网络延迟、带宽、可靠性及负载等多种权值来综合决定。

2) 向量距离算法路由表的形成

向量距离算法路由表的形成和刷新的基本思想是，当路由器启动时，首先从其各端口获取所连网络的网络号信息而形成初始路由表，然后定期向相邻路由器广播路由消息。某路由器收到的相邻路由器发来的路由表信息中，如果有一部分是记录了经相邻路由器能到达的网络而该路由器路由表中没有，则增加之；如果有去某个目的网络更佳的路径，则修改之；如果原有经相邻路由器可以到达目的网络而现在因故相邻路由器不能到达，则该路由器的路由表也要做相应修改。

RIP 协议就是采用了向量距离算法，它每 30s 向相邻路由器广播一次。

3) 向量距离算法的基本特点

向量距离算法要求网络中每台路由器都定期地将其路由表信息向其相邻的路由器广播。随着信息经层层相邻路由器涌动式的传播，每台路由器最终能获得到达网络中其他所有目标网络的信息，并计算出所有的相应距离。由于每次刷新发生在相邻路由器之间，而再通过相邻路由器层层涌动式传播，所以这个过程非常缓慢，在 Internet 环境中容易发生远近路由器路由表中的路径不一致的问题，并且 Internet 规模越大，每台路由器再广播的路由表信息就越多，而其中许多信息与真正要刷新的内容无关，因此在环境剧烈变化的 Internet 中开销会更大。

向量距离算法的优点是易于实现，但它不适用于环境剧烈变化或大型的网际环境。

2. 链路状态算法

链路状态(L-S)算法又称最短路径优先(shortest path first，SPF)算法。著名的开放式最短路径优先(open shortest path first，OSPF)协议就是采用的这类算法。

链路状态算法的基本思想是，每台路由器在启动时首先获得链路状态元素，每台路由器定期向 Internet 上所有的路由器广播链路状态广告(link state advertisements，LSA)；每台路由器累积 LSA 后形成拓扑结构数据库，并以此算出从本路由器去目的网络的最佳路径。

1) 链路状态

这里的链路是指连接路由器的网络，状态是指相邻路由器是开通还是关闭。所以，链路状态是指一台路由器所连的网络和相邻路由器是开还是关的状态。链路状态反映了一台路由器最基本的网络拓扑结构。

2) LSA

LSA 包含了一台路由器最基本的网络拓扑结构信息。

当一台路由器的相邻路由器状态发生变化时，即该路由器的物理链路状态发生变化时会很快检查出来，该路由器就会向 Internet 中所有的路由器广播 LSA 报文。LSA 报文广播的是路由更新消息。每台路由器周期性地发送 LSA 报文，以保证拓扑数据库的同步。一台路由器所发的 LSA 是向全网所有路由器广播的，而不是仅局限于相邻路由器。

3) 拓扑结构数据库

每台路由器接收 Internet 中所有其他路由器发来的 LSA 报文，不断积累并归入到该路由器的拓扑结构数据库中。每台路由器根据拓扑结构数据库就能用一定算法计算出去所有目的网络的最佳途径。拓扑结构数据库反映了整个 Internet 的拓扑结构，在 Internet 中所有路由器中的拓扑结构数据库都是相同的。但是 Internet 中各路由器都是分别以本路由器作为源站点计算路径的，即以本路由器作为树根，计算出一棵最短路径树，所以各路由器最终产生的路由表是各不相同的。

3. 向量距离算法与链路状态算法的比较

向量距离算法定期(如每 30s)将路由表的全部或部分送给与其相邻的每台路由器，其中许多并不是刷新所需的信息，而且随着网际规模的扩大，路由表信息量也随之增大。而链路状态算法只是在事件发生时才发送的 LSA 报文只是一个路由器小的局部链路状态变化信息，而且 LSA 报文大小与网际规模的大小无关。

向量距离算法的路由表信息只传给相邻路由器，在相邻路由器更新路由表后再传给下一个相邻路由器，这种层层涌动式的传播刷新过程是相当缓慢的，容易造成远近路由器路径不一致，并且会导致慢收敛。而链路状态算法的 LSA 报文一次性无修改地向全网广播，保证了全网所有路由器的拓扑结构数据库的一致性。链路状态算法是以每台路由器本身作为路径树根计算出本路由器的最佳路径，并单向传送，所以不会导致像向量距离算法那样的慢收敛。

简而言之，向量距离算法是将全网路由器的情况告诉相邻路由器，而链路状态算法是将相邻路由器的情况告诉全网的路由器。所以，链路状态算法比向量距离算法更适用于大规模网际和激烈变化的网际环境。

2.4.3　拥塞控制

当一部分通信子网中有太多的分组时，其性能就会降低，这种情况称为拥塞。当通信量增加太快时，路由器不再能够应付，开始丢失分组，并会导致情况恶化。

造成拥塞有很多因素。如果突然之间，分组流同时从 3 个或 4 个输入线到达，并且要求输出到同一线路，就将建立起队列。如果没有足够的空间来保存这些分组，有些分组就会丢失。在某种程度上增加内存会缓解这种情况，但路由器内存无限大时，拥塞不但不会变好，处理器速度慢也能导致拥塞。如果路由器的 CPU 处理速度太慢，以至于不能执行要求它们做的日常工作(如缓冲区排队、更新表等)，那么即使有多余的线路容量，也可能使队列饱和。

低带宽线路也会导致拥塞。只升级线路而不提高处理器性能，或反之，都不会有多大作用。

拥塞控制和流量控制是有差别的。拥塞控制必须确保通信子网能运送待传送的数据，这是全局性的问题，涉及所有的主机、所有的路由器、路由器中存储—转发的行为，以及所有将导致削弱通信子网负荷能力的其他因素。与之不同的是，流量控制只与某发送者和某接收者之间的点到点通信量有关。流量控制几乎总是涉及接收者，接收者要向发送者反

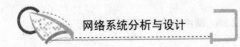

馈反映另一端情况的一些信息。

拥塞控制和流量控制容易混淆的原因是，有些拥塞控制算法在网络出现问题时，通过往各源端发送消息来告诉它们要减慢发送速度。因此，一个主机既可能因为接收者不能跟上输入(流量控制问题)，也可能因为网络承受能力有限(拥塞控制问题)而收到减慢发送的消息。

1. 拥塞控制的基本原理

拥塞控制的所有解决方案从控制论的角度可分为两类，即开环和闭环。

开环的关键在于，它致力于通过良好的设计来避免问题的出现，确保问题在一开始时就不会发生。一旦系统安装并运行起来，就不再做任何中间阶段的更正。

闭环的解决方案是建立在反馈环路的概念之上的。当其用于拥塞控制时，这种方法包括以下 3 个步骤。

(1) 监视系统，检测何时何地发生了拥塞。

(2) 将此信息传送到可能采取行动的地方。

(3) 调整系统操作以更正问题。

在所有的反馈方案中，用户都希望主机能够根据拥塞的信息采取适当行动以减少拥塞。拥塞的出现表示载荷暂时性地超过了系统中的一部分资源的承受能力。可以用两种办法解决这个问题，即增加资源和降低载荷。

子网可以启用拨号电话网以临时提高某两点间的带宽，或者将最佳路由的信息分散到多条路由上以有效地提高带宽。通常只用来备份(使系统有容错能力)的空闲路由器也能在发生严重拥塞时加以利用，以提供更高的通信容量。在不可能提高通信容量，或容量已到了极限的情况下，解决拥塞问题的唯一办法就是降低载荷。有很多办法可用于降低载荷，包括拒绝为某些用户服务、给某些用户或全部用户的服务降级，以及让用户以可预测的方式来安排他们的需求。

2. 拥塞预防策略

可以用开环系统的方法对拥塞进行控制。表 2-2 列出了影响拥塞的数据链路层、网络层和传输层策略。

表 2-2　影响拥塞的策略

层	策　　略
数据链路层	重发策略、乱序缓存策略、确认策略、流量控制策略
网络层	子网内的虚电路和数据报、分组排队和服务策略、分组丢弃策略、路由选择算法、分组生命期管理
传输层	重发策略、乱序缓存策略、确认策略、流量控制策略、超时终止

2.4.4　Internet 上的网络层

在网络层，Internet 可以被看做一组互联的子网或自治系统(autonomous system，AS)。

这里没有真正的结构，但有若干个主干，这些主干由高带宽线路和高速路由器构成。与主干相连的是区域网络，与区域网络相连的是很多大学、公司以及 Internet 服务提供者的 LAN。将 Internet 连到一起的是网络层协议——Internet 协议(Internet protocol，IP)。

1. IP 格式

一个 IP 数据报由头部和正文部分构成。数据报头部有一个 20 字节的固定长度部分和一个可选任意长度部分。头部格式如图 2.9 所示。

← 32 位 →					
版本	IHL	服务类型	总长		
标识			DF	MF	分段偏移
生命期		协议	头部校验和		
源地址					
目的地址					
可选项（0 或更多的字）					

图 2.9 IP 数据报头部格式

① 版本字段记录了数据报属于哪个版本的协议。

② IHL 字段是 IP 分组头部长度字段。

③ 服务类型字段使主机可以告诉子网它想要什么样的服务。

④ 总长包括数据报中的所有信息(头部和数据)的长度。

⑤ 标识字段用来让目的主机判断新来的分段属于哪个分组，所有属于同一分组的字段包含有同样的标识值。

⑥ 紧跟着标识字段的是两个未用的位，然后是两个 1 位字段；DF 代表不要分段；MF 代表还有进一步的分段，除了最后一个分段外，所有的分段都设置了这一位，它是用来标志是否所有分组都已到达。

⑦ 分段偏移字段用于说明分段在当前数据报的什么位置。

⑧ 生命期字段是一个用来限制分组生命周期的计数器。推荐以 s 来计数，最长生命周期是 255s。

⑨ 协议字段用于说明将分段送给哪个传输进程的。协议的编号在整个 Internet 上是全球通用的。

⑩ 头部校验和仅用来校验头部。

⑪ 源地址和目的地址指明了网络号和主机号。

⑫ 可选项字段用于提供一个余地，以允许后续版本的协议中引入最初版本中没有的信息，以及避免为很少使用的信息分配头部位。

2. IP 地址

每个 Internet 上的主机和路由器都有一个 IP 地址，它包括网络号和主机号。没有也不

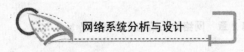

允许两台机器有相同的 IP 地址。所有的 IP 地址都是 32 位。

IP 地址的格式如图 2.10 所示。连接于多个网络的机器在各个网络上有不同的 IP 地址。

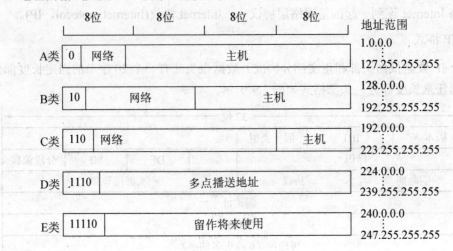

图 2.10 IP 地址的格式

A 类 IP 地址允许最多有 126 个网络，每个网络可有 1600 多万个主机。

B 类 IP 地址允许最多有 16382 个网络，每个网络可有 65534 个主机。

C 类 IP 地址允许最多有 200 多万个网络，每个网络可有 254 个主机。

网络号由网络信息中心(network information center，NIC)分配，以避免冲突。32 位的网络地址通常用带点十进制标记法书写。在这种格式下，每字节以十进制记录，从 0 到 255。例如，十六进制地址 C0290614 被记为 192.41.6.20。最低的 IP 地址是 0.0.0.1，最高的 IP 地址为 255.255.255.255。值 0 和 255 有特殊的意义：值 0 表示本网络或本主机，以 0 作为网络号的 IP 地址代表当前网络；值 255 表示一个广播地址，它代表网络中的所有主机。

全部由 1 组成的地址代表内部网络上的广播，通常是一个 LAN。例如，20.0.0.0 代表网络号为 20 的一个 A 类网络，也可称之为是一个 A 类网络地址，20.255.255.255 代表网络号为 20 的网络中的所有主机，也可称之为是一个 A 类广播地址。

所有形如 127.x.y.z 的地址都保留做回路(loopback)测试。发送到这个地址的分组不输出到线路上，它们被内部处理并当做输入分组。这一特性用来为网络软件查错。在每一类地址中还有一些内部保留的私有 IP 地址供用户的内部 LAN 使用，如 10.x.y.z、172.16.y.z ～ 172.31.y.z、192.168.y.z。用户在其内部 LAN 中使用这些地址不会与 Internet 发生冲突。

3. 子网

一个网络上的所有主机都必须有相同的网络号。当网络增大时，这种 IP 编址特性会引发问题。可让网络内部分成多个部分，但对外像任何一个单独网络一样动作，这些网络都称为子网。例如，如果原来用的是 B 类网络网络地址，当第二个 LAN 加入时，可将 16 位的主机号分成一个 6 位的子网号和一个 10 位的主机号，如图 2.11 所示。这种分解法可以使用 62 个 LAN，每个 LAN 最多有 1022 个主机。

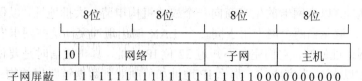

图 2.11 将 B 类网络分成若干子网的一种方法

在网络外部，子网是不可见的，因此分配一个新子网不必与 NIC 联系或改变程序外部数据库。

当一个 IP 分组到达时，就在路由选择表中查找其目的地址，如果分组是发给远程网络的，它就被转发到表中所提供接口上的下一个路由器；如果是本地主机，它便被直接发送到目的地。如果目的网络没找到，分组就被转发到有更多扩充表的默认路由器。这一算法意味着每一个路由器仅需要保留其他网络和本地主机的记录，不必全记住所有网络和主机，从而大大减少了路由表的长度。

4. Internet 控制协议

除了用于数据传送的 IP 协议外，Internet 还有多个用于网络层的控制协议，包括 Internet 控制消息协议(Internet control message protocol，ICMP)、地址解析协议(address resolution protocol，ARP)、逆向地址解析协议(reverse address resolution protocol，RARP)以及自举协议(bootstrap protocol，BOOTP)。

1) ICMP

Internet 的操作被路由器严密监视。当发生意外事故时，这些事件由 ICMP 报告，它也可以用来检测 Internet。表 2-3 列出了主要的 ICMP 消息类型。每个 ICMP 消息类型都被封装于 IP 分组中。

表 2-3 主要的 ICMP 消息类型

消 息 类 型	描 述
不可达目的地	分组不能提交
超时	生命期字段为 0
参数问题	无效的头字段
源端控制	抑制分组
重定向	告诉路由器有关地理路线
回声请求	向一个机器发出请求看是否它还活着
回声应答	是的，我还活着
时间标记请求	类似于回声请求，但要加上时间标记
时间标记应答	类似于回声应答，但要加上时间标记

2) ARP

虽然 Internet 上的每个机器都有一个或多个 IP 地址，却不能真正用它们来发送分组，因为主机名和 IP 地址都是逻辑地址，数据链路层硬件不能识别它们。如今，大多数主机都是通过一个只识别 LAN 地址的网卡连上 LAN 的。例如，每个出厂的以太网卡都有一个

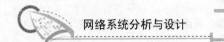

48 位以太网地址。以太网卡的生产商向一个权威机构申请一大批地址，以保证没有两个相同地址的网卡，避免当两个网卡用于同一个 LAN 时出现冲突。这些网卡发送和接收基于 48 位的以太网地址的帧，它们完全不知道 32 位 IP 地址。真正通信时是要使用物理地址经过物理网络(如以太网)来完成的，那么 IP 地址如何映射到数据链路层的物理地址上呢？

ARP 就是用来将 IP 地址翻译成物理网络地址的。当应用程序把 IP 分组交给网络接口驱动程序时，由接口驱动程序完成 IP 地址到物理地址的映射请求，若在本地映射表中找不到，该接口驱动程序就广播一个 ARP 分组给本地网所有主机。这时网络上所有支持 ARP 的主机便会收到 ARP 请求分组，但是只有 ARP 分组中 IP 地址和自己的 IP 地址一致的主机才会响应，并将它的物理地址告诉给请求者。值得注意的是，ARP 只适应于具有广播功能的网络(如以太网)，而不适用于点到点网络。

ARP 是 TCP/IP 协议的一部分，它一般由 TCP/IP 内核来完成，用户和应用程序不直接与 ARP 打交道。绝大多数 Internet 上的机器都运行它。用户可以对 ARP 进行各种优化以使其更有效率。首先，一旦某机器运行 ARP，它便将映射结果缓存起来，以备后用。下一次与同一台机器联系时，就可以直接在其缓存中找到映射关系，因此不需再发一次广播。实际上，所有以太网上的机器都可以将这一映射结果加入到自己的 ARP 缓存中。当以太网卡拆除并换上新卡(新以太网地址)时，为了使地址映射可变，ARP 缓存区中的项每过几秒钟就会刷新一次。

3) RARP 和 BOOTP

ARP 解决的是如何将 IP 地址映射到以太网地址上。有时也要解决其逆向的问题，即给出一个以太网地址，如果找到相应的 IP 地址？这种问题会在启动一台无盘工作站时发生，这种无盘工作站通常从远程文件服务器上下载其操作系统的二进制映象，但它如何知道自己的 IP 地址呢？解决的办法是采用 RARP 这个协议使一个新启动的工作站可以广播其以太网地址，并请求获得其 IP 地址。RARP 服务器发现这个请求后，在其配置文件中找到以太网地址，并回送相应的 IP 地址给它。

RARP 的缺点是使用了一个全 1 的目的地址(限制性广播)以到达 RARP 服务器，但是这种广播不会被路由器转发，因此每个网络上都需要 RARP 服务器。为了避免这个问题，就出现了 BOOTP 的可选安全启动(bootstrap)协议。与 RARP 不同，它使用的是 UDP 消息，可以经过路由器转发。它还提供了一个有附加信息的无盘工作站，包括拥有内存映象的文件服务器的 IP 地址、默认路由器的 IP 地址，以及使用的子网掩码。

5. 路由选择协议

对于路由选择来说，由单个管理机构控制的一组网络和路由器称为 AS。一个 AS 内的路由器自由地选择它们自己的发现、传播、验证和检查路由一致性的机制。

交换路由信息的两个路由器如果属于两个不同的 AS，那么就称它们是外部相邻；如果它们属于同一个 AS，就称它们是内部相邻。外部路由器用以通告可达性信息给其他 AS 的协议称为外部网关协议(exterior gateway protocol，EGP)。

内部路由器用以在一个 AS 内部交换网络可达性和路由选择信息的任何算法都称为内部网关协议(interior gateway protocol，IGP)。

如图 2.12 所示为 3 个网络使用 EGP 交换可达性信息，每个网络都是一个 AS，每个 AS

都使用自己的 IGP。

一个 AS 内部的路由器之间的交互却没有统一的协议可用。大部分 AS 使用少数协议中的一种在内部传播可达性信息。图 2.12 表示的 3 种 IGP，分别称作路由选择信息协议(routing information protocol，RIP)、HELLO 和 OSPF 协议。

EGP 虽然不是真正的路由选择算法，但它规定了一个 AS 内的路由器与另一个 AS 内的路由器互相通信的方式。虽然 EGP 是一种很有用的技术，但也有其缺陷，如它不像一种路由协议而像一个可达性协议。边界网关协议(border gateway protocol，BGP)正是为了克服 EGP 的问题而开发的。BGP 是一种 AS 之间的路由协议，用于 Internet。在两个路由器间最初的数据交换是整个 BGP 的路由表，更多的更新是作为路由表的变化而发送出去的。与其他的路由协议不同，BGP 不需要对整个路由表进行定期的更新。虽然 BGP 对一个特定的网络用所有灵活的路径来维护一张路由表，但它在更新信息中仅传输主要的优化路径。

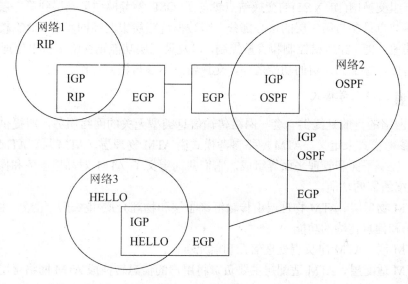

图 2.12　EGP 和 IGP

RIP 是使用广泛的 IP 路由选择算法之一，它实现了向量距离算法，并使用跨度计算标准，即 0 个跨度是直接连接的 LAN，1 个跨度是通过一个路由器可达，2 个跨度是通过两个路由器可达，依此类推。15 个跨度被认为是最大极限，表示无穷距离，意即不可达。

HELLO 协议是另一个路由选择向量协议，但它的计量对象是延时，而不是跨度。目前，HELLO 协议还没有被广泛采用。

OSPF 是一个现代的链路状态协议，每个路由器将它所连接的链路状态信息向其他路由器传播。链路状态机制解决了向量距离产生的许多收敛问题，适用于可伸缩的环境。

OSPF 还有若干其他先进特征，如身份验证、路由选择服务类型、负载平衡、子网划分、内部和外部网关表等。

6. 下一代 IP 协议——IPv6

现在使用的 IP 版本是 IPv4，IPv6 是 IPv4 的改良版。IPv4 的一些有用特征被 IPv6 继承。按照 IPv6 规范，从 IPv4 到 IPv6 的变更可分为以下 5 类。

① 扩大了寻址能力。IPv6 中 IP 地址范围由 32 位增加到 128 位。

② 简化了分组头格式。

③ 改善了各种扩展与选项的支持。

④ 增加了标签能力。

⑤ 加入了审计与保密能力。

2.4.5　ATM 工作原理

1.　ATM 的特点

ATM 的特点是进一步简化了网络功能，ATM 网络不参与任何数据链路层功能，将差错控制与流量控制工作都交给主机去做。

传统分组交换网(如 X.25)的交换结点参与了 OSI 参考模型第一层到第三层的全部功能；帧中继结点只参与第二层的核心部分，即数据链路层中的帧同步和 CRC 校验功能，第二层的其他功能，如差错控制和流量控制，以及第三层功能则交给主机去处理；ATM 网络则更为简单，除了第一层的功能之外，交换结点不参与任何工作。

2.　ATM 网络参考模式

ATM 网络的目的是提供一套与网络传输信息类型无关的网络服务，所提供的服务由 ATM 网络参考模式来定义。ATM 网络参考模式由 ATM 物理层、ATM 层、ATM 适配层、用户平面、控制平面和管理平面等组成，它们共同定义了 ATM 对高层服务和操作以及维护 ATM 网络所需的功能。

① ATM 物理层。ATM 物理层由传输汇聚子层和物理介质相关子层组成，主要完成物理线路编码和信息传输的功能。

② ATM 层。ATM 层负责处理信元和信元传输。

③ ATM 适配层。ATM 适配层主要负责将用户的信息转换成 ATM 网络可用的格式。

④ 用户平面。用户平面具有处理数据传输、流量控制、错误检测和其他用户功能。

⑤ 控制平面。控制平面包含连接的建立、维护及拆除等有关功能。

⑥ 管理平面。管理平面分为两个子面，即面管理和层管理。面管理的主要功能是协调各层面的运行。层管理负责执行一些有关各协议实体内资源与参数的管理。

2.5　传　输　层

传输层是整个协议层次结构的核心。其任务是为从源端机到目的机提供可靠的、价格合理的数据传输，而与所使用的网络无关。

2.5.1　传输服务

1.　提供给高层的服务

传输层的最终目标是向其用户(一般是指应用层的进程)提供有效、可靠且价格合理的服务。为了达到这一目标，传输层利用了网络层所提供的服务。传输服务也有两种类型，即面向连接的传输服务和无连接的传输服务。

面向连接的传输服务在很多方面类似于面向连接的网络服务。二者的连接都包括 3 个阶段，即建立连接、数据传输和释放连接。两层的寻址和流量控制方式也类似。无连接的传输服务与无连接的网络服务也很类似。传输层服务与网络层服务如此类似，为什么还要将其区分为不同的两层呢？这是因为网络层是通信子网的一部分并且是由电信公司来提供服务的(至少 WAN 是如此)，而用户无法对子网加以控制，他们不能通过换用更好的路由器或增强数据链路层的纠错能力来解决网络层服务质量低劣的问题。所以唯一可行的方法是在网络层上再增加一层以改善服务质量。

传输层的存在使传输服务远比其低层的网络服务更可靠。分组丢失、数据残缺均会被传输层检测到，并采取相应的补救措施。另外，网络服务原语随网络的不同而会有很大的差异，传输服务原语的设计则可以独立于网络服务原语。

有了传输层后，应用于各种网络的应用程序便能采用统一标准的原语集来编写，而不必担心不同的子网接口和不可靠的数据传输。因此，传输层起着将子网的技术、设计和各种缺陷与上层相隔离的关键作用。

2. 服务质量

从另一个角度来看，可以将传输层的主要功能看做是增强网络层提供的服务质量(quality of service，QoS)。QoS 可以由一些特定的参数来描述。传输层 QoS 的典型参数有连接建立延迟、连接建立失败的概率、吞吐率、传输延迟、残余误码率、安全保护、优先级、恢复功能。这些 QoS 参数是传输用户在请求建立连接时设置的，表明了希望值和最小可接受的值。在有些情况下，传输层会对一些选项进行协商，一旦这些选项被商定，它们在整个连接存在期间保持不变。

3. 传输服务原语

传输服务原语允许传输用户(如应用程序)访问传输服务。每种传输服务均有各自的访问原语。很多程序(也可以说是程序员)可以看到传输原语，所以传输服务必须简便易用。

表 2-4 列出了一个传输服务的 5 个原语。这个传输接口虽然只是一个框架，但它体现了面向连接的传输接口的本质。它允许应用程序建立、使用和释放连接，这些原语对多数应用程序来说已经够用。

表 2-4　一个简单传输服务的原语

原　　语	含　　义
侦听(LISTEN)	阻塞，直到某个过程试图连接
连接(CONNECT)	建立一个连接的活动尝试
发送(SEND	发送消息
接收(RECEIVE)	阻塞，直到一个 TPDU 数据到达
释放(DISCONNECT)	该方希望释放连接

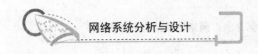

2.5.2　传输协议的功能要素

1. 寻址

传输层要在用户进程之间提供可靠和有效的端到端服务，必须把一个目标用户进程和其他的用户进程区分开来，这是由传输地址来实现的。为确保所有传输地址在全网上是唯一的，规定传输地址由网络号、主机号以及由主机分配的端口组成。

传输地址的构成有以下两种方法。

1) 层次地址

层次地址由一系列的域组合而成，把它们在空间上分开来。例如，

$$(地址)=<国家><网络><主机><端口>$$

2) 平面地址空间

平面名称对于地理上或任何其他层次方面都无特定关系的传输地址，可以用一个号码当作单一系统内的地址。用这种方法确定的地址是唯一的，而同其所处的部位无关。

2. 建立连接

一个传输实体要向目的机器发送一个连接请求 TPDU，并等待对方接受连接的应答。

3. 释放连接

释放连接有两种方式，即非对称释放和对称释放。

4. 流量控制和缓冲策略

传输层中的流量控制问题在某些方面与数据链路层相似，但在另外一些方面则是有区别的。其基本的相似之处是它们均需采用滑动窗口或其他机制。它们之间的主要差别是路由器通常只有相对较少的线路连接，而主机则可有很多个连接。这样，传输层就不可能采用数据链路层实施的缓冲策略。

在传输层中，是在发送端进行缓冲还是在接收端进行缓冲取决于传输信息的类型。对于低速突发性的信息，最好在发送端进行数据缓存；对于高速平稳的信息传输，最好在接收端进行数据缓存。

5. 多路复用

在传输层中进行多路复用可以有两种方式，即向上多路复用和向下多路复用。

向上多路复用是指把多个连接多路复合到一个下一层连接上实现多路复用。向上多路复用可以使用户充分利用昂贵的虚电路资源，但连接的数量要适当。

向下多路复用是指把一个连接分割到多个下一层连接上实现多路复用。如果利用向下多路复用，在传输层同时打开多个网络连接，并在它们之间循环地分配信息报文，有效带宽会得到增大。

6. 崩溃恢复

如果主机和路由器易崩溃，那么就存在着从崩溃中恢复的问题。如果连接的两端均保持了当前的状态信息，传输层可以从网络层的错误中进行恢复。对于主机的崩溃和恢复则

无法做到对于高层透明。

2.5.3　Internet 传输协议

Internet 在传输层有两种主要的协议，一种是面向连接的协议 TCP，另一种是无连接的协议 UDP。

TCP 是专门用于在不可靠的 Internet 上提供可靠的、端到端的字节流通信的协议。

网络层并不能保证将数据报正确地传送到目的端，因此 TCP 实体需要判定是否超时并且根据需要重发数据报。到达的数据报也可能是按错误的顺序传到的，这也需要由 TCP 实体按正确的顺序重新将这些数据报组装为报文。TCP 协议提供了用户所要的可靠性，而这是网络层所未提供的。

1. TCP 服务模型

通过在发送方和接收方分别创建一个称为套接字(socket)的通信端点，可以获得 TCP 服务。每个套接字有一个套接字序号(地址)，它包含主机的 IP 地址以及一个主机本地的 16 位号码，称为端口(port)。总共可有 65 536(2^{16})个端口号。

应用程序间的通信由多个进程实现，在多用户多任务的网络中要求一台主机能并发处理多个进程。TCP/IP 协议在传输层顶端提供了多个端口的服务，一个端口对应一个进程，从而使一台主机能同时并发处理多个进程。TCP/IP 端口的概念在通常网络中称为服务访问点，即本层与上层的层间接口。在 TCP/IP 中，网络层不设多个服务访问点(多端口)，传输层(TCP 层或 UDP 层)上设立多端口是对网络层的功能的一种补充和加强。

在 TCP/IP 中，进程采用 C/S 模式，这是一种不对等的主客模式。在该模式中，进程总是由客户机(即客户程序)发起，而服务器(服务程序)总是随时等待客户机进程要求，并予以响应提供相应进程服务。

TCP/IP 为服务器规定了一组标准的端口号，把该组端口的每个端口分给一个固定的标准服务进程。例如，对应 TCP 上 TELNET(远程登录协议)规定使用端口号 23，FTP 规定使用端口号 21，SMTP 规定使用端口号 25 等。在传输层的 UDP 上也规定了一组固定的端口号，如简单文件传输协议(trivial file transfer protocol，TFTP)规定使用端口号 69 等。

TCP 和 UDP 是传输层两个平等的协议，它们固定的标准端口号是各自独立编号的，互不相干。在 TCP 和 UDP 中，这两组固定的标准端口号被保留作为标准服务进程专用并公布于众。规定凡是采用 TCP/IP 通信的标准服务器必须遵循这种端口分配标准。这就使得这类端口成为全局性的公认端口，也称保留端口，保留端口的值小于 256。

除保留端口外，应用程序还需使用到的其他大量端口称为自由端口。保留端口是固定的、全局性的，而自由端口则是本地机随机动态分配的。所有的 TCP 连接均采用全双工的和点到点的方式。点到点的意思是每个连接只有两个端点。TCP 不支持多点播送和广播。

2. TCP 格式

TCP 连接上的每个字节均有自己的 32 位顺序号。发送和接收方的 TCP 实体以数据段的形式交换数据。TCP 软件决定数据段的大小。每个网络都存在最大传送单位(maximun transfer unit，MTU)，要求每个数据段必须适合 MTU。在实践中，MTU 一般为几千字节，由此便决定了数据段大小的上界。TCP 实体所用的基本协议是滑动窗口协议。当发送方传送一个数据段时，它还要启动计时器。

3. TCP 数据段头

TCP 报文段的头部格式如图 2.13 所示。不带任何数据的数据段也是合法的，一般用于确认报文和控制报文。

图 2.13　TCP 头部数据段的布局格式

下面介绍报文段 TCP 头部中每个字段的意义。

① 源端口和目的端口字段用于标识本地和远端的连接点。

② 顺序号字段和确认号字段执行通常功能。这里要注意的是，后者指希望接收的下一个字节，而不是前面已正确收到的字节。

③ TCP 头部长度字段表明在 TCP 头部中包含多少个 32 位字。接下来的 6 位未用。

④ 6 个 1 位的标志。

如果用到了应急指针字段，那么 URG 位置 1。应急指针指从当前顺序号到紧急数据位置的偏移量。

ACK 字段置 1 表明确认号是合法的。

PSH 字段表示是带有 PUSH 标志的数据。

RST 字段用于复位。

SYN 字段用于建立连接。

FIN 字段用于释放连接。

⑤ TCP 中的流量控制是通过使用可变大小的滑动窗口来处理的。窗口大小字段表示在确认了字节之后还可以发送多个字节。

⑥ 校验和字段是为了确保高可靠性而设置的，用于校验头部、数据和如图 2.14 所示的概念上的 TCP 伪头部(pseudo header)之和。

← 32 位 →		
源地址		
目的地址		
00000000	协议=6	TCP 数据段长

图 2.14 包括在 TCP 校验和中的伪头部

在校验和计算中包括 TCP 伪头部,有助于检验传输的分组是否正确,但这样做却违反了协议的分层规则,因为其中的 IP 地址是属于网络层而非传输层。

⑦ 可选项字段用于提供一种增加额外设置的方法,而在常规的 TCP 头部中并不包括这种设置。

4. TCP 功能

要进行可靠的面向连接服务,首先要在信源机与信宿机之间建立一条连接,然后才能进行实际数据传输,并以确认和超时重传机制保证其可靠性。

1) 确认和超时重传机制

确认和超时重传机制的基本思想是,信源机在收到每一个正确分组时向信宿机回送一个确认,信源机在某个时间片内没收到确认时,则重传该分组。

随之产生的问题是重传,即可能导致某个报文重复出现。IP 数据报在网上都有一个生命期 TTL,当 TTL 减为 0 时该 IP 数据报被抛弃。但当 IP 数据报被存储在某网关而未到生命期时,而信源机的时间片已到,则也对其认为超时而重传,导致有两个相同的报文在网上重传,致使信宿机难以判断和处理重复的报文。信源机重传机构中的时间片大小是很难确定的。重传机制造成重复报文的存在,TCP 中的确认机制不是针对段而是采用以字节为单位的"累计确认"方法,在 n 字节累计确认后,前面字节的确认丢失就不需要再重传。另外,在最初端到端间建立连接时采用"三次握手"方法,以识别重复的报文。

2) TCP 连接的建立与拆除

(1) TCP 连接的建立。TCP 采用"三次握手"建立连接的基本思想:信源机发一个带有本次连接序号的请求(第一次握手);信宿机收到请求后如同意连接,则发回一个带有本次连接序号的确认应答,应答还包含信源机连接序号(第二次握手);信源机收到应答(含两个初始序号)后再向信宿机发一个含两个序号的确认(第三次握手),信宿机收到后确认,则双方连接建立。由于连接双方都以序号确认本次连接,使过时的(以前序号的)报文不会重复建立连接,只在 TCP 建立端到端连接后,才能进入数据真正传输阶段。

(2) TCP 连接的拆除。由于 TCP 连接是一个全双工的数据通道,在一方发起拆除连接后,连接依然存在,所以 TCP 采用"三次握手"方法拆除两个"半连接"。

3) TCP 的滑动窗口机制

TCP 滑动窗口用于控制流量和拥塞,这就是 TCP 滑动窗口机制。

5. UDP 功能

UDP 是在传输层上与 TCP 并行的一个独立协议。UDP 建立在 IP 协议上,它除了增加

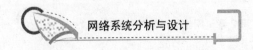

多端口外，几乎没有增加其他新的功能。因此，UDP 也是一个不可靠的无连接协议。

TCP/IP 在传输层上另外建立一个 UDP 是由于 UDP 传输效率高，适合于某些应用程序服务的场合。在一些简单的交互应用场合，如应用层的 TFTP，便是建立在 UDP 上的。为来回只有一次或有限几次的交互建立一个连接，往往开销太大，即使出错重传也比面向连接的方式效率高。

2.6　会话层、表示层与应用层

按照 OSI 七层参考模型，除上述各层外，还有会话层、表示层与应用层等较高层为网络系统提供高级服务，这 3 层对网络系统的应用起着十分重要的作用。

2.6.1　会话层

会话层在运输层提供的服务上，加强了会话管理、同步和活动管理等功能。会话层的主要功能是提供建立连接并有序传输数据的一种方法，这种连接称为会话(session)。会话可以使一个远程终端登录到远地的计算机，进行文件传输或其他的应用。

会话层与运输层的连接有 3 种对应关系。第一种是一对一的关系，即在会话层建立会话时，必须建立一个运输连接，当会话结束时，这个运输连接也被释放；第二种是多对一的关系，如在多顾客系统中，一个客户所建立的一次会话结束后，又有另一顾客要求建立另一个会话，此时运载这些会话的运输连接没有必要不停地建立和释放，但在同一时刻，一个运输连接只能对应一个会话连接；第三种是一对多的关系，若运输连接建立后中途失效，此时会话层可以重新建立一个运输连接而不用废弃原有的会话，当新的运输连接建立后，原来的会话可以继续下去。

2.6.2　表示层

表示层位于 OSI 分层结构的第六层，它的主要作用之一是为异种机通信提供一种公共语言，以便能进行相互操作。之所以需要这种类型的服务，是因为不同的计算机体系结构使用的数据表示法不同。例如，IBM 主机使用 EBCDIC 编码，而大部分个人计算机使用的是 ASCII 码。在这种情况下，便需要表示层来完成这种转换。

通过前面的介绍可以看出，会话层以下 5 层完成了端到端的数据传送，并且是可靠、无差错的传送。但是数据传送只是手段而不是目的，最终是要实现对数据的使用。由于各种系统对数据的定义并不完全相同，如键盘上某些键的含义在许多系统中都有差异。这自然给利用其他系统的数据造成了障碍。表示层和应用层就担负了消除这种障碍的任务。对于用户数据来说，可以从两个侧面来分析，一个是数据含义，称为语义；另一个是数据的表示形式，称为语法。例如，文字、图形、声音、文种、压缩和加密等都属于语法范畴。表示层设计了 3 类 15 种功能单位，其中上下文管理功能单位就是沟通用户间的数据编码规则，以便双方有一致的数据形式，能够互相认识。

2.6.3　应用层

应用层以下各层提供可靠的传输，但对用户来说，它们并没有提供实际的应用。

Internet 应用层包含两类不同性质的协议。第一类是一般用户能直接调用或使用的协议，如 TELNET、FTP 和 SMTP，这些是用户使用 Internet 资源的用户界面或工具；第二类是为系统本身服务的协议，如 DNS 协议等。

2.6.4　用户能直接调用的协议与 DNS

1. TELNET

在用户主机上输入 telnet 命令后可连接一台远程主机，用户主机作为终端能共享该远程主机的资源。为了实现相互操作，TELNET 协议包含了网络虚拟终端(network virtual terminal，NVT)软件。

NVT 软件的作用主要是克服不同类型机器键盘字符的差异性。在用 TELNET 连接的两个主机中都具有 NVT 软件，当客户机的键盘字符向远程主机传送时，首先应经过 NVT 翻译成标准的 NVT 格式，当到达远程主机时先经过远程主机中的 NVT 翻译成远程主机上的键盘字符格式。

2. FTP

FTP 可以使网络上两台主机互连且达到互传文件或相互复制文件的目的。

在 UDP 上还有一种简化的文件传输协议——TFTP。TFTP 简单短小，常在个人计算机上用于单个文件传送。

3. SMTP

SMTP 是简单邮件传输协议，在 Internet 上绝大部分电子邮件都基于此协议。

4. 适用于 UNIX 系统间的应用协议

除了 TELNET、FTP、SMTP 这 3 种基本协议外，如果网际互相通信的主机都为 UNIX 主机，则还可以使用一套以 R 开头的 R 实用程序。用于远程登录的命令有 rlogin、rexec、rxh，用于文件传输的命令有 rcp 等。

5. DNS

1) 域名系统

为了共享 Internet 上某台主机的资源，可以使用该主机的 IP 地址作为标识。但大多数用户还是更习惯于用机器名，而不是用 IP 地址。为此，TCP/IP 在应用层中提供了 DNS 服务。在用户使用机器名作为主机标识时，DNS 会自动把机器名转变为 IP 地址。例如，以 128.6.18.15 为 IP 地址的主机名为 archie.rutgers.edu，则下面登录命令是等价的，用户可以任意选择 telnet 128.6.18.15 或 telnet archie.rutgers.edu。

一个域名由多个部分组成，中间用"."分隔，是一种有层次的域树结构。最右边的部分是高层次的部分，称为第一级域(本例中为 edu)。第一级域可以派生出多个第二级域，一个二级域同样可以派生出多个三级域等。在 Internet 上，有两种不同的域名组织模式。第一种是按部门机构组织的，称为组织模式；第二种是按地理位置组织的，称为地理模式。

人们在 Internet 上看到的绝大部分主机都是按组织模式命名域名的，而且高层域都已经国际标准化了，如表 2-5 所示。在表 2-5 中，除最后一项是地理模式外，其余各项都是组织模式域名的高层域。

表 2-5　Internet 标准第一级域表

域　名	组织部门
com	商业组织
edu	教育部门
gov	政府部门
mil	军事部门
net	网络信息中心和网络操作中心
org	其他非营利性组织
arpa	未用
int	国际性特殊组织
国家代码	两位编码

在美国以组织模式命名域名的主机，通常都是以表 2-5 中的域名作为第一级域。在美国以外的国家，第一级域名则为该国家的代码，由两个字母缩写组成并且已经标准化。域名的最高管理机构是国际网络信息中心(network information center，NIC)，管理第一级和第二级域名，整个域名管理机构是按树形层次结构分布管理的。域名和 IP 地址有一定对应关系，但并不属于同一结构体系。一台主机只能有唯一的 IP 地址，但可以有多个域名。在一台主机的 IP 地址改变时，其原来的域名仍然有效。

2) 域名管理和实施

DNS 是通过域名服务器管理的。把一个管理域名的软件装在一台主机上，该主机就称为域名服务器。地区域名服务器以树形结构连入上级域名服务器。当请求将域名解析为 IP 地址时，首先向本地域名服务器发出解析请求，如有则返回解析，如域名不在本地域名服务器范围，则指向上级域名服务器。将 IP 地址转换为域名的过程称为逆向域名解析。逆向域名解析通常用于无盘工作站，无盘工作站只知道本身的物理地址，可经 RARP 找到 IP 地址，再经域名解析找到域名。

3) 资源记录

每个域都有相关的资源记录集合。当解析器给 DNS 一个域名，它所取回的是与该域名有关的资源记录。因此，DNS 的实际功能就是把域名映射到资源记录上。一条资源记录共有 5 项。在大多数情况下，资源记录以 ASCII 文本显示，每条资源记录一行，格式如下。

<Domain_Name><Time_To_Live><Type><Class><Value>

其中，Domain_Name(域名)字段指出这条记录所指向的域；Time_To_Live(生存时间)字段用于指出记录的稳定性；Type(类型)字段用于指出记录的类型，重要的几种类型如下。

① SOA 记录。SOA 记录提供了关于名称服务器区域的主要信息资源的名称、管理者的 E-mail 地址、唯一的序列号，以及各种标志和时间范围。

② A 记录。A 记录是最重要的记录类型，每个网络连接(每个 IP 地址)都有一个该类

型的资源记录。

③ MX 记录。MX 记录是次重要的记录类型，用于指明准备为特定域接收 E-mail 的域名。

④ NS 记录。NS 记录用于指明名称服务器。

⑤ CNAME 记录。CNAME 记录允许创建别名。

⑥ PTR 记录。PTR 记录和 CNAME 记录一样，用于指向另一个名称。两者的区别在于 CNAME 记录只是一个宏定义，而 PTR 记录是一种正规的 DNS 数据类型，它的解释依赖于上下文。实际上，PTR 记录几乎总是用来将名称和 IP 地址联系起来，允许查找 IP 地址，并返回相应机器的名字(逆向解析)。

⑦ HINFO 记录。HINFO 记录允许人们找出一个域相应的机器和操作系统类型。

⑧ TXT 记录。TXT 记录允许域以任意方式标示自身。

资源记录的第四个字段是 Class(类别)。对于 Internet 信息，它总是 IN。最后一个是 Value(值)字段。这个字段可以是数字、域名或 ASCII 串，其语义基于记录类型。

下面是一条资源记录的示例：

flits.cs.vu.nl. 86400 IN A 192.31.231.165

2.7　通信协议基础

LAN 常用的 3 种通信协议为用户扩展接口(NetBIOS extended user interface，NetBEUI)协议、网际包交换/顺序包交换(internetwork packet exchange/swquences packet exchange，IPX/SPX)协议和 TCP/IP 协议。

2.7.1　NetBEUI 协议

1. NetBEUI 协议的特点

NetBEUI 协议由 IBM 于 1985 年开发完成，是一种体积小、效率高、速度快的通信协议。NetBEUI 协议也是 Microsoft 最钟爱的一种通信协议，所以它被称为 Microsoft 所有产品中通信协议的“母语”。Microsoft 在其早期产品，如 DOS、LAN Manager、Windows 3.x和 Windows for Workgroup 中主要选择 NetBEUI 协议作为自己的通信协议。在 Microsoft的产品，如 Windows 95/98 和 Windows NT 中，NetBEUI 协议已成为其固有的缺省协议。有人将 Windows NT 定位为低端网络服务器操作系统，这与 Microsoft 的产品过于依赖NetBEUI 协议有直接的关系。NetBEUI 协议是专门为几台到百余台个人计算机所组成的单网段部门级小型 LAN 而设计的，不具有跨网段工作的功能，即 NetBEUI 协议不具备路由功能。如果在一个服务器上安装了多块网卡，或要采用路由器等设备进行两个 LAN 的互联时，将不能使用 NetBEUI 协议。否则，用不同网卡(每一块网卡连接一个网段)相连的设备之间，以及不同的 LAN 之间将无法进行通信。

NetBEUI 协议虽然存在许多不尽如人意的地方，但也具有其他协议所不具备的优点。在 LAN 常用的 3 种通信协议中，NetBEUI 协议占用内存容量最少，在网络中基本不需要

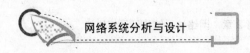

任何配置，尤其在 Microsoft 产品几乎独占个人计算机操作系统的今天，它很适合广大的网络初学者使用。

2. NetBEUI 协议与 NetBIOS 标准之间的关系

NetBEUI 中包含网络基本输入/输出系统(network basic input/output system，NetBIOS)标准，该标准是 IBM 在 1983 年开发的一套用于实现个人计算机间相互通信的标准，其目的是开发一种仅仅在小型 LAN 上使用的通信规范。该网络由个人计算机组成，最大用户数不超过 30 个，其特点是突出一个"小"字。后来，IBM 发现 NetBIOS 标准存在的许多缺陷，所以 1985 年对其进行了改进，推出了 NetBEUI 协议。随后，Microsoft 将 NetBEUI 协议作为其 C/S 网络系统的基本通信协议，并进一步进行了扩充和完善，最有代表性的改进是在 NetBEUI 协议中增加了服务器消息块(server message blocks，SMB)的组成部分，以降低网络的通信堵塞。因此，人们有时将 NetBEUI 协议也称为 SMB 协议。

人们常将 NetBIOS 标准和 NetBEUI 协议混淆起来，其实 NetBIOS 标准只能算是一个网络应用程序的接口规范，是 NetBEUI 的基础，不具有严格的通信协议功能，而 NetBEUI 协议是建立在 NetBIOS 标准基础之上的一个网络传输协议。

2.7.2 IPX/SPX 及其兼容协议

1. IPX/SPX 协议的特点

IPX/SPX 协议是 Novell 公司的通信协议集。与 NetBEUI 协议相比，IPX/SPX 协议显得比较庞大，在复杂环境下具有很强的适应性。因为，IPX/SPX 协议在设计一开始就考虑了多网段的问题，具有强大的路由功能，适合于大型网络使用。当用户端接入 NetWare 服务器时，IPX/SPX 及其兼容协议是最好的选择。但在非 Novell 网络环境中，一般不使用 IPX/SPX 协议，尤其在 Windows NT 网络和由 Windows 95/98 组成的对等网中，无法直接使用 IPX/SPX 协议。

2. IPX/SPX 协议的工作方式

IPX/SPX 及其兼容协议不需要任何配置，它可通过网络地址来识别自己的身份。Novell 网络中的网络地址由两部分组成，即标明物理网段的网络 ID 和标明特殊设备的结点 ID。其中，网络 ID 集中在 NetWare 服务器或路由器中，结点 ID 即为每个网卡的 ID 号(网卡卡号)。所有的网络 ID 和结点 ID 都是一个独一无二的"内部 IPX 地址"。正是由于网络地址的唯一性，IPX/SPX 协议才具有较强的路由功能。

在 IPX/SPX 协议中，IPX 协议是 NetWare 最底层的协议，它只负责数据在网络中的移动，并不保证数据是否传输成功，也不提供纠错服务。IPX 协议才在负责传送数据时，如果接收结点在同一网段内，就直接按该结点的 ID 将数据传给它；如果接收结点是远程的(不在同一网段内，或位于不同的 LAN 中)，数据将交给 NetWare 服务器或路由器中的网络 ID，继续数据的下一步传输。SPX 协议在整个协议中负责对所传输的数据进行无差错处理，所以 IPX/SPX 协议也称为 Novell 的协议集。

3．NWLink 协议

Windows NT 提供了两个 IPX/SPX 协议的兼容协议，即 NWLink SPX/SPX 兼容协议和 NWLink NetBIOS 协议，两者统称为 NWLink 通信协议。NWLink 协议是 Novell 公司 IPX/SPX 协议在 Microsoft 网络中的实现，它在继承 IPX/SPX 协议优点的同时，更适应了 Microsoft 的操作系统和网络环境。Windows NT 网络和 Windows 95/98 的用户可以利用 NWLink 协议获得 NetWare 服务器的服务。如果用户的网络从 Novell 环境转向 Microsoft 平台，或两种平台共存时，NWLink 协议是最好的选择。不过在使用 NWLink 协议时，其中 NWLink IPX/SPX 兼容协议类似于 Windows 95/98 中的 IPX/SPX 兼容协议，它只能作为客户端的协议实现对 NetWare 服务器的访问，离开了 NetWare 服务器，此兼容协议将失去作用；而 NWLink NetBIOS 协议不但可在 NetWare 服务器与 Windows NT 网络之间传递信息，而且能够用于 Windows NT、Windows 95/98 相互之间任意通信。

2.7.3　TCP/IP 协议

TCP/IP 协议是目前最常用到的一种通信协议，是计算机世界里的一个通用协议。在 LAN 中，TCP/IP 协议最早出现在 UNIX 系统中，现在几乎所有的厂商和操作系统都开始支持它。同时，TCP/IP 协议也是 Internet 的基础协议。

1．TCP/IP 协议的特点

TCP/IP 协议具有很高的灵活性，支持任意规模的网络，几乎可连接所有的服务器和工作站。但其灵活性也为它的使用带来了许多不便，在使用 NetBEUI 协议和 IPX/SPX 及其兼容协议时都不需要进行配置，而 TCP/IP 协议在使用时首先要进行复杂的设置。每个结点至少需要一个 IP 地址、一个子网掩码、一个默认网关和一个主机名。如此复杂的设置，给一些初识网络的用户来说的确带来了不便。不过，Windows NT 提供了动态主机配置协议(dynamic host configuration protocol，DHCP)的工具。该工具可自动为客户机分配连入网络时所需的信息，减轻了联网工作方面的负担，并避免了出错。当然，DHCP 所拥有的功能必须要有 DHCP 服务器才能实现。

同 IPX/SPX 及其兼容协议一样，TCP/IP 也是一种可路由的协议。但是，两者存在着一些差别。TCP/IP 协议的地址是分级的，这使得它很容易确定并找到网上的用户，同时也提高了网络带宽的利用率。当需要时，运行 TCP/IP 协议的服务器(如 Windows NT 服务器)还可以被配置成 TCP/IP 路由器。与 TCP/IP 协议不同的是，IPX/SPX 协议中的 IPX 协议使用的是一种广播协议，经常出现广播包堵塞情况，所以无法获得最佳的网络带宽。

2．Windows 95/98 中的 TCP/IP 协议

Windows 95/98 的用户不但可以使用 TCP/IP 协议组建对等网，而且可以方便地接入其他的服务器。值得注意的是，如果 Windows 95/98 工作站只安装了 TCP/IP 协议，是不能直接加入 Windows NT 域的。虽然该工作站可通过运行在 Windows NT 服务器上的代理服务器(如 Proxy Server)来访问 Internet，但却不能通过它登录 Windows NT 服务器的域。如果要让只安装 TCP/IP 协议的 Windows 95/98 用户加入到 Windows NT 域，还必须在 Windows

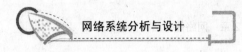

95/98 上安装 NetBEUI 协议。

在提到 TCP/IP 协议时，许多用户便被其复杂的描述和配置所困扰，而不敢放心地去使用。其实就 LAN 来说，用户只要掌握了一些有关 TCP/IP 方面的知识，使用起来也非常方便。

2.8 IP 地址基础

IPv4 的地址管理主要用于给一个物理设备分配一个逻辑地址。一个以太网上的两个设备之所以能够交换信息就是因为在物理以太网上，每个设备都有一块网卡，并拥有唯一的以太网地址。如果设备 A 向设备 B 传送信息，设备 A 需要知道设备 B 的以太网地址。像 Microsoft 的 NetBIOS 协议，它要求每个设备广播它的地址，这样其他设备才能知道它的存在。IP 协议使用的这个过程称为地址解析。不论是哪种情况，地址应为硬件地址，并且在本地物理网 B 上。

如果一个在以太网上的设备 A 向令牌环网上的设备 B 发送信息，会发生什么情况呢？由于设备 A 和设备 B 在不同的物理网络上，所以不能够直接通信。为了解决设备 A 和设备 B 的地址问题，可以使用一个更高层的协议，如 IPv4，给一个物理设备分配一个逻辑地址。不论使用哪种通信方法，都可以通过一个唯一的逻辑地址来识别这个设备。在实际通信中，逻辑地址最终还要转换成物理地址。

IPv4 的设计者目前面临着一个地址管理困境。在 Internet 发展早期，网络很小，但网络互联设备却很多，问题是未来的发展。在 20 世纪 70 年代初，建立 Internet 的工程师们并未意识到计算机和通信在未来的迅猛发展。开发者们依据他们当时的环境，并根据那时对网络的理解建立了逻辑地址分配策略。

他们知道要有一个逻辑地址管理策略，并认为 32 位的地址已足够使用。从当时的情况来看，32 位的地址空间确实足够大，能够提供 4294967296(2^{32})个独立的地址。针对网络的大小不同，为有效地对网络进行管理，地址以分组方式来分配。有的分组较大，有的分组中等，而有的分组较小，这种管理上的分组称为地址类。

名字、地址和路由这些概念有很大的不同。名字用于说明要找的东西，地址用于说明它在哪里，路由用于说明如何到达那里。网际协议主要解决地址问题。高层(如主机到主机问题或应用问题)协议负责名字到地址的映射。网际模块负责网际地址到 LAN 地址的映射。底层(如本地网或网关)程序的任务是负责本地网地址到路由上的映射。地址是由固定长度的 4 字节(32 位)组成。地址的开始部分是网络号，随后是本地地址(也称剩余字段)。网际地址有 3 种格式或类别：A 类地址的最高位是 0，随后的 7 位是网络地址，最后 24 位是本地地址；B 类地址的最高两位分别是 1 和 0，随后的 14 位是网络地址，最后 16 位是本地地址；C 类地址的最高的 3 位是 110，随后的 21 位是网络地址，最后 8 位是本地地址。

IPv4 使用点分十进制数来描述地址，如 01111110100010000000000100101111 就是一个用二进制描述的 32 位地址。

为了容易阅读，将这 32 位地址进行分组(8 位为一组)，即 01111110 10001000 00000001

00101111。

最后，将每个 8 位数据转换成十进制，并用小数点隔开，即 126.136.1.47。与记忆二进制位串(如 01111110 10001000 00000001 00101111)相比，记忆 IP 地址 126.136.1.47 更加容易。

2.8.1　A 类地址

最大的地址组是 A 类地址组，可通过 32 位地址中的最高位来识别 A 类地址。

例如，A 类地址 0nnnnnnn 11111111 11111111 11111111，其前 8 位代表网络号，剩余 24 位可由管理网络地址的用户来修改，这 24 位地址代表在本地主机上的地址；多个 n 代表地址中的网络号位，多个 1 代表本地可管理的地址部分。A 类地址的最高位总是 0。

由于 A 类地址的最高位总为 0，所以 A 类地址的网络号为 1~127。有个 A 类地址网络本地可管理的地址空间是由 24 位组成的，所以本地地址的数量为 16777216(2^{24})个。每个得到 A 类地址的网络管理员都能够给 1600 多万台主机分配地址。但要注意，由于 A 类地址只有 127 个，所以只能有 127 个大网络。

可以看出，A 类地址的网络号范围是 1.0.0.0(最小地址)~126.0.0.0(最大地址)，如 10.0.0.0，44.0.0.0，101.0.0.0，126.0.0.0。

2.8.2　B 类地址

B 类地址也是用 32 位地址中的唯一的位模式来识别。

例如，B 类地址 10nnnnnn nnnnnnnn 11111111 11111111，其中前 16 位代表网络号，剩余 16 位可由管理网络地址的用户来修改，剩余 16 位地址代表在本地主机上的地址。B 类网络地址是由最高两位 10 来标识的。

由于 B 类地址的前两位为 10，所以 B 类地址的网络号为 128~191。在 B 类地址中，第二个点分十进制也是网络号的一部分。每个 B 类地址网络在本地可管理的地址空间由 16 位组成，所以本地地址的数量 65536(2^{16})个。可管理的 B 类地址网络个数为 16384 个。

可以看到，B 类地址的网络号范围是 128.0.0.0(最小地址)~191.255.0.0(最大地址)。由于 B 类地址的网络号长度为 16 位，所以前两个点分十进制数表示网络号，如 137.55.0.0，129.33.0.0，190.254.0.0，50.0.0.0，168.30.0.0。

2.8.3　C 类地址

C 类地址也是由 32 位地址中的唯一的位模式来识别。

例如，110nnnnn nnnnnnnn nnnnnnnn 11111111，其中前 24 位代表网络号，剩余 8 位可由管理网络地址的用户来修改。剩余 8 位地址代表在本地主机上的地址。B 类网络地址是由最高 3 位 110 来标识的。

由于 C 类地址的前 3 位为 110，所以 C 类地址的网络号为 192~223。在 C 类地址中，第二个和第三个点分十进制数也是网络号的一部分。每个 C 类地址网络在本地可管理的地址空间由 8 位组成，所以本地地址的数量为 256(2^8)个。可以管理的 C 类地址网络个数为 2097152。

可以看到，C 类地址网络号范围是 192.0.0.0(最小地址)~223.255.255.0(最大地址)。由于 C 类地址的网络号长度为 24 位，所以前 3 个点分十进制数表示网络号，如 204.238.7.0，192.153.186.0，199.0.44.0，191.0.0.0，222.222.31.0。

网络号的表示如表 2-6 所示。

表 2-6　网络号的表示

类　　别	网 络 位 数	主 机 位 数	网 络 总 数	地 址 总 数
A	8	24	127	16777216
B	16	16	16384	65536
C	24	8	2097152	256

本 章 小 结

本章介绍了进行网络系统分析与设计的基础理论知识，主要包括两种重要的网络参考模型，即 OSI 参考模型和 TCP/IP 参考模型。针对 OSI 参考模型，分别详细介绍了其中的物理层、数据链路层、网络层、传输层、会话层、表示层和应用层。之后对 3 种主要的网络通信协议 NetBEUI、IPX/SPX、TCP/IP 分别进行了介绍，最后介绍了 IP 地址的相关知识。

习　　题

一、填空题

1．OSI 参考模型一共分为 7 层，即_____、_____、_____、_____、会话层、表示层和应用层。

2．在物理层，设计的问题主要是处理_____的、_____的和过程的接口，以及物理层下的物理传输介质等。

3．_____的主要任务是使物理层传输原始比特的功能，对网络层显示为一条无错的线路。

4．网络层关系到子网的运行控制，其中的一个关键问题是确定分组从_____到_____的路由选择问题。

5．传输层的基本功能是从_____接收数据，并且在必要的时候将它分成较小的单元，传输给_____，并确保到达对方的各段信息正确无误，而且这些任务必须高效地完成。

6．_____允许不同计算机上的用户建立会话关系。

二、选择题

1．对数据进行编码是在_____完成的。

    A．应用层　　　　　B．表示层　　　　　C．会话层　　　　　D．网络层

2．HTTP 协议属于_____。

    A．应用层　　　　　B．表示层　　　　　C．会话层　　　　　D．网络层

3. _____参考模型是计算机网络的"祖父"ARPANET 和其后继的 Internet 使用的参考模型。

  A．OSI   B．ISO   C．TCP/IP   D．PGP

4. 与 OSI 参考模型相比，TCP/IP 参考模型没有表示层和_____。

  A．应用层   B．网络层   C．物理层   D．会话层

5. 下面_____不是 OSI 参考模型的主要概念。

  A．服务   B．接口   C．协议   D．分组

6. _____是远程登录协议。

  A．TCP   B．FTP   C．SSH   D．TELNET

三、问答题

1. TCP/IP 参考模型共分哪几层？

2. 在 TCP/IP 体系结构中，网络层处理分组在网络中的活动，主要包括哪些协议？

3. PPP 主要由哪几部分组成？

4. 什么是服务？什么是 TELNET 服务？

5. 一个 IP 地址可以分配给几个不同的主机吗？

6. 同一网络上的所有主机可以有不同的网络号吗？

第 **3** 章

网络设备与传输介质

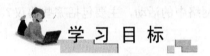

学 习 目 标

- 了解网络终端设备的类型；
- 了解网卡的工作原理；
- 理解传输介质的分类、组成及工作特性；
- 理解网络互联设备的组成和工作原理；
- 掌握典型以太网的组网配置。

知 识 结 构

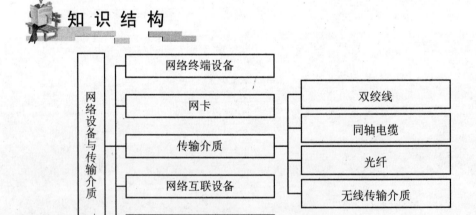

　　为使计算机网络覆盖更大的范围，支持更多的计算机，提供更多的带宽，就需要使用各种各样的网络设备。传输介质是连接网络上各个站点的物理通道，是网络物理层重要的元素之一。网络工程师应了解各类线缆的应用特征、性能参数和应用场合。本章将介绍一些常用网络设备和传输介质的工作原理、构造和使用方法。

3.1 网络终端设备

一个基本的计算机网络由一些硬件如服务器、工作站、网卡、电缆系统、共享的资源与外围设备等组成。

3.1.1 服务器

为网上用户提供服务的结点称为服务器，在服务器上装有网络操作系统和网络驱动器，它能完成分组的发送和接收以及网络接口的处理。使用该服务器的人员称为该服务器的客户或用户。

常见的服务器类型有以下3种。

1. 文件服务器

文件服务器给用户提供了操作系统中文件系统的各种功能，如生成文件、删除文件、共享文件等。文件服务器涉及的很多问题和操作系统、数据库设计涉及的问题是类似的，其不同之处在于这些问题要在网络环境下处理。一般的文件服务器除了具有文件管理功能外，还具有用户管理、安全管理、网络管理、系统管理等功能。

个人计算机服务器的硬件有如下特点。

① 多个 CPU 可同时工作。

② 内存一般都有 ECC 功能。

③ 硬盘接口为 SCSI 接口，支持热插拔。

④ 服务器网卡应比工作站网卡性能更好，可插多块网卡。

⑤ 使用普通显卡和显示器。

⑥ 许多部件可冗余备份，以提高可靠性。

2. 打印服务器

打印服务器上接有打印机，网上其他结点和该服务器通信，并使用与其相连的打印机打印文件。

3. 终端服务器

终端服务器又称终端集中器。终端通过终端集中器再接到网上，终端到其他结点之间的通信也都需要通过终端集中器。

3.1.2 工作站

使用服务器提供的功能的网络结点就是工作站。工作站可以是基于 DOS 和 Windows 95/98 的个人计算机，Apple Macintosh 系统、运行 OS/2 的系统以及无盘工作站。无盘工作站没有软盘驱动器和硬盘驱动器，而是使用网卡上固化在引导芯片中的特殊引导程序直接从服务器上引导。

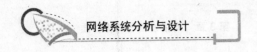

1. 网卡

与网络相连的每一台计算机都需要一个接口。网卡必须符合使用网络的类型，网络的电缆连在网卡的后部。

2. 电缆系统

网络电缆系统是指用来连接服务器和结点的电缆线。电缆可以是同轴电缆，也可以是双绞线，还可以使用高成本、高速的光缆。

3. 共享资源与外围设备

共享资源包括连在服务器上的所有存储设备、光盘驱动器、打印机、绘图仪，以及网络上所有用户都能使用的其他设备。

3.2 网卡概述

网卡可由不同的厂家生产。目前使用较多的网卡是以太网类型的。

3.2.1 网卡介绍

当需要传送信息包时，在工作站之间会产生一个信号交换过程。该信号交换过程用于确定通信参数，如传输速率、信息包大小、超时参数以及缓冲器数量等。通信参数一旦确定，发送网卡便可开始传送，接收网卡也可以开始捕获数据。按照协议层次规则所形成的数据信息包会产生两种类型的变换。第一种是并行向串行的变换，第二种是将数据编码。数据一旦被网卡接收，它必须能被计算机的 CPU 所存取。使用下述方法之一可将网卡上的数据传送到一个有效的计算机存储器存储单元上。

1. 共用存储器法

当使用共用存储器法时，计算机的存储器被作为缓冲器，数据直接存放在缓冲器中，不需要中间的转移。共用存储器法对于总线主控卡来说是速度最快的，但成本也较高。

2. DMA 法

计算机上的 DMA 控制器可控制总线，并将来自网卡缓冲器的数据直接传送到指定的计算机存储器存储单元里，这就省去了 CPU 的一些工作，并提高了性能。

3. 总线主控法

总线主控法与 DMA 法相似，但更加有效。网卡可以自己完成 DMA 控制器的任务，而不必通过 CPU。总线主控卡的性能能提高 20%～70%。

3.2.2 网卡驱动程序

网卡驱动程序文件包含网卡的配置与诊断、电缆访问法及其通信特点的信息。

3.2.3 网卡线速度

网卡线速度表示能够产生物理信号的速率，如 10Mb/s、100Mb/s 和 1000Mb/s。如果想使网卡的适应性更广，也可以考虑 10/100Mb/s 等多速自适应的网卡。

3.2.4 网卡总线类型

10Mb/s 以太网卡的总线体系结构仍是工业标准体系结构(industrial standard architecture, ISA)。ISA 总线的特点是总线是 16 位带宽；工作时钟频率为 8MHz；不允许猝发式数据传输；大多数 ISA 总线为 I/O 映射型，降低了数据传输速度。

ISA 总线的理论带宽是 5.33Mb/s 或 42.67Mb/s。网卡实际可用的 ISA 总线带宽大约只是 1/4 的理论带宽值，即约为 11Mb/s，刚够覆盖 10Mb/s 的信道。

外部设备互连(peripheral component interconnect，PCI)总线可提供 132Mb/s 的理论带宽和具有真正的即插即用(plug-and-play，PnP)的特点，类似 SUN 的 S-BUS。

PCI 总线是得到计算机厂家广泛支持的高性能的与处理器无关的总线。各类总线的比较如表 3-1 所示。

表 3-1 各类总线的比较

特 点	ISA	PCMCIA	S-BUS	PCI
支持的体系结构	PC	PC	Sun	全部
总线速度/MHz	8	8	33	16~33
理论总线带宽/(Mb/s)	5.33	5.33	132	132
不用网卡的实际总线带宽/(Mb/s)	1.4	1.4	30~100	30~100
网卡可用的实际总线带宽/(Mb/s)	11	11	240~800	240~800
总线带宽/b	16	16	32	32~64
猝发方式数据传输	否	否	是	是
处理器无关性	是	是	否	是
设置实用程序	手工或 PnP BIOS	卡和接口服务	真正的 PnP	真正的 PnP BIOS

3.3 传 输 介 质

常用的传输介质包括双绞线、同轴电缆和光导纤维，另外还有通过大气的各种形式的电磁传播，如微波、红外线和激光等。

3.3.1 双绞线

双绞线是把两根绝缘铜线拧成有规则的螺旋形。双绞线的抗干扰性较差，易受各种电信号的干扰，可靠性差。若把若干对双绞线集成一束，并用结实的保护外皮包住，就形成了典型的双绞线电缆。把多个线对扭在一块可以使各线对之间或其他电子噪声源的电磁干扰最小。用于网络的双绞线和用于电话系统的双绞线是有差别的。

双绞线主要分为两类，即非屏蔽双绞线(unshielded twisted pair，UTP)和屏蔽双绞线(shielded twisted pair，STP)。

EIA/TIA 为 UIP 制定了布线标准，该标准包括 5 类 UTP。

① 1 类线：可用于电话传输，但不适合数据传输，这一级电缆没有固定的性能要求。

② 2 类线：可用于电话传输和最高为 4Mb/s 的数据传输，包括 4 对双绞线。

③ 3 类线：可用于最高为 10Mb/s 的数据传输，包括 4 对双绞线，常用于 10BASE-T 以太网。

④ 4 类线：可用于 16Mb/s 的令牌环网和大型 10BASE-T 以太网，包括 4 对双绞线。其测试速度可达 20Mb/s。

⑤ 5 类线：可用于 100Mb/s 的快速以太网，包括 4 对双绞线。

双绞线使用 RJ-45 接头连接计算机的网卡或集线器等通信设备。

3.3.2 同轴电缆

同轴电缆是由一根空心的外圆柱形的导体围绕着单根内导体构成的。内导体为实芯或多芯硬质铜线电缆，外导体为硬金属或金属网。内外导体之间由绝缘材料隔离，外导体外还有外皮套或屏蔽物。同轴电缆可以用于长距离的电话网络、有线电视信号的传输通道以及计算机 LAN。50Ω 的同轴电缆可用于数字信号发送，称为基带；75Ω 的同轴电缆可用于频分多路转换的模拟信号发送，称为宽带。在抗干扰性方面，对于较高的频率，同轴电缆优于双绞线。

有 5 种不同的同轴电缆可用于计算机网络，如表 3-2 所示。

表 3-2　同轴电缆的类型

电　缆　类　型	网　络　类　型	电缆电阻(端接器)/Ω
RG-8	10BASE5 以太网	50
RG-11	10BASE5 以太网	50
RG-58A/U	10BASE2 以太网	50
RG-59/U	ARCNET 网，有线电视网	75
RG-62A/U	ARCNET 网	93

3.3.3 光纤

光纤是采用超纯的熔凝石英玻璃拉成比人头发丝还细的芯线。其一般的做法是在给定的频率下分别以光的出现和消失来代表两个二进制数字，就像在电路中以通电和不通电表示二进制数一样。光纤通信就是通过光纤传递光脉冲进行通信的。

光导纤维导芯外包一层玻璃同心层构成圆柱体，包层比导芯的折射率低，使光线全反射至导芯内，经过多次反射，达到传导光波的目的。每根光纤只能单向传送信号，因此光缆中至少包括两条独立的导芯，一条用于发送，另一条用于接收。一根光缆可以包括两根到数百根光纤，并用加强芯和填充物来提高机械强度。

光纤可以分为多模和单模两种。

只要到达光纤表面的光线入射角大于临界角，便产生全反射，因此可以由多条入射角度不同的光线同时在一条光纤中传播，这种光纤称为多模光纤。

如果光纤导芯的直径小到只有一个光的波长，光纤就成了一种波导管，光线则不必经过多次反射式的传播，而是一直向前传播，这种光纤称为单模光纤。

使用光纤的通信系统采用两种不同的光源，即发光二极管(LED)和注入式激光二极管(ILD)。当电流通过 LED 时产生可见光，价格低廉，多模光纤采用这种光源。ILD 产生的激光定向性好，用于单模光纤，价格昂贵很多。

光纤的很多优点使得它在远距离通信中起着重要作用。与同轴电缆相比，光纤具有如下优点。

① 光纤有较大的带宽，通信容量大。

② 光纤的传输速率高，每秒传送的数据超过千兆位。

③ 光纤的传输衰减小，连接的范围更广。

④ 光纤不受外界电磁波的干扰，因而电磁绝缘性能好，适宜在电气干扰严重的环境中应用。

⑤ 光纤无串音干扰，不易被窃听和截取数据，因而安全保密性好。

目前，光缆通常用高速的主干网络。

3.3.4　无线传输介质

通过大气传输电磁波的 3 种主要技术是微波、红外线和激光。这 3 种技术都需要在发送方和接收方之间有一条视线通路。由于这些设备工作在高频范围内，因此有可能实现很高的数据的传输率。在几千米范围内，无线传输速率可达每秒几兆位。红外线和激光都对环境干扰特别敏感。微波的方向性要求不强，因此存在窃听、插入和干扰等一系列不安全问题。

3.4　网络互联设备

网络互联设备通常分成如下 4 种。

① 中继器。中继器用于在物理层上透明地复制二进制位，以补偿信号的衰减。它不与更高层次的协议交互作用。

② 网桥。网桥用于在不同或相同类型的 LAN 之间存储并转发帧，必要时进行链路层上的协议转换。它可连接两个或多个网络，在其中传送信息包。

③ 路由器。路由器工作在网络层，在不同的网络间存储并转发分组，根据信息包的地址将信息包发送到目的地，必要时进行网络层上的协议转换。

④ 网关(协议转换器)。网关是对高层协议(包括传输层及更高层次)进行转换的网间连接器。

有关网络互联设备所在 OSI 参考模型的位置及其用途如表 3-3 所示。

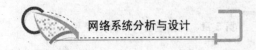

表 3-3　网络互联设备所在 OSI 参考模型的位置及其用途

OSI	网络互联设备	用　　途
物理层	中继器、集线器	在电缆段间复制比特流
数据链路层	网桥、第二层交换机	在 LAN 之间存储转发帧
网络层	路由器、第三层交换机	在不同网络之间存储转发分组
传输层以上	网关	提供不同网络体系间的互连接口

3.4.1　中继器

中继器主要用于扩充 LAN 电缆线段的距离限制。值得注意的是，中继器不具备检查错误和纠正错误的功能，中继器还会引入延时，一些中继器可以滤除噪声。

1. 中继器的特性

(1) 中继器主要用于线性电缆系统，如以太网。

(2) 中继器工作在协议层次的最低层，即物理层。两电缆段必须使用同种的介质访问法。

(3) 中继器通常在一栋楼中使用。

(4) 扩展段上的结点地址不能与现行段上的结点地址相同。

2. 注意事项

使用中继器时应注意以下两点。

(1) 用中继器连接的以太网不能形成环。

(2) 必须遵守 MAC 协议定时特性，即不能用中继器将电缆段无限连接下去。

3.4.2　网桥

多个 LAN 可以通过一种工作在数据链路层的设备连接起来，这种设备称为网桥。它并不对网络层的头部进行检查，因此，可以同等地复制 IP、IPX 或 OSI 分组。

1. 网桥的基本特点

(1) 网桥工作在数据链路层，可以实现不同类型的 LAN 的互联。

(2) 网桥独立于网络层协议。

对互不兼容的网络层协议，如 IP、IPX、DECnet 或 Apple Talk 等都能以无意义的数据封装在帧内经网桥运行。所以，网桥各端口分别连接的各网段属于同一个逻辑网络号/子网号。例如，所有网段都应有同一个 IP 网络号/子网号。

(3) 网桥是一个存储转发设备。网桥是一个有源的帧存储转发设备，这使网桥能具有如下功能。

① 能匹配不同端口的速度。

② 对帧具有检测和过滤的作用。

③ 网桥能扩大网络地理范围。

④ 提升网络带宽网桥以分割网段提升带宽。

2. 网桥的类型

网桥通常有以下 4 种类型。

(1) 透明网桥(transparent bridging，TB)。TB 通常用于以太网，也可以用于令牌环网或 FDDI。TB 工作在数据链路层的 MAC 子层，通常用于连接两个或多个以太网网段。网桥在接收到以太帧后，从以太帧的源 MAC 地址字段"逆向"学习到去信源站的路径，并按帧中的 MAC 地址字段决定从哪个端口转发出去。之所以称其为透明网桥，是由于对于端站点(用户主机)而言，网桥的数据表示和数据操作都是透明的，即不用知道中间的网桥存在。TB 为防止帧产生循环路径采用生成树算法。TB 是最普遍采用的网桥。

(2) 源路由网桥(source-route bridging，SRB)。SRB 通常用于令牌环网或 FDDI，源路由网桥工作在数据链路层的 MAC 子层，通常用于连接令牌环网或 FDDI 的网段。源路由是指信源站在向信宿站发送信息时，信源站发送的帧中包含了所有要经过的中间网桥的路径信息系列。每个中间网桥信息由该网桥的令牌环号和网桥号组成，帧中间的一串相连的令牌环号和网桥号对系列即构成了信源站到信宿站的路径。

(3) 翻译网桥(translation bridging，TLB)。TLB 用于以太网和令牌环之间转换桥接。TLB 工作在数据链路层的逻辑链路控制(logical link control，LLC)子层。TLB 可以对以太网网段和令牌环网网段实行互联。网桥中的 LLC 子层具有类似网关的功能，它对这两种不同的帧格式进行转换。

(4) 源路由透明桥(source-route transparent bridging，SRT)。SRT 采用 TB 算法和 SRB 算法组合方法，使以太网和令牌环网环境共存。SRT 同时采用 SRB 和 TB 两种算法。

3. 生成树算法

在网络设计上，为了提高系统容错能力，两个 LAN 在互联时往往采用两个以上的网桥冗余路径，如图 3.1 所示。

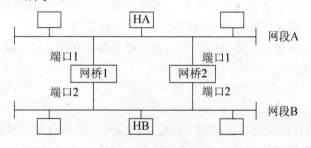

图 3.1　网桥循环连接

类似于图 3.1 中的网络拓扑结构可能会产生帧无限制转发的循环路径。在两个以上网桥冗余通路的环型拓扑结构中，为了避免帧转发的循环，产生了生成树算法。生成树算法是一种分布式的算法，它允许网络相互通信，并学习网络结构。为了建造生成树，首先必须选出一个网桥作为生成树的根。

通过选择根桥、根端口，按根到每个网桥的最短路径来构造生成树，使得一个网桥到达任意一个网段只存在唯一的路径(一种树状结构)，消除了两个网段构成的连接循环，又

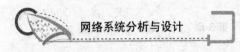

保持了原网络的物理拓扑结构及网络拓扑关系的连通性。当建立生成树之后，此算法还要继续工作，以便自动地检查拓扑结构的变化并更新生成树。

3.4.3 路由器

随着网络的扩大，网桥在路由选择、拥塞控制、容错及网络管理等方面远远不能满足要求。路由器则加强了这方面的功能。

路由器工作在网络层，因而能获得更多的网络信息，为来到的信息包找到最佳路径。路由器与协议有关，利用 Internet 协议，它可以为网络管理员提供整个网络的信息以便于管理网络。

1. 路由器与网桥的区别

路由器和网桥的一个重要区别是，网桥独立于高层协议，它把若干个物理网络连接起来后提供给用户的仍然是一个逻辑网络，用户根本不知道网桥的存在；路由器则利用 Internet 协议将网络分成若干个逻辑子网。

使用了路由器，便开始进入广域网和远程通信链路的范畴。

2. 使用路由器的理由

如果存在以下原因，可考虑使用路由器来代替网桥。

(1) 需要高级的信息包筛选。

(2) Internet 具有多重协议，且需要使用特殊的协议将业务筛选到特殊的区域。

(3) 需要智能路由选择来改进性能。

(4) 当使用速度慢、造价高的远程通信线路时，带有高级过滤功能的路由器很重要。

有协议专用的路由器，也有运用多重协议的路由器。路由器允许网络分割成易于管理的逻辑网络。分段可以用来防止出现网络"广播风暴"。当结点连接不当，而使网络中的广播信息达到饱和时，就会引起广播风暴。这种情况最初发生在 TCP/IP 网络上。

购置路由器时，要保证路由器之间的路由选择方法和协议相适合。在所有位置使用相同的路由器可以避免麻烦，尽管路由选择方法一般是标准化的，但失配仍会妨碍 LAN 之间的连接。

3.4.4 交换机

随着 C/S 结构的兴起，网络应用越来越复杂，LAN 上的信息量迅猛增长，要求速率高、延迟小、有服务质量保证的业务大量出现，给主干网带来了巨大的压力。

路由器解决方法成为网络通信不可突破的瓶颈。

1. 第二层交换机

交换机通常将多协议路由嵌入到了硬件中，因此速度相当高，一般只限几十微秒。此类交换机称为第二层交换机。第二层交换机是真正的多端口网桥。

第二层交换机的弱点是处理广播包的方法不太有效，当一个交换机收到一个广播包时，便会把它传到所有其他端口去，可能形成"广播风暴"，降低整个网络的有效利用率。

对 LAN 来说，路由器速度慢，并且价格昂贵。LAN 中使用路由器的局限性促进了交换技术的发展，并最终导致了在 LAN 中交换机代替路由器。

2. 第三层交换机

路由器是工作在第三层的，通过软件交换信息包。它将网络分为若干个管理方便的广播域，在工作组中设置独立的广播域，减少了广播流量并保证了网络的安全。但是路由器的配置和管理技术复杂，成本昂贵，而且它的接入增加了数据传输的时间延迟，在一定程度上降低了网络的性能。

第三层交换机是实现路由功能的基于硬件的设备。它能够根据网络层信息，对包含有网络目的地址和信息类型的数据进行更好地转发，还可选择优先权工作，交换 MAC 地址，从而解决网络瓶颈问题。第三层交换机的运行速度通常要比路由器快得多，它还可以运行如 RIP 这类传统的路由协议。目前，尽管第三层交换机通常仅支持 IP 或 IPX，但第三层交换机要比传统的基于软件的多协议路由器快一个数量级。

3.4.5　网关

网关的作用是使处于通信网上采用不同高层协议的主机仍然可以互相合作，完成各种分布式应用。网关工作在 7 层协议的传输层或更高层，实际上网关使用了所有 7 个层次。因为网关主要用于不同体系结构的网络和 LAN 与主机的连接。

网关是提供微型计算机用户进入小型机和主机环境的链路。通过使用已由网络建立起来的通信链路，LAN 上的任何用户都可通过网关访问主机系统。

3.5　以太网组网配置

常见的 IEEE 802.3 类型的网络是以太网。以太网采用 CSMA/CD 方法访问传输介质，是基带系统，采用曼彻斯特编码。常见的以太网有 4 种类型，即 10BASE2、10BASE5、10BASE-T 和 100BASE-X。

3.5.1　以太网组网分类

1. 10BASE2 网络

10BASE2 网络采用总线型拓扑结构，速率为 10Mb/s。总线使用 RG-58A/U 同轴电缆，这是一种较细的电缆，所以又称其为细缆网络和廉价网络。10BASE2 网络示意图如图 3.2 所示。

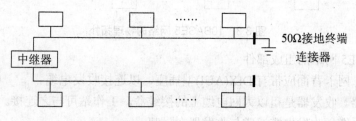

图 3.2　10BASE2 网络的物理拓扑

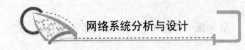

1) 10BASE2 网络的组成部件

(1) 网卡。网卡背面应连接一个 BNC 型插座，BNC-T 型插头接在该卡背面的 BNC 插座上，以连接电缆。

(2) 细以太网电缆。用于细以太网的电缆是阻值为 50Ω、直径为 0.2in(1in≈2.45cm)的 RG-58A/U 同轴电缆。BNC 插座必须安装在电缆断面的端头上。

(3) BNC 电缆插座。BNC 插座必须连接在所有电缆段的端头上。全套插座包括中心销、外壳和夹紧套管。安装插座需要同轴电缆压接工具。

(4) BNC-T 型插头。该插头连接到网卡背面的 BNC 插座上，BNC-T 型插头为信号输入/输出提供了电缆连接。每个工作站都需要 BNC-T 型插头。

(5) BNC 桶形插头。BNC 桶形插头用来将两段电缆连接在一起。

(6) BNC 终端连接器。每个电缆段都必须使用 50Ω 的 BNC 终端连接器接在两个端头上。每个电缆段都需要一个接地终端连接器和一个不接地终端连接器。

(7) 中继器。中继器是可选设备。

2) 10BASE2 网络的一些物理限制

(1) 一个网段(中继线段)的最大长度为 185 m。

(2) 网站之间的最小距离为 0.5 m。

(3) 可使用 4 个中继器连接 5 段中继线。只有 3 段允许连有工作站，其余用于扩展距离的远程连接。

(4) 网络最大长度为 925(185×5)m。

(5) 每个网段上最多可有 30 个结点。中继器也算做一个结点。

(6) 每个干线段的一端必须装有终端连接器，另一端的终端连接器必须接地。

2. 10BASE5 网络

10BASE5 网络也采用总线型拓扑结构和基带传输，速率为 10Mb/s，又称为标准以太网。10BASE5 网络并不是将结点直接连接到网络公用电缆上，而是使用短电缆从结点连接到公用电缆。这些短电缆称为附加装置接口(AUI)电缆或收发电缆。收发电缆通过一个线路分接头(AUI 或 DIX)与网络公用电缆相连接。10BASE5 网络示意图如图 3.3 所示。

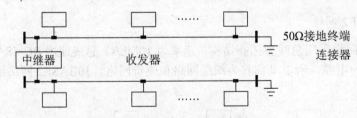

图 3.3　10BASE5 网络的物理拓扑

1) 10BASE5 网络的组成部件

(1) 网卡。网卡背面应带有 DIX(AUI)型插座，以连接收发电缆。

(2) 收发器。收发器是粗以太网电缆上的接线盒，工作站可与之连接。

(3) 收发电缆。收发电缆通常与收发器在一起。

(4) 粗以太网电缆。用于粗以太网的电缆是阻值为 50Ω、直径为 0.4in 的 RG-8 型或 RG-11 型的较粗的同轴电缆。

(5) N 系列插头。N 系列插头连接在所有粗电缆段的端头上,用于将粗电缆与收发器相连。

(6) N 系列桶形插头。N 系列桶形插头用来将两段电缆连接在一起。

(7) N 系列终端连接器。每个电缆段都必须使用 50 Ω 的 N 系列终端连接器接在两个端头上。每个电缆段都需要一个接地终端连接器和一个不接地终端连接器。

(8) 中继器。中继器是可选设备。中继器通过收发电缆与每条电缆中继线上的收发器相连。

2) 10BASE5 网络的一些物理限制

(1) 一个网段(中继线段)的最大长度为 500 m。

(2) 收发电缆最大长度为 50 m。

(3) 两站收发器之间的最小距离为 2.5 m。

(4) 可使用 4 个中继器连接 5 段中继线。只有 3 段允许连有工作站,其余用于扩展距离的远程连接。

(5) 网络最大长度为 2500(500×5)m。

(6) 每个网段上最多可有 100 个结点。中继器也算作一个结点。

(7) 每个网段的一端必须装有终端连接器,另一端的终端连接器必须接地。

3. 10BASE-T 网络

10BASE-T 网络不采用总线型拓扑结构,而是采用星形拓扑结构。10BASE-T 网络也采用基带传输,速率为 10Mb/s,T 表示使用双绞线作为传输介质,10BASE-T 网络示意图如图 3.4 所示。

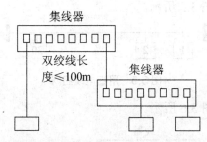

图 3.4　10BASE-T 网络的物理拓扑

1) 10BASE-T 网络的组成部件

(1) 网卡。网卡背面应带有双绞线接口(RJ-45 接口),以连接双绞线。

(2) 集线器。集线器实际上起着中继器的作用,可有多个 RJ-45 端口,如 8、12、16、24 个端口,用于连接双绞线,还可以有一个用于连接同轴电缆或光纤的端口。

(3) 双绞线电缆。10BASE-T 网络可使用 STP 或 UTP 电缆作为传输介质。

(4) RJ-45 连接器。RJ-45 连接器用于连接在一段双绞线的两个端头。要使用专门的压接工具才能将 RJ-45 接头接在双绞线上。

2) 10BASE-T 网络的一些物理限制

(1) 工作站到集线器和集线器之间双绞线的最大长度为 100 m。

(2) 一般使用 RJ-45 连接器。引线 1、2 用于传送，引线 3、6 用于接收。

(3) 集线器相互级联时，最多只允许有 4 级。

(4) 不使用网桥，网络总共可有 1024 个工作站。

4. 100BASE-X 网络

100BASE-X 网络也称为快速以太网，采用星形拓扑结构，使用 CSMA/CD 介质访问控制方法，为基带传输，速率为 100Mb/s，和 10BASE-T 网络一样，采用集线器连接。在物理层上，100BASE-X 网络的安装可以使用 3 种不同介质标准中的任何一种，即 100BASE-X、100BASE-T4 和 100BASE-FX，这些介质标准如表 3-4 所示。

表 3-4   100BASE-X 网络的介质标准

名　　称	介 质 类 型	网段的最大长度/m
100BASE-TX	5 类 UTP 或 STP(2 对)	100
100BASE-F4	3、4、5 类 UTP(4 对)	100
100BASE-FX	2.5μm 多模光纤	400

由于 100BASE-X 网络在许多方面与传统的以太网兼容，因此可以使现有的以太网顺利和方便地向快速以太网升级。

3.5.2　以太网组网配置示例

(1) 站点数量小于 30，速率不超过 10Mb/s 的共享网络。

① 用细电缆组网，如图 3.5 所示。

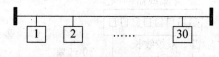

图 3.5　用细电缆组网

② 用双绞线组网，如图 3.6 所示。

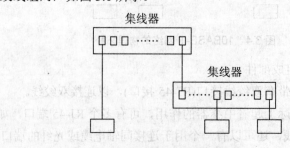

图 3.6　用双绞线组网

(2) 站点数量小于 30，速率不超过 10Mb/s，但每个站点要求独享 10Mb/s 带宽的共享网络。

可采用如图 3.6 所示的拓扑结构，只是将集线器换成 10Mb/s 的交换机即可。

(3) 站点数量大于 30，速率不超过 10Mb/s 的共享网络。

① 使用细电缆加中继器，可参见图 3.2。

② 使用双绞线加集线器，可参见图 3.6，只是要多级联若干个集线器。

③ 混用细电缆和双绞线，利用集线器背面的 BNC 插座，用细电缆将各集线器串联起来，在细电缆上的每一个集线器可看作细电缆上的一个结点，如图 3.7 所示。

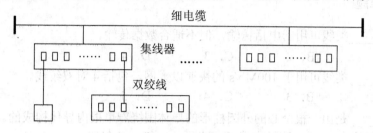

图 3.7　混用细电缆和双绞线的网络

(4) 速率不超过 100Mb/s 的共享网络。

使用 5 类双绞线加 100Mb/s 或 10/100Mb/s 的集线器，可参见图 3.6，只是要多级联若干个集线器或使用可堆叠的集线器。

(5) 速率不超过 100Mb/s，各端口独享 100Mb/s 带宽的网络。

使用 5 类双绞线加 100Mb/s 或 10/100Mb/s 的交换机，可参见图 3.6，也可使用可堆叠的交换机。

本 章 小 结

本章主要介绍了网络运行的硬件基础——网络设备与传输介质。网络终端设备主要有服务器和工作站。网卡是设备与传输介质相衔接的桥梁。传输介质主要用于传输网络信号，不同类型的介质具有不同的传输特性。网络互联设备用于将不同设备、不同网络互联起来，对网络信息进行存储、转发。本章最后对以太网的组网配置进行了介绍，在实际工程应用中可根据需要进行选用。

习　　题

一、填空题

1．一个基本的计算机网络由一些硬件组成，即＿＿＿＿＿、＿＿＿＿＿、＿＿＿＿＿、电缆系统、共享的资源与外围设备。

2．＿＿＿＿＿给用户提供了操作系统中文件系统的各种功能，如生成文件、删除文件、共享文件等。

3．网卡按照协议层次规则所形成的数据信息包会产生两种类型的变换：第一种是_____，第二种是_____。

4. 计算机上的_____可控制总线，并将来自网卡缓冲器的数据直接传送到指定的计算机存储器存储单元里。

5. 常用的传输介质包括_____、_____和_____。

6. _____是把两根绝缘铜线拧成有规则的螺旋形。

二、选择题

1. _____类线可用于电话传输，但不适合数据传输。
   A. 1   B. 2   C. 3   D. 4

2. _____类线可用于100Mb/s的快速以太网，包括4对双绞线。
   A. 2   B. 3   C. 4   D. 5

3. _____是由一根空心的外圆柱形的导体围绕着单根内导体构成的。
   A. 双绞线   B. 同轴电缆 C. 光纤   D. 漆包线

4. _____Ω的同轴电缆可用于数字信号发送，称为基带。
   A. 50   B. 60   C. 75   D. 80

5. _____Ω的同轴电缆可用于频分多路转换的模拟信号发送，称为宽带。
   A. 50   B. 60   C. 75   D. 80

三、问答题

1. 网络互联设备通常分为哪几种？
2. 常见的网络传输介质有哪几种？
3. 什么是DNS？
4. 什么是路由器？
5. 什么是中继器？
6. 网桥通常有哪4种类型？

第 **4** 章

网络需求分析与方案设计

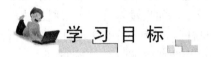
学 习 目 标

- 理解网络需求分析的组成及原理；
- 理解并掌握网络系统方案设计方法。

知 识 结 构

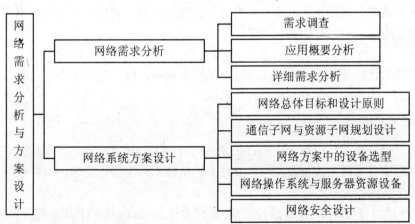

通过前面有关网络传输介质、网络通信设备及资源服务设备的介绍，学生已经对网络系统集成的作用对象有了一个较清晰的了解。从这一章开始，将按照系统集成项目开展的自然顺序，从技术理念和工程实践入手，深入探讨网络系统集成技术。

随着时代的进步，在网络系统集成这个领域，过去那种靠关系、靠暗箱操作赢得合同的机会越来越少了，取而代之的是网络项目招标这种方式。要想赢得用户青睐，除了公司整体技术和经济实力、良好的资质和成功的项目案例外，能够整合出一套过硬的具有高可行性、高性价比、用户适用性强的网络方案，不仅能够反映网络集成商的技术水平，往往也是赢得合同的关键。一套漂亮的网络设计方案体现了网络工程师对网络技术、应用集成、网络设备和项目费用管理的综合驾驭能力。

当然，制订方案的目的是把它变成现实。网络方案决定着网络工程的成败，如果网络技术方案出差错，如采购部门根据方案中的设备清单采买的设备无法协同工作，就会造成难以挽回的损失。可见，网络集成方案的分析设计也是网络工程实施成功的基础和前提。

4.1　网络需求分析

需求分析是从软件工程学引入的概念，是关系一个网络系统成功与否最重要的砝码。如果网络系统应用需求及趋势分析做得透，网络方案就会"张弛有度"，系统框架搭建得好，网络工程实施及网络应用实施就相对容易得多；反之，如果没有就需求与用户达成一致，"蠕动需求"就会贯穿整个项目始终，并破坏项目计划和预算。网络项目是资金占用高、贬值频率快的工程，贵在速战速决。如果用户遭受失败或受网络项目长期拖累，系统集成公司同样会遭受损失。因此，要把网络应用的需求分析作为网络系统集成中至关重要的步骤来完成。应当清楚，需求分析尽管不可能立即得出结果，但它是网络整体战略的一部分。

需求分析阶段主要完成用户网络系统调查，了解用户建网需求，或用户对原有网络升级改造的要求。该阶段要求做好综合布线系统(premises distribution system，PDS)、网络平台、网络应用的需求分析，为下一步制定网络方案打好基础。

需求分析是整个网络设计过程中的难点，需要由经验丰富的系统分析员来完成。

4.1.1　需求调查

需求调查的目的是从实际出发，通过现场实地调研，收集第一手资料，取得对整个工程的总体认识，为系统总体规划设计打下基础。

1.　网络用户调查

网络用户调查就是与网络未来的有代表性的直接用户进行交流，尤其是在旧网络改造项目中，这个环节显得尤为重要。用户群并不能从技术角度描述需求，但可把用户需求归纳为以下几个方面。

(1) 网络延迟与可预测响应时间。例如，用户希望 5min 内从 FTP 服务器下载一个 1MB 的文件，希望从流文件服务器接收 31 帧/秒的视频等，就是延迟度量指标。又如，在基于事务的应用系统(如火车售票系统)中，信息检索的可预测响应时间是很重要的参数。

(2) 可靠性/可用性。可靠性/可用性即系统不停机运行。

(3) 可伸缩性。网络能否适应用户不断增长的需求。

(4) 高安全性。保护用户信息和物理资源的完整性，包括数据备份、灾难恢复等。

概括起来，系统分析员对网络用户调查可通过填写调查表来完成，如表 4-1 所示。

表 4-1　网络用户调查表示例

用户服务需求	目前需求/服务描述
地点	售票大厅
用户数量	24
今后 3 年增长期望值	24
延迟/响应时间需求	票务检索时间不超过 0.5 s，售票打印处理时间少于 2 min
可靠性/可用性	365 天/24 h 不停机运行
安全性	数据安全，链路安全
可伸缩性	
其他	

2. 应用调查

用户建立网络归根结底是为了应用，不同的行业有不同的应用要求。应用调查就是要弄清用户建网的真正目的的。从单位系统、人事档案、工资管理到企业 MIS 系统、电子档案系统、企业资源管理(enterprise resource planning，ERP)系统，从文件信息资源共享到 Intranet/Internet 信息服务和专用服务，从单一 ASCII 数据流到音频(如 IP 电话)、视频(如 VOD 视频点播)多媒体流传输应用等，这些都属于一般的应用。只有对用户的实际需求进行细致的调查，并从中得出用户应用类型、数据量的大小、数据的重要程度、网络应用的安全性及可靠性、实时性等要求，才能据此设计出切合用户实际需要的网络系统。

一般而言，经过多年的信息化建设，建网单位往往已经有了一定的计算机系统和网络基础，这时需按对方的网络化水平和财力区分对待，对于不能满足未来 3 年需要的原有信息设施，应建议用户推翻重建，反之可提出在原有网络设施上升级或扩充的思路。对于用户即将选择的行业应用软件，或已经在用的外购业务应用系统，需了解该软件对网络系统服务器或特定网络平台的系统要求。

应用调查的通常做法是由网络工程师、网络用户或 IT 专业人员填写应用调查表。设计和填写应用调查表要注意颗粒度，如果不涉及应用开发，则不要过细，只要能充分反映用户比较明确的主要需求没有遗漏即可，如表 4-2 所示。

表 4-2　应用调查表示例

业 务 部 门	人数 (工作点)	业务内容及第三方 业务应用软件	业务产生的结果数据	需要网络提供的服务
服务部	35	结算、账务处理、固定资产管理、税务处理、用友财务软件(C/S)	总账、明细账、财务报表等数据，每年发生业务约 8000 项	数据要求万无一失，有关领导可实时查看账目，需要高可用性。需要安全认证
档案室	7	纸介质档案及底图、电子文档、CAD 电子图档管理及企业网内服务	需保存 30 年之久的珍贵共享档案数据库，共约 17000 份，200GB	需要海量存储，需要高带宽，需要安全认证

业 务 部 门	人数 (工作点)	业务内容及第三方 业务应用软件	业务产生的结果数据	需要网络提供的服务
设计室	58	产品研发、CAD、产品试验	CAD 图文件、设计文档	软件、设计资源、信息资源共享,需要图书及标准资料查询阅读,需要共享设计软件的 License E-mail
市场营销部	11	市场推广,传统营销与电子商务并存,销售费用结算、合同管理	客户资料数据、产品资料、销售纪录	电子商务系统(企业内部网同 Internet 协同),与财务部费用结算系统连接 E-mail

3. 地理布局勘察

对建网单位的地理环境和人文布局进行实地勘察是确定网络规模、网络拓扑结构、综合布线系统设计与施工等工作不可或缺的环节,主要包括以下几项内容。

(1) 用户数量及其位置是网络规模和网络拓扑结构的决定因素。对于楼内 LAN,应详细统计出各层每个房间有多少个信息点,所属哪些部门,网络中心机房(网络设备间)在什么位置,如表 4-3 所示。对于园区网和校园网,则重点应放在各个建筑物的总信息点数上,如表 4-4 所示。在布线设计阶段再进行详细的室内信息点分析。

表 4-3 某公司信息点调查表示例

部 门	层 次	信 息 点 数
总经理办公室	8	3
市场部	8	20
产品开发部	7, 8	34

表 4-4 校园网用户信息点调查表示例

楼 宇	层 次	信 息 点 数
教学楼	9	250
实验楼	4	34
办公楼	5	51

(2) 建筑群调查。建筑群调查包括调查建筑物群的位置分布,估算建筑物和建筑物之间的最大距离,以及建筑物中心点(设备间)与网络中心所在的建筑物之间的距离,中间有无马路、现成的电缆沟、电线杆等。这些信息是建立网络整体拓扑结构、骨干网络布局,尤其是综合布线系统需求分析与设计的最直接依据,如图 4.1 所示。

(3) 在建筑物局部,最好能找到主要建筑物的图样,绘制分层图,以便于确定网络局部拓扑结构和室内布线系统走向与布局，以及采用的传输介质，如图 4.2 所示。

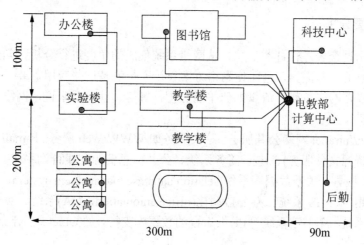

图 4.1　某学院校园网建筑物群位置

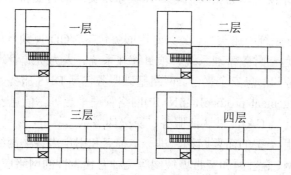

图 4.2　建筑物室内布局

4. 用户培育

需求分析离不开用户的参与。一般企业和政府学校机关都有负责信息化建设的部门或 IT 专门人员，如果没有，就要让对方指定然后用较短的时间进行信息网络化知识培训。有了对方人员的参与，双方才能建立交流的基础。例如，企业经常把如何预估未来业务发展、如何对现行业务流程进行合理的分析等问题推给系统集成商。曾经有一家食品行业的企业曾说过："我们与某集成商的合作之所以不成功，主要原因是他们所描述的网络需求和方案不能满足我们的需要。"

虽然系统集成商为企业提供服务，应该了解企业各方面的需求，但系统集成商不是企业的领导，他们不可能真正理解每家企业的某些特殊需求，有些设计与现有流程不匹配是难免的。企业业务人员习惯性的思维方式以及权力和利益的再分配等问题，都有可能对提出的系统需求产生影响。在大多数企业中，信息化建设中遇到的更多的不是技术问题，大部分问题都是由业务流程合理化调整带来的。可以看出，将新的网络环境与传统业务更好地结合是企业各部门的职责，应该利用企业 IT 人员自身的有利条件，使他们在精通计算机技术的同时成为业务管理的能手。如果不能以合理的方式让用户方的 IT 人员参与系统集

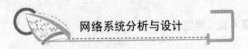

成项目，那么即使企业信息系统得以实施，其应用效果也不会理想。

4.1.2 应用概要分析

通过对应用调查表进行分类汇总，从网络系统集成的角度进行分析，归纳出对网络设计产生重大影响的一些因素，进而使网络方案设计人员清楚这些应用需要一些什么样的服务器，需要多少，网络负载和流量如何平衡分配，等等。就目前来说，网络应用大致有以下 4 种典型的类型。

(1) Internet/Intranet 网络公共服务。这类服务如 WWW/Web 服务、E-mail 系统、FTP(公用软件、设计资源文件服务)、电子商务系统、公共信息资源在线查询系统。

(2) 数据库服务。关系数据库系统(relation database management system，RDBMS)可以为很多网络应用(如 MIS 系统、办公自动化(office automation，OA)系统、企业 ERP 系统、学籍考绩管理系统、图书馆系统等)提供后台的数据库支持，如 Oracle、Sybase、IBM DB2、MS-SQL Server 等。

非结构化数据库系统可以为公文流转、档案系统提供后台支持，如 Lotus Domino、MS Exchange Server 等。

(3) 网络专用服务系统应用类型。公共专用服务包括 VOD 视频点播系统、电视会议系统等。部门专用系统包括财务管理系统、项目管理系统、人力资源管理系统等。

(4) 网络基础服务和信息安全平台。网络基础服务包括 DNS 服务、简单网络管理协议(simple network management protocol，SNMP)网络管理平台等。信息安全平台包括认证中心(certification authority，CA)证书认证服务、防火墙等。

通过上述网络应用类型的简要归纳，进一步扩展和引申出各类网络的具体应用类型。下面是校园网、企业网、金融网和宽带城域网等几种有代表性的网络应用情况的概要分析。

1. 校园网应用分析

大学校园网应该既能满足学生即将进入社会、面临网络信息时代激烈的知识竞争的需要，又能满足教师和研究人员迅速吸收最新知识、进行学术交流和创造的需要，同时还能达到在面积较大、环境较为复杂的校园内，进行行政、生活、教务管理以及开展多种业务活动的目的。这些需求应能使大学校园网适应多种不同的数据传输类型，体现出不同的应用特点。

(1) 网络负荷大。校园网应用与普通的企业办公室网络有很大的区别，首先体现在网络应用复杂，需要实现网络中资源的共享，实施基于软件的多媒体教学，因此校园网对网络带宽有更高的要求；其次体现在用户数量较大，包括学校管理端口、教学工作端口和学生机房。

(2) 网络管理及维护量大。随着学生平均上网的时间增多以及课堂教学的逐步网络化，网络管理工作及维护工作变得越来越重要，降低网络的维护费用及运营成本，是校园网在实际运行当中不可忽视的环节。

(3) 网络利用率(network utilization)高。计算机联网后将被逐步地应用到日常的教学当中，对网络设备及计算机的利用率将越来越高。

(4) 网络的操作系统应界面友好，易操作，易维护。

(5) 随着网络频繁应用，各信息点上网以及访问 Internet 的频率增加，网络安全性越来越重要。如何预防病毒，抵御黑客入侵，确保文档的保密性，成为校园网络在运行中不可忽视的环节。

(6) 网络设计要尽量简单化、模块化，既可节省资金投入，又减少了网络管理和升级的工作量。

下面说明一般大学的校园网的主要应用需求。

(1) Internet 公共服务。

① E-mail 系统。E-mail 系统主要用于与同行交往并开展技术合作、学术交流等活动。

② 文件传输服务。文件传输服务用以获取重要的科技资料和技术文档。

③ Web 服务。学校可建立自己的主页，利用外部网页进行学校宣传、提供各类咨询信息等，利用内部网页进行管理(如发布通知、收集学生意见等)。

(2) 计算机教学。

① 多媒体教学课件制作、管理和网上分发系统。

② 基于 Web、基于 NetMeeting 或基于 VOD(视频点播)/组播的远程教学系统。

③ 学生学籍、考绩管理系统和教师人力资源信息系统等。

(3) 图书馆访问系统。图书馆访问系统主要用于计算机查询、检索、在线阅读等。

(4) OA 系统。OA 系统主要用于财务、资产、宿舍管理、档案管理等。

2. 企业网应用分析

企业网主要指大型的工业、科研、商业、交通企业等各类公司和企业的计算机网络。企业网的宗旨是以效率促管理，向管理要效益。利用网络更多更快地赚钱是企业投资建设网络的前提。系统集成商绝对不要忘记这一点。

企业种类繁多、规模各异，但企业网应用的主线都是围绕产品、市场营销和管理进行的。产品包括产品开发设计、标准化控制、质量控制、产品档案、生产等几个环节。市场营销包括原料/器材采购、市场推广、产品销售、库存等环节。管理包括财务管理、物流管理、人力资源管理、生产资料管理等环节。企业网的应用应以此为主进行规划。

企业竞争激烈，涉及很多经济技术机密，信息安全比校园网要重要得多。对于一些核心部门，如设计部、财务部、企业领导办公子网等，除了划分 VLAN 外，还应采取用户身份安全认证措施。

企业网应用类型主要包括以下 3 种。

(1) Internet 公共服务。

① E-mail 系统。E-mail 系统用于企业内部文件发布传递、企业内外信息交流、客户联络等。

② 文件传输服务。文件传输服务涉及标准资料、设计规范、科技资料、技术文档、CAD 文档、公用源程序等文件共享服务。

③ Web 服务。Web 服务用于内部管理信息公共平台和面向 Internet 的电子商务系统平台。

(2) 企业数据库及企业数据资源系统。

(3) 专有应用系统。

① 企业管理。企业管理涉及产品数据管理(product data management，PDM)系统乃至ERP系统，可包容产品技术文件的生成与更改管理、供货合同签订、物资仓储管理、销售计划、生产计划安排及分解、生产信息控制与准时化供货、整车与备件销售、财务核算与账务处理、投资项目管理、产品质量分析系统等全部企业综合管理业务。

② 产品设计开发生产。产品涉及 CAA/CAD 系统、CIMS 系统。

③ 企业信息库。企业信息库它涉及文献情报信息服务系统。

3. 宽带 MAN

宽带 MAN 是城市的信息高速公路。它融合各种宽、窄带业务，为政府、企业、家庭提供各种不同类型的宽带接口和应用服务系统。随着技术的发展，当前宽带 MAN 能承载各种不同的宽带应用。

(1) 广播业务。广播业务包括模拟音频视频广播、数字音频视频广播、数据广播、图文电视等业务。

(2) 点播业务。点播业务包括视频点播、音频点播等业务。

(3) 信息检索业务。信息检索业务包括数据库查询、电子图书馆、电子报刊、气象信息、新闻、体育、股票、金融、交通、旅游等信息检索业务。

(4) 交互式业务。交互式业务包括远程教学、政府联网、远程医疗、专家会诊。

(5) 电子商务业务。电子商务业务包括电视购物、网上交易、EDI。

(6) 通信业务。通信业务包括电话、传真、可视电话、电视会议、E-mail。

(7) 其他业务，如各种远程监控、交互式游戏、防火防盗报警，以及遥感遥测水、电、气能源管理，等等。

4.1.3 详细需求分析

1. 网络费用分析

构成网络主体的网络通信设备和服务器资源设备等硬件，可以说是"一分价钱一分货"。事实上，每个网络方案都是在满足一定的网络应用需求的前提下，网络性能与用户方所能承受的费用之间折中的产物。

首先要确定建网单位的投资规模，即为建网络所能够投入的经费额度、投标标底，或费用承受底线。投资规模会影响网络设计、施工和服务水平。就网络项目而言，用户都想在经济方面最省、工期最短，从而获得投资者和单位上级的好评。事实上，即使竞争再激烈，系统集成商也要赚钱。所以，应该让用户懂得降价是以网络性能、工程质量和服务为代价的，一味杀价往往产出垃圾工程，最后吃亏的还是用户。

网络工程项目本身的费用主要包括以下方面。

① 网络设备硬件。网络设备硬件包括交换机、路由器、集线器、网卡等。

② 服务器及客户机设备硬件。该类硬件包括服务器群、海量存储设备、网络打印机、客户机等。

③ 网络基础设施。网络基础设施包括 UPS 电源、机房装修、综合布线系统及器材等。

④ 软件、网络管理系统、网络操作系统、数据库、外购应用系统、网络安全与防病毒软件、集成商开发的软件等。

⑤ 远程通信线路或电信租用线路费用。

⑥ 系统集成费用。系统集成费用包括网络设计、网络工程项目集成和布线工程施工等费用。

⑦ 培训费和网络维护费。

只有知道用户对网络投入的详细情况，才能据此确定网络硬件设备和系统集成服务的"档次"，产生与此相配的网络规划。

系统集成商的利润一般包括硬件差价、系统集成费和软件开发费用 3 部分。外购软件本身没有利润。硬件价格透明度高，利润微薄，除非是大系统集成商，厂商可能会给其很高的折扣额(所以集成商越大越易做)。因此，系统集成费(外购软硬件的 9%～15%)和软件开发费占用整个网络项目的绝大部分。

2. 网络总体需求分析

通过用户调研，综合各部门人员(信息点)及其地理位置的分布情况，结合应用类型以及业务密集度的分析，大致分析估算出网络数据负载、信息包流量及流向、信息流特征等元素，从而得出网络带宽要求，并勾勒出网络所应当采用的网络技术和骨干拓扑结构，确定网络总体需求框架。

1) 网络数据负载分析

根据当前的应用类型，网络数据主要有以下 3 种级别。

(1) MIS、OA、Web 类应用，数据交换频繁但负载很小。

(2) FTP、CAD、位图文件传输，数据发生不多而负载较大，但无同步要求，容许数据延迟。

(3) 流式文件，如 RM、RAM、会议电视、VOD 等，数据随即发生且负载巨大，而且需要图像声音同步。数据负载以及这些数据在网络中的传输范围决定着用户要选择多高的网络带宽，选择什么样的传输介质。

2) 信息包流量及流向分析

信息包流量及流向分析主要为应用"定界"，即为网络服务器指定地点。分布式存储和协同式网络信息处理是计算机网络的优势之一。把服务器群集中放置在网络管理中心有时并不是明智的做法，很明显的缺点就有两个。第一，信息包过分集中在网络管理中心子网以及有限数量的 NIC 上，易形成拥塞；第二，天灾人祸若发生在网络管理中心，数据损失严重，不利于容灾。分析信息包的流向就是为服务器定位提供依据，如财务系统服务器的信息流主要在财务部，少量流向领导子网，可以考虑放在财务部。

3) 信息流特征分析

信息流特征主要包括信息流实时性要求，信息最大响应时间和延迟时间的要求、信息流的批量特性(如每月数据定时上报等)、信息流交互特性、信息流时段性等特征。

4) 拓扑结构分析

网络的拓扑结构可从网络规模、可用性要求、地理分布和房屋结构诸因素来分析。例如，建筑物较多，建筑物内点数过多，交换机端口密度不足，就需要增加交换机的个数和连接方式。网络可用性要求高，不允许网络有停顿，就要采用双星结构。再如，一个单位分为两处，业务必须一体化(1998~2000年国内的大学合并风潮造成这种状况颇多)，就要考虑特殊连接方式的拓扑结构，如图4.3所示。

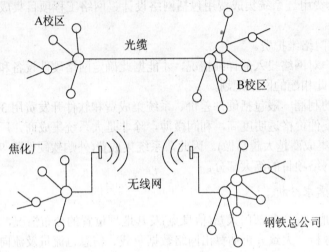

图4.3　特殊拓扑结构

5) 网络技术分析选择

一些特别的实时应用(如工业控制、数据采样、音频、视频流等)需要采用面向连接的网络技术。面向连接的网络技术能够保证数据实时传输。传统技术如 IBM Token Bus，现代技术如 ATM 等都可较好实现面向连接的网络。除此之外，应选择当前主流的网络技术，如千兆以太网、快速/交换式以太网等技术。

3. 综合布线需求分析

通过对用户实施综合布线的相关建筑物进行实地考察，由用户提供建筑工程图，从而了解相关建筑物的建筑结构，分析施工难易程度，并估算大致费用。需了解的其他数据包括中心机房的位置、信息点数、信息点与中心机房的最远距离、电力系统供应状况、建筑接地情况等。

综合布线需求分析主要包括以下3方面。

(1) 根据造价、建筑物距离和带宽要求，确定线缆的类型和光缆的芯数。单模光缆的传输质量高，距离远，但模块价格昂贵；光缆芯数与价格成正比。

(2) 根据调查中得到的建筑群间距离、马路隔离情况、电线杆、地沟和道路状况，对建筑群间光缆布线方式进行分析，为光缆采用架空、直埋还是地下管道敷设找到直接依据。

(3) 对各建筑物的规模信息点数和层数进行统计，用以确定室内布线方式和管理间的位置。当建筑物楼层较高、规模较大、点数较多时，宜采用分布式布线。

4. 网络可用性/可靠性需求分析

证券/金融、铁路、民航等行业对网络系统可用性要求最高，网络系统的崩溃或数据丢失会对其造成巨大损失，而宾馆和商业企业次之。可用性要求需要有相应的网络高可用性设计来保障，如采用磁盘双工和磁盘阵列、双机容错、异地容灾和备份减灾措施等，另外还可采用大中小型 UNIX 主机(如 IBM、SUN 和 SGI)。但这样做的结果会导致费用呈指数级增长。

5. 网络安全性需求分析

一个完整的网络系统应该渗透到用户业务的方方面面，其中包括比较重要的业务应用和关键的数据服务器、公共 Internet 出口或难以控制的 modem 拨号上网，这就使得网络在安全方面有着普遍的强烈需求。安全需求分析具体表现在以下 6 方面。

(1) 分析存在弱点、漏洞与不当的系统配置。

(2) 分析网络系统阻止外部攻击行为和防止内部职工违规操作行为的策略。

(3) 划定网络安全边界，使企业网络系统和外界的网络系统能安全隔离。

(4) 确保租用电路和无线链路的通信安全。

(5) 分析如何监控企业的敏感信息，包括技术专利等信息。

(6) 分析工作桌面系统安全。

为了全面满足以上安全系统的需求，必须制定统一的安全策略，使用可靠的安全机制与安全技术。安全不单纯是技术问题，而且是策略/技术与管理的有机结合。

4.2 网络系统方案设计

需求分析完成后，应产生成文的需求分析报告，并与用户交互、修改，最终经过由用户方组织的评审。评审过后，根据评审意见，形成最终的需求分析报告(用户以后的"蠕动需求"当属新增项目，需另外再议)。有了需求分析报告，网络系统方案设计阶段的工作就会容易得多。网络系统方案设计阶段包括确定网络总体目标、网络方案设计原则、网络总体设计、网络拓扑结构、网络选型和网络安全设计等内容。

4.2.1 网络总体目标和设计原则

1. 确立网络总体实现的目标

网络建设的总体目标应明确采用哪些网络技术和网络标准，构筑一个满足哪些应用的多大规模的网络。如果网络工程分期实施，应明确分期工程的目标、建设内容、所需工程费用、时间和进度计划等。

不同的网络用户，其网络设计目标也不同。除应用外，主要限制因素是投资规模。任何设计都会有权衡和折中，计算机网络设备性能越好，技术越先进，成本就越高。网络设计人员不仅要考虑网络实施的成本，还要考虑网络运行成本。有了投资规模，在选择技术时就会有把握。

2. 总体设计原则

计算机信息网络关系到现在和将来用户单位网络信息化水平和网上应用系统的成败，

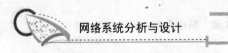

在设计前对主要设计原则进行选择和平衡，并排定其在方案设计中的优先级，对网络的设计和工程实施将具有指导意义。

1) 实用性原则

计算机信息设备、服务器设备和网络设备在技术性能逐步提升的同时，其价格却在逐年下降，不可能也没必要实现"一步到位"。所以，在网络方案设计的过程中应把握够用和实用原则，网络系统应采用成熟可靠的技术和设备，达到实用、经济和有效的效果。

2) 开放性原则

网络系统应采用开放的标准和技术，如 TCP/IP、IEEE 802 系列标准等。其目的有两个。第一，有利于未来网络系统扩充；第二，有利于在需要时与外部网络互通。

3) 高可用性/可靠性原则

对于像证券、金融、铁路和民航等行业的网络系统应确保很高的平均无故障时间和尽可能低的平均故障率。在这些行业的网络方案设计中，应优先考虑其高可用性和系统可靠性。

4) 安全性原则

企业网、政府行政办公网、国防军工部门内部网、电子商务网站以及虚拟专网(virtual private network，VPN)等网络方案的设计应重点体现安全性原则，确保网络系统和数据的安全运行。在社区网、MAN 和校园网中，安全性的考虑相对较弱。

5) 先进性原则

现代化的网络系统应尽可能采用先进而成熟的技术，应在一段时间内保证其主流地位。网络系统应采用当前较先进的技术和设备，符合网络未来发展的潮流。例如，目前较主流的千兆以太网和全交换以太网，几乎没有人再去用 FDDI 和令牌环网了。但太先进的技术，还存在不成熟、标准不完备不统一、价格高、技术支持力量跟不上等客观原因。

6) 易用性原则

整个网络系统必须易于管理、安装和具有良好的可管理性，并且在满足现有网络应用的同时，为以后的应用升级奠定基础。网络系统还应具有很高的资源利用率。

7) 可扩展性原则

网络总体设计不仅要考虑到近期目标，也要为网络的进一步发展留有扩展的余地，因此需要统一规划和设计。网络系统应在规模和性能两方面都具有良好的可扩展性。由于目前网络产品标准化程度较高，因此可扩展性要求较容易达到。

4.2.2　通信子网与资源子网规划设计

1. 拓扑结构与网络总体规划

网络拓扑结构对整个网络的运行效率、技术性能发挥、可靠性和费用等方面都有着重要的影响。确立网络的拓扑结构是整个网络方案规划设计的基础。拓扑结构的选择往往与地理环境分布、传输介质、介质访问控制方法，甚至网络设备选型等因素紧密相关。选择拓扑结构时，应该考虑的主要因素有以下几点。

1) 费用

不同的拓扑结构所配置的网络设备不同，设计施工安装工程的费用也不同。要关注费用就需要对拓扑结构、传输介质、传输距离等相关因素进行分析，选择合理的方案。例如，冗余环路可提高可靠性，但费用也高。

2) 灵活性

在设计网络时，考虑到设备和用户需求的变迁，拓扑结构必须具有一定的灵活性，能被容易地重新配置。此外，还要考虑信息点的增删等问题。

3) 可靠性

网络设备损坏、光缆被挖断、连接器松动等故障是有可能发生的，网络拓扑结构设计应避免出现因个别结点损坏而影响整个网络正常运行的情况。

在快速交换以太网和千兆以太网占主导地位的今天，计算机 LAN 和区域网一般采用星形或树形拓扑结构，或其变种。WAN 采用的网络技术种类较多，结构比较多样，但还是以点对点组合成的网状结构为主。

网络拓扑结构的规划设计与网络规模息息相关。一个规模较小的星形 LAN 没有主干网和外围网之分。规模较大的网络通常呈倒树状分层拓扑结构。主干网络称为核心层，用以连接服务器群、建筑群和网络中心，或在一个较大型建筑物内连接多个交换机管理间和网络中心设备间，用以连接信息点的"毛细血管"线路及网络设备称为接入层，根据需要在中间设置分布层。分布层和接入层又称为外围网络。星形网络的分布参考图如图 4.4 所示。

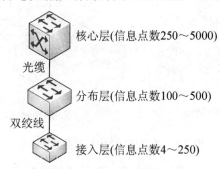

图 4.4　星形网络的分布参考图

分层设计规划的好处是可有效地将全局通信问题分解考虑，就像软件工程中的结构化程序设计一样。分层还有助于分配和规划带宽，除非网络信息流不平衡，网络工程师一般按照 1：20 的原则来分配带宽，即交换机上联带宽=交换机所有端口带宽之和/20。

例如，接入层交换机有 24 个 10/100 Mb/s 端口，其上联带宽应为 120(24×100/20) Mb/s，可用双线路 200 Mb/s 上联，其上面的分布层交换机下联 16 个接入层交换机，那么其上联带宽应为 160(16×200/20) Mb/s。

2. 主干网设计

主干网(核心层)技术的选择，要根据需求分析中的地理距离、信息流量和数据负载的重要性而定。一般而言，主干网一般用于连接建筑群和服务器群，可能会容纳网络上 40%～60% 的信息流，是网络大动脉。连接建筑群的主干网一般以光缆为传输介质，典型的主干网技术主要有千兆以太网、10BASE-FX、ATM 和 FDDI 等。从易用性、先进性和可扩展性的角度考虑，采用千兆以太网是目前通行的做法。

FDDI 已很少被采用，支持它的厂商越来越少。ATM 是面向连接的网络，能保证一些突发重负载在网上传输，但由于 ATM 在 LAN 的所有应用需要 ELAN 仿真来实现，不仅技术难度大，且带宽效率低，已被证明不适宜用做 LAN 或园区网，但如果建网单位对实时传输要求极高，也可以考虑选用。

如果经费不足但有必要采用千兆以太网，可以采用 100BASE-FX，即用光传输介质上快速以太网。其端口价格低，对光缆的要求也不高，是一种非常经济实惠的选择。

主干网的焦点是核心交换机(或路由器)。如果考虑要使主干网具有较高的可用性，而且经费允许，主干网可采用双星(树)结构，即采用两台同样的交换机，与接入层和分布层交换机分别连接。双星(树)结构解决了单点故障失效问题，不仅抗毁性强，而且通过采用最新的链路聚合技术(port trunking)，如快速以太网通道(fast ethernet channel，FEC)、千兆以太网通道(giga ethernet channel，GEC)等技术，可以允许每条冗余连接链路分担负载。图 4.5 对双星(树)结构和单星(树)结构进行了对比，双星(树)结构会占用比单星(树)结构多一倍的传输介质和光端口，除要求增加核心交换机外，二层上联的交换机也要求有两个以上的光端口。

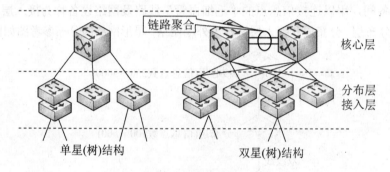

图 4.5　单星(树)结构和双星(树)结构

千兆以太网一般采用光缆作为传输介质。多种波长的单模光纤和多模光纤分别用于不同的场合和距离。由于建筑群布线路径复杂的特殊性，一般直线距离超过 300 m 的建筑物之间的千兆以太网线路就必须要用单模光纤。单模光纤本身并不昂贵，昂贵的是光端口及组件。

主干网及核心交换机经常会利用下列技术来改善设计或对旧网进行升级改造。

(1) FEC/GEC。这两个技术是 Cisco 的产品。多个以太网链路组合起来，组成一个逻辑链路，提供多倍如 100/1000 Mb/s 的全双工连接。FEC/GEC 技术不仅提高了连接带宽，且提高了链路可靠性，逻辑链路中任一条物理链路失效仅降低链路带宽，不影响正常工作。

(2) Cisco 分组管理协议(Cisco group management protocol，CGMP)。CGMP 是一种在 Cisco 交换机上智能发送组播(multicast)包的技术，保证组播包仅送到应该接收的站点，使交换机能够向目标多媒体终端工作站有选择地动态前传被发送过来的 IP 多点广播流量，从而降低了网络的总体通信流量。尤其是在多媒体应用中，可避免不必要的数据包在网络上流动，占用其他用户的可用带宽。

(3) 千兆位集成电路(giga bitrate interface converter，GBIC)。千兆以太网接口一般有一个 GBIC 卡槽，可插 SX、LX/LH/ZX GBIC 卡。LX/LH GBIC 在单模光纤上的传输距离不

小于 10 km，而 ZX GBIC 的传输距离为 50~80 km。

(4) 热备份路由协议(hot standby routing protocal，HSRP)。HSRP 是 Cisco 的一种专有技术，HSRP 提供自动路由热备份技术。在 LAN 上有两台以上路由器时，该 LAN 上的主机只能有一个默认路由器，当这个路由器失效时，HSRP 可以使另一个路由器自动承担失效路由器的工作。

3. 分布层/接入层设计

接入层即直接连接信息点，是网络资源设备(个人计算机等)接入网络的部分。

分布层的存在与否，取决于外围网采用的扩充互联方法。当建筑物内信息点较多(如 220 个)，超出一台交换机所容纳的端口密度，而不得不增加交换机扩充端口密度时，如果采用级联方式，即将一组固定端口交换机上联到一台背板带宽和性能较好的二级交换机上，再由二级交换机上联到主干网；如果采用多个并行交换机堆叠方式扩充端口密度，其中一台交换机上联，则网络中就只有接入层，没有分布层，如图 4.6 所示。

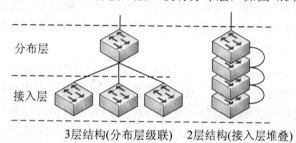

图 4.6　分布层和接入层的两种形态

分布层存在与否，采用级联方式还是堆叠方式，取决于网络信息流的特点。堆叠体内能够有充足的带宽保证，适宜本地(楼宇内)信息流密集、全局信息负载相对较轻的情况；级联方式适宜于全网信息流较平均的场合，并且要求分布层交换机大都具有组播和初级 QoS 管理能力，适合处理一些突发的重负载(如 VOD 视频点播)，但增加分布层的同时也会使成本提高。

分布层/接入层一般采用 100BASE-T(X)快速(交换式)以太网，采用 10/100 Mb/s 自适应传输速率到桌面计算机。传输介质则基本上是双绞线。Cisco Catalyst 3500/4000 系列交换机就是专门针对分布层而设计的。接入层交换机可选择的产品很多，但一定要注意接入层交换机必须支持 1 个或 2 个光端口模块，必须支持堆叠方式，如果主干网为千兆以太网，接入层交换机还必须支持 GBIC 模块，如 Cisco Catalyst 2948(背板带宽达 24Gb/s)、Intel Express 510T、3Com SuperStack II Switch 3100/3300、Lucent Cajun-330 等，均为比较优秀的接入层交换机。

4. 远程接入访问的规划设计

由于布线系统费用和实现上的限制，对于零散的远程用户接入，利用 PSTN 市话网络进行远程拨号访问是唯一经济、简便的选择。远程拨号访问需要规划远程访问服务器和 modem 设备，并申请一组中继线(校园或企业内部有 PABX 电话交换机则最好)。由于是整个网络中唯一的窄带设备，这一部分在未来的网络中可能会逐步减少使用。远程访问服务

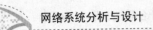

器(RAS)和 modem 组的端口数目一一对应，一般按一个端口支持 20 个用户计算来配置。

5. 资源子网规划设计

1) 服务器接入

服务器系统是网络的"灵魂"，也是网络应用的"舞台"。服务器在网络中"摆放"位置的好坏直接影响网络应用的效果和网络运行效率。服务器一般分为两类，一类是为全网提供公共信息服务、文件服务和通信服务，为企业网提供集中统一的数据库服务，由网络中心管理维护，服务对象为网络全局，适宜放在网络管理中心；另一类是部门业务和网络服务相结合的，主要由部门管理维护，如大学的图书馆服务器和企业的财务部服务器，适宜放在部门子网中。服务器是网络中信息流较集中的设备，其磁盘系统数据吞吐量大，传输速率也高，要求绝对的高带宽接入。服务器接入方案主要有以下 3 种。

(1) 千兆以太网端口接入。服务器需要配置而且必须支持 GBE 网卡，GBE 网卡采用 PCI(V2.1)接口，使用多模 SX 连接器接入交换机的多模光端口中。其优点是性能好、数据吞吐量大，缺点是成本高，对服务器硬件有要求，适合企业级数据库服务器、流媒体服务器和较密集的应用服务器。

(2) 并行快速以太网冗余接入。当采用两块以上的 100Mb/s 服务器专用高速以太网卡分别接入网络中的两台交换机中时，通过网络管理系统的支持实现负载均衡或负载分担，当其中一块网卡失效后不影响服务器正常运行，这种方案目前比较流行。

(3) 普通接入。普通接入即采用一块服务器专用网卡接入网络。它是一种经济、简洁的接入方式，但可用性低，信息流密集时可能会因主机 CPU 占用(主要是缓存处理)而使服务器性能下降。该方案适宜于数据业务量不是太大的服务器(如 HE-mail 服务器)使用。

2) 服务器子网接入方案

服务器子网接入有两种方案：若直接接入核心交换机，优点是直接利用核心交换机的高带宽，缺点是需要占太多的核心交换机端口，使成本上升；若在两台核心交换机上外接一台专用服务器子网交换机，优点是可以分担带宽，减少核心交换机端口占用，可为服务器组提供充足的端口密度，缺点是容易形成带宽瓶颈，且存在单点故障。

4.2.3 网络方案中的设备选型

1. 网络设备选型原则

1) 厂商的选择

所有网络设备尽可能选取同一厂家的产品，这样在设备可互连性、协议互操作性、技术支持、价格等各方面都更有优势。从这个角度来看，产品线齐全、技术认证队伍力量雄厚、产品市场占有率高的厂商是网络设备品牌的首选。其产品经过更多用户的检验，产品成熟度高，而且这些厂商出货频繁，生产量大，质量保证体系更完备。作为系统集成商，不应依赖于任何一家的产品，能够根据需求和费用公正地评价各种产品，选择最优产品。在制定网络方案之前，应就用户承受能力确定好网络设备品牌。一般来说，国内厂商的网络产品价格低廉，但产品线太短。

2) 扩展性考虑

在网络的层次结构中，所选主干设备应预留一定的能力，以便于将来扩展，而低端设备则够用即可。因为低端设备更新较快，且易于扩展。

3) 根据方案实际需要选型

在参照整体网络设计要求的基础上，根据网络实际带宽性能需求、端口类型和端口密度选型。如果是旧网改造项目，应尽可能保留并延长用户对原有网络设备的投资，减少在资金投入方面的浪费。

4) 选择性能价格比高、质量过硬的产品

为使资金的投入产出达到最大值，能以较低的成本、较少的人员投入来维持系统运转；网络开通后，会运行许多关键业务，因而系统要求具有较高的可靠性。全系统的可靠性主要体现在网络设备的可靠性，尤其是 GBE 主干交换机的可靠性以及线路的可靠性。

2. 核心交换机的选型策略

核心网络主干交换机是宽带网的核心，应具备以下几种特点。

(1) 高性能，高速率。第二层交换最好能达到线速交换，即交换机背板带宽不小于所有端口带宽的总和。如果网络规模较大，需要配置 VLAN，则要求必须有较出色的第三层(路由)交换能力。表 4-5 对当前国内市场居领先地位的 Cisco 和 Avaya(Lucent)主流核心交换机进行了简单对比。

表 4-5 Cisco 和 Avaya(Lucent)主流核心交换机对比

项 目	Cisco Catalyst 6000/6500	Avaya(Lucent)Cajun-P580
背板性能	32/256Gb/s	55Gb/s
三层(L3)包转发能力	15Mb/s，缩放高达 150Mb/s	3～40Mb/s
负载插槽	5/8 槽	6 槽
最高端口密度	5/8 槽机型分别具有 240～384 个 10/100BASE-T 端口，或高达 40～64 个 GE 端口，或高达 120～192 个 100BASE-FX 端口	高达 288 个 10/100BASE-T 端口，或高达 48 个 GE 端口
其他特性	支持最多 8 个不相连的端口的链路聚合(FEC/GEC)	具有恢复能力的 L2(多层生成树)和 L3(OSPF、VRRP)拓扑结构；OpenTrunk 技术提供的与其他厂家设备的操作性，业界领先

(2) 定位准确，便于升级和扩展。具体来说，250 个信息点以上的网络适宜于采用模块化(插槽式机箱)交换机；500 个信息点以上的网络，交换机还必须能够支持高密度端口和大吞吐量扩展卡，如 Cisco Catalyst 6000/6500 系列；为降低成本，250 个信息点以下的网络应选择具有可堆叠能力的固定配置交换机作为核心交换机，如 Cisco 2900 系列以及 3com NetSwitch 9300(GBE 端口)、3900(GBE、FE 端口)和 3300(FEl0、100Mb/s 自适应端口)等。

(3) 高可靠性。除考核、调研产品本身品质外，应根据经费情况选择采用冗余设计的设备，如冗余电源等，且设备扩展卡支持热插拔，易于更换维护。

(4) 强大的网络控制能力，提供 QoS 和网络安全，支持 RADIUS、TACACS+等认证机制。

(5) 良好的可管理性，支持通用网络管理协议，如 SNMP、远程网络监视(remote network monitoring, RMON)协议、RMON2 协议等。

3. 分布层/接入层交换机的选型策略

分布层/接入层交换机也称外围交换机或边缘交换机，一般都属于可堆叠/可扩充式固定端口交换机。在大中型网络中，它用来构成多层次的结构灵活的用户接入网络；在中小型网络中，它也可用来构成网络主干交换设备。分布层/接入层交换机应具备下列要求。

(1) 灵活性。交换机要求提供多种固定端口数量搭配供组网选择，可堆叠，易扩展，以便由于信息点的增加而从容地进行扩容。

(2) 高性能。作为大型网络的二级交换设备，交换机应支持千兆/百兆高速上连(最好支持 FEC/GEC)，以及同级设备堆叠，当然还要注意与核心交换机品牌的一致性。如果用做小型网络的中央交换机，交换机应具有较高的背板带宽和 3 层交换能力，如 Cisco Catalyst 2948 和 Intel Express 550T Routing Switch 等。

(3) 交换机应在满足技术性能要求的基础上，最好选择价格低廉、使用方便、即插即用、配置简单的交换机。

(4) 交换机应具备一定的网络 QoS 和控制能力以及端到端的 QoS。

(5) 如果用于跨地区企业分支部门通过公网进行远程上联，交换机还应支持 VPN 标准协议。

(6) 交换机应支持多级别网络管理。

4.2.4 网络操作系统与服务器资源设备

在网络方案设计中，服务器的选择配置和服务器群的均衡技术是非常关键的技术之一，也是衡量网络系统集成商水平的重要指标。很多系统集成商的方案偏重的是网络集成而不是应用集成，在应用问题上缺乏高度认识和认真细致的需求分析，待昂贵的服务器设备购进后才发现与应用软件不配套，不够用，或造成资源浪费，造成预算超支，最终直接导致网络方案失败。因此，本书主要介绍网络应用与操作系统的关系、服务器群的综合配置等构筑网络服务器体系的关键问题。

1. 网络应用与网络操作系统

选择服务器首先要看其具体的网络应用。网络应用的框架结构由底层到高层依次为服务器硬件、网络操作系统、基础应用平台和应用系统，如图 4.7 所示。

从理论上讲虽然应用系统与服务器硬件无关，但由于应用系统所采用的开发工具和运行环境建立在基础应用平台的基础上，基础应用平台与网络操作系统关系紧密，其支持是有选择的(如 SQL Server 数据库不支持 Tru64 UNIX 操作系统等)，有时基础应用平台甚至是网络操作系统的有效组成部分(如 IIS Web 服务平台就是 Windows NT 和 Windows 2000 Server 的一部分)，众所周知，不同的服务器硬件支持的操作系统不同，因此选择服务器硬件时首先要确定网络操作系统。

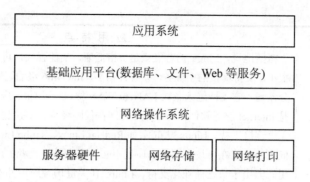

图 4.7 网络应用的框架结构

目前网络操作系统体系庞杂，网络应用有了更高的可选择性，但系统集成商同时也应认识到，操作系统对网络建设的成败至关重要，如果集成企业网时选错了操作系统，将给企业业务造成巨大的损失。

从自身的利益来看，系统集成商在网络项目中要完成基础应用平台以下 3 层的搭建，选择什么操作系统，也要视公司内部的系统集成工程师以及用户方系统管理员的技术水平和对网络操作系统的经验而定。选一些公司内部人员都比较生疏的服务器和操作系统是不明智的，这样做的结果会使工期延长，不可预见性费用加大，可能还要请外部人员，也会增加系统培训、维护的难度和费用。

网络操作系统分为两大类，即面向 IA 架构 PC 服务器的操作系统族和 UNIX 操作系统，如表 4-6 和表 4-7 所示。

表 4-6 IA 架构 PC 服务器的操作系统及其应用特点

网络操作系统及版本	应 用 特 点
Windows NT 4.0 或 Windows Server 2000	Microsoft 公司的 Windows NT/2000 操作系统支持 4 路 SMP 结构，采用图形界面，系统安装、网络设置、客户机设置简易，系统配置管理直观、方便，系统扩展灵活。这些特点恰恰符合信息社会中小型网络快速构建的要求。Windows NT 支持绝大多数网络协议，捆绑了很多服务程序软件包，如 IIS、ASP、DNS 等，可独立构成 Internet 服务平台；另外，NT 有包括数据库和各类软件开发工具在内的 Microsoft 丰富的商业软件和众多的第三方软件商的软件支持，可高效率、低成本地建立起网络基础应用平台和电子商务网站。因此，NT 已成为 IA 架构服务器操作系统的一个事实上的标准，业界通常把 IA 架构服务器称为 NT 服务器，足见 NT 的地位。Windows 2000 是 NT 的换代版本，功能更强大，几乎包括了构筑企业级应用服务器和 Internet 服务的各个方面，尽管 BUG 仍然很多，但人们对 Windows 2000 的前景十分乐观。 Windows NT/2000 操作系统对硬件尤其是内存的开销较大，系统运行效率较低，需要较高的硬件配置。另外，其系统稳定性不足，不适用于对可用性要求较高的、要求永不停机的关键场合，而且安全漏洞较多

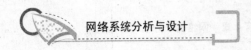

续表

网络操作系统及版本	应 用 特 点
Linux	概括地说，Linux 的特点就是价格低廉，功能强大，可靠性高。Linux 内核很小，支持真正的多任务，系统开销小，Intel 486 级的老服务器也能运行得十分流畅。它支持绝大多数 LAN 和 WAN 协议，并捆绑了大量应用软件，尤其是 Internet 服务软件，与 UNIX 之间在代码级兼容，并对 NT 和 NetWare 提供无缝连接支持。Linux 发布版(如 RedHat Linux、Trubo Linux 等)也都可以以很低廉的价格在市场上买到，而且不必为未来升级或者扩展应用再额外支出费用。但由于缺乏商业化支持，Linux 在关键场合应用并不多，但目前在构筑 Internet 服务平台方面的应用已十分普遍
Novell NetWare 5	作为个人计算机服务器最成功的网络操作系统之一，Novell NetWare 2.11/3.12 曾经风靡一时，并创造市场占有率 67% 的佳绩。在 20 世纪 90 年代初，Novell 网曾经是以太网的代名词。NetWare 系统开销很小，性能优秀，并在安全性、可靠性、运行稳定性方面优势明显。后来，Novell 公司因技术路线出现问题，将发展重点转移到 NDS 上，致使 NetWare 错过了良好的发展机遇，待性能超群的 NetWare 5 发布时，市场已经是 NT 的天下了。第三方软件支持较少，其应用前景堪忧
SCO UNIX Ware 7.1	SCO 是 UNIX System V 源代码的拥有者，UNIX Ware 是个人计算机 UNIX 中最强大、最完整的，该产品在出售时附带优秀且廉价的开发工具。但是由于其最近开发缓慢，同时由于受免费的 Linux 的影响，该产品的销售量受到不良的影响；更重要的是，UNIX Ware 不支持高级后台应用，已逐步被市场遗弃

表 4-7　UNIX 操作系统及其应用特点

网络操作系统及当前版本	服务器平台	应 用 特 点
IBM AIX 5L (Monterey)	IBM RS/6000 和其他运行 Power PC 系列的处理器系统，计划提出 IA-64 版	AIX 在业界久负盛名，并得到 IBM 自身和 UNIX 平台第三方软件开发商的长期支持。AIX 能在整个 RS/6000 系列上使用，并与 IBM 的 Visual Age for Java 和 C/C++工具配合默契。AIX 5L 创建出一种多用途、广泛兼容的操作环境
Sun Solaris 8	Sun SPARC 和 IA 架构服务器	出色的营销使得 Solaris 成为市场中实际的 UNIX 统治者，SPARC 和 Intel 版本是相同的操作系统。在所有基于 UNIX 的商用操作系统中，Solaris 拥有最广泛的应用支持。但是大规模的 Sun 系统价格极为高昂，Solaris 在出售时所带有的标准软件捆绑选配价格也极高，Sun 对客户有培训良好、规模巨大的服务队伍，再加上 Sun 是 Java 的拥有者和 iPlanet 的参与者，从而 Sun 成为 UNIX 方面的选择
IRIX 6.5	SGI MIPS 服务器及工作站	IRIX 可扩展至 512 个处理器和 1TB 的内存。它使用了杰出的服务器 I/O 性能。IRIX 已经被应用于高端可视化及数字媒体市场中

续表

网络操作系统及当前版本	服务器平台	应 用 特 点
Compaq Tru 64 UNIX 5.1	Compaq Alpha 工作站及服务器	Digital 所创建的 64 位 Alpha 处理器直到目前在技术上仍是最领先的。Compaq 将 Digital 的 UNIX 名称改为 Tru 64 UNIX，目的是要强调 Alpha 处理器的 64 位处理能力，Tru 64 使用功能强大且十分小巧的 Carnegie-Mellon Mach 内核，性能优秀。但由于 Alpha 太先进，应用软件及解决方案支持者寥寥，其前景堪忧

2. 网络操作系统选择要点

与网络设备选型不同，操作系统不需要在同一个网络内必须一致，在选择中可结合 Windows NT、Linux 和 UNIX 的特点，在网络中使用混合平台。通常，在应用服务器上采用 Windows NT/2000 平台，在 E-mail、Web、Proxy 等 Internet 应用可使用 Linux/UNIX。这样，既可以享受到 Windows NT 应用丰富、界面直观、使用方便的优点，又可以享受到 Linux/UNIX 稳定、高效的好处。

在网络方案规划设计中，选择操作系统要考虑以下重要因素。

1) 服务器的性能和兼容性

Windows NT/2000、Linux、NetWare 网络操作系统将网络操作系统构建于主流个人计算机芯片上，既节约成本又便于扩展，在系统兼容性和丰富应用软件支持上占有优势，几种系统间均有互通互联协议(如 Windows NT/2000 通过 NFS 与 UNIX 共享资源，通过 NWLink 与 NetWare 服务器互通)，彼此间的互操作性较好。而 UNIX 虽然在性能的可靠性和稳定性方面具有优势，但只兼容某些型号的专用芯片及服务器，使其仅限于金融、电信、政府、工业企业等用做大型数据库服务器和应用服务器。事实上，现在 NT 服务器的性能和可用性指标与 UNIX 已不相上下，如 HP NetServer LPr 服务器，能支持每天约 10 亿次 Internet 访问，完全满足非常密集的大型应用需求，而其价格却远远低于 UNIX 服务器。

2) 安全因素

黑客、病毒都喜欢入侵 Windows NT。它的密码加密方式 ACL 很严密，但加密步骤过于简单，容易被破解。Linux 继承了 UNIX 在安全方面成功的技术，表现更为优异，然而若想取得人们的信任，首先得改变人们对免费产品的怀疑倾向，也许大厂商们的加盟能带来这种信任。使用 NetWare 操作系统的用户对其安全性、可靠性、运行稳定性方面比较信任。

3) 价格因素

价格问题对中小型网络尤为重要，因为与网络操作系统绑定的还有服务器硬件本身的价格。网络操作系统一般的市场价格由高至低依次为 UNIX、NetWare、Windows NT/2000、Linux。选择的同时也不要忘了关注一下用户所需要引进或开发的应用软件成本，避免出现因贪图价格低廉而造成后期更大投入的情况。另外，培训的难易程度也是必须要考虑的，许多培训会带来不必要的支出。

4) 第三方软件

Windows NT/2000 的开放式结构是其成功之处。第三方软件十分丰富，加上与 Windows 95/98 兼容，客户端的桌面 Windows 系统在许多地方给 NT 留了位置，相比之下，其他操作系统没有便利的条件。Linux 的各种应用软件都能在网上找到，升级很快并且免费，只是见惯 Windows 界面的网络工程师和管理员必须要学会适应它的交流方式。

5) 市场占有率

市场占有率是衡量操作系统是否能够逐步成熟和保持良好发展势头的标尺。人们不愿意看到在下一代强有力的应用程序出现的时候还用着一个不能支持它的操作系统。

Windows 2000 及其以后版本，将成为网络操作系统事实上的标准配置，而 Linux 虽然到目前为止只有一些网站在用，但还是具有一定的优点，并普遍受到一些网络产品厂商与系统集成商的欢迎。随着新产品与新问题的不断出现，网络操作系统应用将会发生很大的变化。

3．NT 服务器配置要点

UNIX 服务器品质较高，价格昂贵，装机量少而且可选择性也不高，一般根据应用系统平台的实际需求，估计好费用，找好某一两家产品去准备即可。

与 UNIX 服务器相比，NT 服务器品牌和产品型号可谓"铺天盖地"，其网络配置选型相比之下较为复杂，主要包括以下 3 个方面。

(1) 根据需求分析阶段的成果，如，网络规模、客户数据流量、数据库规模、所使用的应用软件的特殊要求等，决定需要采用的 NT 服务器的档次与配置。例如，如果是用做部门的文件打印服务器，那么普通单处理器 NT 服务器即可；如果是用做小型数据库服务器，那么服务器上至少要有 128MB 的内存；如果是用做中型数据库服务器或者 E-mail、Internet 服务器，内存要达到 256MB，而且一定要使用 ECC 内存。对于中小型企业来说，一般的网络要求有数十个至数百个用户，使用的数据库规模不大，此时可选择部门级服务器，1 路至 2 路 CPU、256MB 以上 ECC 内存，以及两个 18GB 或者 36GB 硬盘的服务器就可以充分满足网络需求。如果希望以后有扩充的余地，或者这台服务器还要做 E-mail 服务器、Web 服务器，网络规模比较大，用户数据量大，那么最好选择企业级服务器，即 2 路或 4 路 SMP 结构，带有热插拔 RAID 磁盘阵列、冗余风扇和冗余电源的系统。

(2) 选择 NT 服务器时，对服务器上的关键部分的选择一定要把好关，因为 NT 虽然是兼容性相对较好的操作系统，但兼容并不保证 100%可用，主要体现为以下 3 点。

① NT 服务器的内存必须支持 ECC，如果使用非 ECC 的内存，就很难保证 SQL 数据库等稳定、正常地运行。

② NT 服务器的主要部件如主板、网卡一定要是通过了 Microsoft NT 认证的，只有通过了 Microsoft NT 部件认证的产品才能保证其在 NT 服务器下的 100%可用性。

③ 服务器的电源必须可靠，因为服务器要求连续工作。

(3) 在升级已有的 NT 服务器时，则要仔细分析原有网络服务器的瓶颈所在，此时可简单借用 NT 系统中集成的软件工具，如 NT 系统性能监视器等，查看系统的运行状态，分析系统各部分资源的使用情况。一般来说，可供参考的 NT 服务器系统升级顺序是扩充服务器内存容量、升级服务器处理器、增加系统的处理器数目。之所以采用这种顺序是因为对于 NT 服务器上的典型应用如 SQL 数据库、E-mail 服务器来说，这些服务占用的主要系统资源开销是内存开销，对处理器的资源开销要求并不多，通过扩充服务器内存容量，增加系统可用内存资源，将大大提高这些服务的性能。反过来，由于多处理器 NT 系统其内核本身占用的系统资源开销远远高于单处理器内核占用的，因此若仅仅为了保证系统的正常运行，增加系统的内存资源，相对来说，增加系统处理器数目的升级方案，其花费和收益比要比扩充内存容量方案的差。因此，增加系统处理器数目往往要放到整个升级计划的最后考虑。

4. 服务器群的综合 flog 与均衡

PC 服务器、UNIX 服务器、小型机服务器，其概念主要限于物理服务器(硬件)范畴。在网络方案、资源系统集成以及以后的应用中，通常服务器硬件上安装各类服务程序的服务器系统被冠以相应的服务程序的名称，如数据库服务器、Web 服务器、E-mail 服务器等，其概念属于逻辑服务器(偏向软件)范畴。根据网络规模、用户数量和应用密度的需要，有时一台服务器硬件专门运行一种服务，有时一台服务器硬件需安装两种以上的服务程序，有时两台以上的服务器硬件需安装和运行同一种服务系统。也就是说，服务器硬件与其在网络中的职能并不是一一对应的。小到规模只有两台服务器的 LAN，大到规模可达十几台至数十台的企业网、校园网和园区网，如何根据应用需求、费用承受能力、服务器性能和不同服务程序对硬件占用特点，合理搭配和规划服务器分配，在最大限度地提高效率和性能的基础上降低成本，是经常被系统集成商忽略的问题。

有关服务器群配置与均衡的建议如下。

1) 网络虽小，功能齐全

中小型网络由于缺乏专业的技术人员，资金相对紧张，所以要求服务器组必须易于维护，功能齐全，而且还必须考虑资金的限制。建议在费用许可情况下，尽可能提高硬件配置，利用硬件占用互补特点，均衡网络应用负载，把网络中所需的所有服务压缩到一两台物理服务器的范围内。例如，把对磁盘系统要求不高，对内存和 CPU 要求较高的 DNS、Web、iPhone(IP 电话)，对磁盘系统和 I/O 吞吐量要求高，对缓存和 CPU 要求较低的文件服务器(含 FTP)安装在一台配置中等的部门级物理服务器内，而把对硬件整体性能要求均较高的数据库服务和 E-mail 服务安装在一台配置较高的高档部门级或企业入门级物理服务器中。当然，Web 服务器对系统 I/O 的需求也较高，当用户访问数量增加时，系统的实时响应和 I/O 处理需求也会急剧增加，但 FTP 访问偶发性强，Web 访问密度比较均匀，二者正好可以互补。另外，如果采用 Linux 操作系统，利用其资源占用低、Internet 服务程序丰富的特点，可将所有 Internet 服务集中到一台服务器上，另外再配置一套应用服务器，网络效率可能会成倍提高。

2) 中型网络注重实际应用

中型网络注重实际应用，可选择将其应用分布在更多的物理服务器上。宜采用功能相关性配置方案，将相关应用集中在一起。例如，当前网络应用重心已开始转移到 Web 平台，Web 服务器需要频繁地与数据库服务器交换信息，把 Web 服务和数据库服务安装在一台配置较高的服务器内，毫无疑问会提高效率，减轻网络负担。对于企业网，一些工作流应用系统(如公文审批流转、文件下发等)可能需要借助底层 E-mail 服务，就可以采用群件服务器(如 Lotus Notes Domino)集成 E-mail 和 News 服务。对于像 VOD 这样的流媒体专用服务器，必须要单列。

3) 大型网络或 ISP/ICP 的服务器群方案

大型网络应用场合注重安全可靠、稳定高效、功能强大。大型企业网站和 ISP 供应商需要向用户提供全面的服务，建设先进的电子商务系统，甚至需要向用户提供免费 E-mail 服务、免费软件下载、免费主页空间等，所以网站必须能够满足全方面的需求，功能完备，且具有高度的可用性和可扩展性，从而保证系统连续稳定地运行。如果物理服务器数量过多则会为管理和运行带来沉重负担，导致环境恶劣(仅机房噪声就令人无法忍受)。为此，建议采用机架式服务器，其 Web、E-mail、FTP 和防火墙等应用均采用负载均衡集群系统，以提高系统的 I/O 能力和可用性；数据库及应用服务器系统采用双机容错高可用性系统，以提高系统的可用性。专业的数据库系统为用户提供了强大的数据底层支持，专业 E-mail 系统可提供大规模邮件服务，防火墙系统可以保证用户网络和数据的安全，如图 4.8 所示。

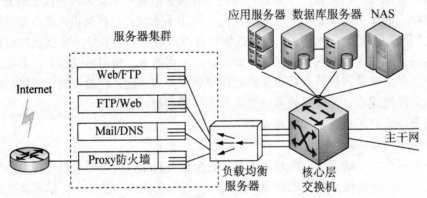

图 4.8 服务器集群/负载均衡系统示意图

4.2.5 网络安全设计

从本质上来讲，网络安全就是网络上的信息安全，是指网络系统的硬件、软件及其系统中的数据受到保护，不因偶然的或者恶意的原因而遭到破坏、更改、泄露，系统连续可靠正常地运行，网络服务不中断。从广义上来说，凡是涉及网络上信息的保密性、完整性、可用性、真实性和可控性的相关技术和理论都是网络安全所要研究的领域。网络安全涉及的内容既有技术方面的问题，也有管理方面的问题，两方面相互补充，缺一不可。技术方面主要侧重于防范外部非法用户的攻击，管理方面则侧重于内部人为因素的管理。如何更有效地保护重要的信息数据、提高计算机网络系统的安全性已经成为所有计算机网络应用必须考虑和必须解决的一个重要问题。

网络安全体系设计的重点在于根据安全设计的基本原则，制定出网络各层次的安全策略和措施，然后确定出合适的网络安全系统产品。

1. 网络安全设计原则

虽然没有绝对安全的网络，但是如果在网络方案设计之初就遵循一些合理的原则，那么相应网络系统的安全和保密就更加有保障。设计时如不全面考虑，消极地将安全和保密措施寄托在网络管理阶段事后打补丁的思路是相当危险的。从工程技术角度出发，在设计网络方案时，应该遵循以下原则。

1) 网络信息系统安全与保密的"木桶原则"

"木桶的最大容积取决于最短的一块木板"。该原则强调对信息均衡、全面地进行安全保护。网络信息系统是一个复杂的计算机系统，其本身在物理上、操作上和管理上的种种漏洞形成了系统的安全脆弱性，尤其是多用户网络系统自身的复杂性、资源共享性使单纯的技术保护对各种漏洞防不胜防。攻击者使用的是"最易渗透原则"，必然在系统中最薄弱的地方进行攻击。因此，充分、全面、完整地对系统的安全漏洞和安全威胁进行考察、分析、评估和检测(包括模拟攻击)是设计网络安全系统的必要前提条件。

2) 网络安全系统的整体性原则

该原则强调安全防护、监测和应急恢复，要求在网络发生被攻击、破坏事件的情况下，必须尽可能快地恢复网络信息中心的服务，减少损失。所以，网络安全系统应该包括 3 种机制，即安全防护机制、安全监测机制、安全恢复机制。安全防护机制是根据具体系统存在的各种安全漏洞和安全威胁采取的相应防护措施，避免非法攻击的进行；安全监测机制是监测系统的运行情况，及时发现和制止对系统进行的各种攻击；安全恢复机制是在安全防护机制失效的情况下，进行应急处理和尽量、及时地恢复信息，减少攻击的破坏程度。

3) 网络安全系统的有效性与实用性原则

网络安全应以不能影响系统的正常运行和合法用户的操作活动为前提。网络中的信息安全和信息利用是一对矛盾。一方面，为健全和弥补系统缺陷的漏洞，会采取多种技术手段和管理措施；另一方面，这些安全技术手段和管理措施势必给系统的运行和用户的使用带来负担和麻烦，"越安全就意味着使用越不方便"。尤其在网络环境下，实时性要求很高的业务不能容忍安全连接和安全处理造成的时延和数据扩张。如何在确保安全性的基础上，把安全处理的运算量减小或分摊，减少用户的记忆、存储工作和安全服务器的存储量、计算量，应该是一个需要解决的问题。

4) 网络安全系统的等级性原则

良好的网络安全系统必然是分为不同级别的，包括对信息保密程度分级(绝密、机密、秘密、普密)，对用户操作权限分级(面向个人和面向群组)，对网络安全程度分级(安全子网和安全区域)，对系统实现结构的分级(应用层、网络层、链路层等)，从而针对不同级别的安全对象，提供全面的、可选的安全算法和安全体制，以满足网络中不同层次的各种实际需求。

5) 设计为本原则

强调安全与保密系统的设计应与网络设计相结合，即在网络进行总体设计时考虑安全系统的设计，二者合二为一。避免因考虑不周，出了问题之后"拆东墙补西墙"，这样不仅造成经济上的巨大损失，而且也会对国家、集体和个人造成无法挽回的损失。由于安全与保密问题是一个相当复杂的问题，因此必须搞好设计，才能保证安全性。

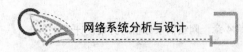

6) 自主和可控性原则

网络安全与保密问题关系着一个国家的主权和安全,所以网络安全不能依赖国外进口产品。

7) 安全有价原则

网络系统的设计是受经费限制的。因此,在考虑安全问题解决方案时必须考虑性能价格的平衡,而且不同的网络系统所要求的安全侧重点各不相同。例如,国家政府首脑机关、国防部门的计算机网络系统安全侧重于存取控制强度;金融部门的网络侧重于身份认证、审计、网络容错等功能;交通、民航部门的网络侧重于网络容错等。因此必须有的放矢,具体问题具体分析,把有限的经费用于关键的地方。

2. 网络信息安全设计与实施步骤

1) 确定面临的各种攻击和风险

网络安全系统的设计和实现必须根据具体的系统和环境,考察、分析、评估、检测(包括模拟攻击)和确定系统存在的安全漏洞和安全威胁。

2) 明确安全策略

安全策略是网络安全系统设计的目标和原则,是对应用系统完整的安全解决方案。安全策略要综合以下几方面优化确定。

(1) 系统整体安全性由应用环境和用户需求决定,包括各个安全机制的子系统的安全目标和性能指标。

(2) 对原系统的运行造成的负荷和影响(如网络通信延迟、数据扩展等)。

(3) 便于网络管理人员进行控制、管理和配置。

(4) 可扩展的编程接口,便于更新和升级。

(5) 用户界面的友好性和使用方便性。

(6) 投资总额和工程时间等。

3) 建立安全模型

模型的建立可以使复杂的问题简化,更好地解决和安全策略有关的问题。安全模型包括网络安全系统的各个子系统。网络安全系统的设计和实现可以分为安全体制、网络安全连接和网络安全传输 3 部分。

(1) 安全体制。安全体制包括安全算法库、安全信息库和用户接口界面。

① 安全算法库。安全看法库包括私钥算法库、公钥算法库、Hash 函数库、密钥生成程序、随机数生成程序等安全处理算法。

② 安全信息库。安全信息库包括用户口令和密钥安全管理参数及权限、系统当前运行状态等安全信息。

③ 用户接口界面。用户接口界面包括安全服务操作界面和安全信息管理界面等。

(2) 网络安全连接。网络安全连接包括安全协议和网络通信接口模块。

① 安全协议。安全协议包括安全连接协议、身份验证协议、密钥分配协议等。

② 网络通信接口模块。网络通信接口模块根据安全协议实现安全连接,一般有两种

实现方式。第一种是安全服务和安全体制在应用层实现，经过安全处理后的加密信息送到网络层和数据链路层，进行透明的网络传输和交换，这种方式的优点是实现简单，不需要对现有系统做任何修改，用户投资数额较小；第二种是对现有的网络通信协议进行修改，在应用层和网络层之间加一个安全子层，实现安全处理和操作的自动性和透明性。

(3) 网络安全传输。网络安全传输包括网络安全管理系统、网络安全支撑系统和网络安全传输系统。

① 网络安全管理系统。该系统安装于用户终端或网络结点上，是由若干可执行程序所组成的软件包，提供窗口化、交互化的安全管理器界面，由用户或网络管理人员配置、控制和管理数据信息的安全传输，兼容现有通信网络管理标准，实现安全功能。

② 网络安全支撑系统。整个网络安全支撑系统的可信方是由网络安全管理人员维护和管理的安全设备和安全信息的总和。网络安全支撑系统的密钥管理分配中心负责身份密钥、公开钥和秘密钥等的生成、分发、管理和销毁；认证鉴别中心负责对数字签名等信息进行鉴别和裁决。网络安全支撑系统的物理安全和逻辑安全都是至关重要的，必须受到最严密和全面的保护。同时，也要防止管理人员内部的非法攻击和误操作，在必要的应用环境中可以引入秘密分享机制来解决这个问题。

③ 网络安全传输系统。网络安全传输系统包括防火墙、安全控制、流量控制、路由选择和审计报警等。

4) 选择并实现安全服务

(1) 物理层的信息安全。物理层信息安全主要防止物理通路的损坏、物理通路的窃听和对物理通路的攻击(干扰等)。

(2) 链路层的网络安全。链路层的网络安全需要保证通过网络链路传送的数据不被窃听，主要采用划分 VLAN(LAN)、加密通信(远程网)等手段。

(3) 网络层的安全。网络层的安全需要保证网络只给授权的客户提供授权的服务，保证网络路由正确，避免被拦截或监听。

(4) 操作系统的安全。操作系统的安全要求保证客户资料、操作系统访问控制的安全，同时能够对该操作系统上的应用进行审计。

(5) 应用平台的安全。应用平台指建立在网络系统之上的应用软件服务，如数据库服务器、E-mail 服务器、Web 服务器等。应用平台的系统非常复杂，通常采用多种技术(如 SSL 等)来增强应用平台的安全性。

(6) 应用系统的安全。应用系统完成网络系统的最终目的——为用户服务。应用系统的安全与系统设计和实现关系密切。应用系统使用应用平台提供的安全服务来保证基本安全，如通信内容安全、通信双方的认证和审计等手段。

5) 安全产品的选型测试。

安全产品的测试选型工作应严格按照企业信息与网络系统安全产品的功能规范要求，利用综合的技术手段，对参测产品进行功能、性能与可用性等方面的测试，为企业测试出符合功能规范的安全产品。测试工作原则上应该由中立组织进行；测试方法必须科学、准确、公正，必须有一定的技术手段；测试标准应该是国际标准、国家标准与企业信息和网

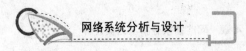

络系统安全产品功能规范的综合；测试范围是产品的功能、性能与可用性。

本 章 小 结

本章主要介绍了网络需求分析的基本概念和实现方法。网络应用的需求分析是网络系统集成中至关重要的步骤，是网络工程技术人员必须掌握的。需求分析是实施网络系统方案设计的前提。需求分析阶段包括确定网络总体目标、网络方案设计原则、网络总体设计、网络拓扑结构、网络选型和网络安全设计等内容。

习　题

一、填空题

1. 需求分析是从_____引入的概念，是关系一个网络系统成功与否最重要的砝码。

2. _____阶段主要完成用户网络系统调查，了解用户建网需求，或用户对原有网络升级改造的要求。

3. _____的目的是从实际出发，通过现场实地调研，收集第一手资料，取得对整个工程的总体认识，为系统总体规划设计打下基础。

4. 应用调查的通常做法是由网络工程师、网络用户或 IT 专业人员填写_____。

5. 对建网单位的地理环境和人文布局进行实地勘察是确定_____、_____、综合布线系统设计与施工等工作不可或缺的环节。

6. 需求分析完成后，应产生_____。

二、选择题

1. 以下_____不属于关系数据库系统。
   A．Oracle　　　　B．SyBase　　　　C．IBM DB2　　　D．PHP

2. 以下_____不属于网络基础服务。
   A．DNS　　　　　B．SNMP　　　　 C．ICMP　　　　 D．FTP

3. 以下_____不属于选择拓扑结构时应该考虑的主要因素。
   A．费用　　　　　B．灵活性　　　　C．完整性　　　　D．可靠性

4. 一般而言，_____一般用于连接建筑群和服务器群，可能会容纳网络上 40%～60％的信息流，是网络大动脉。
   A．LAN　　　　　B．主干网　　　　C．MAN　　　　　D．WAN

5. 以下_____不属于典型的主干网主要技术。
   A．千兆以太网　　B．ATM　　　　　C．PSTN　　　　 D．FDDI

6. _____的网络技术能够保证数据实时传输。

A．面向连接　　　B．面对对象　　　C．面向过程　　　D．面向效果

三、问答题

1．在网络需求分析阶段主要完成哪些工作？

2．在网络方案规划设计中，设备选型要遵循什么原则？

3．网络系统需求分析中，有关地理布局勘察包括哪几项内容？

4．简述网络安全管理的实现方法。

5．网络安全设计的原则有哪些？

6．如何进行拓扑结构的选择？

第4章 网络需求分析与逻辑网络设计

A. 带宽速度   B. 间接传信   C. 间接延传   D. 间间误果

三、问答题
1. 采集数据时要注意哪些因素？
2. 进行网络调查时，为什么要选择调查问卷方法？
3. 网络带宽延迟设计时，应采用哪些延时方法？
4. 网络总体方案设计应遵循哪些原则？
5. 网络需求分析的流程包括哪些？
6. 简要说明结构化网络分析的过程。

第 **5** 章
综合布线与运行环境设计

学 习 目 标

- 理解综合布线系统的组成；
- 了解综合布线系统的设计依据与设计标准；
- 了解网络布线施工的过程；
- 了解综合布线系统的测试与验收步骤；
- 理解并掌握办公大楼的综合布线设计。

知 识 结 构

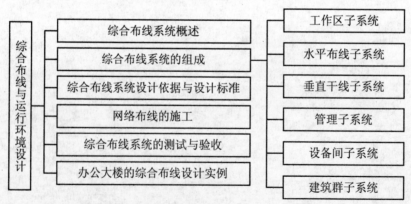

习惯上，人们把网络总体技术方案的设计选型称为逻辑网络设计，把网络布线系统等施工方案设计称为物理网络设计。网络综合布线系统是网络系统集成项目中很重要的一环。它有很多技术规范，并直接影响网络运行质量。本章就综合布线和运行环境设计进行介绍。

5.1　综合布线系统概述

网络布线在企业网的设计和施工中都居于非常重要的地位。虽然布线系统只占网络系统总投资的 20%左右，但却决定着大约 80%的网络性能的发挥。作为智能建筑的重要组成部分，网络布线构建了建筑物内的信息高速公路。网络布线可以与建筑物一起统一规划、统一设计，将各种线缆预先埋设在建筑物内，至于现在或将来安装或增设何种应用系统，完全可以根据资金、需求、发展和可能来决定。

综合布线系统是指按标准的、统一的和简单的结构化方式编制和布置各种建筑(或建筑群)内各种系统的通信线路，包括网络系统、电话系统、监控系统、电源系统和照明系统等。

综合布线系统是将各种不同组成部分构成一个有机的整体，而不是像传统的布线那样自成体系，互不相干。综合布线系统结构如图 5.1 所示。

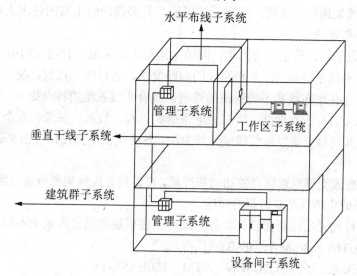

图 5.1　结构化综合布线系统

综合布线是信息网络的基础，主要是针对建筑的计算机与通信的需求而设计的具体是指在建筑物内和在各个建筑物之间布设的物理介质传输网络。通过这个网络可以实现不同类型的信息传输。国际电子工业协会、电信工业协会及我国标准化组织制定提出了规范化的布线标准。所有符合这些标准的综合布线系统，就对所有应用系统开放，不仅完全满足当时的信息通信需要，而且对未来的发展有着极强的灵活性和可扩展性。

计算机网络的应用已经深入到社会生活的各个方面。当计算机网络的可靠性得不到保障时，所造成的损失无法计算。根据统计资料，在计算机网络的许多环节中，其物理连接占最高的故障率，约为整个网络故障的 70%～80%。因此，有效地提高网络连接的可靠性是解决网络安全的一个重要环节，而综合布线系统就是针对网络中存在的各种问题设计的。

综合布线系统可以根据设备的应用情况来调整内部跳线和互连机制，达到为不同设备服务的目的，如网络的星形拓扑结构可以使一个网络结点的故障不会影响到其他的结点。

综合布线系统以其仅占总建筑费用 5% 的投资获得未来 50 年的各类信息传输平台的优越投资组合，获得了具有长远战略眼光的各界业主的关注。

在传统布线中，建筑物内各弱电系统如数据、语音、图像、安全保卫、消防报警、楼宇自控、公共广播、闭路电视等，各自独立布线，传输介质和输出端口各不相同，设计安装标准不统一。因此，传统布线存在许多缺点，主要表现在以下 5 点。

(1) 设计安装各自独立，互不关联，互不兼容，在工程实施中需要协调的工作量大，工程造价高，难以统一管理。

(2) 布线要随系统确定而确定，无法估计及预留将来可能的系统类型，灵活性差，如系统更改，就需要重新布线。

(3) 即使对于同一个系统，由于办公环境改变，重新规划办公空间而需重新调整终端位置或由于技术发展需要而进行的设备升级，都必须更改布线。这样不仅会造成重复布线带来的财力和人力的浪费，且不得不中断正常工作。

(4) 传统布线采用焊点连接，品质无法保证，且必需经验丰富的技术人员施工，用户不易使用、调整和管理。

(5) 大楼建设初期，管道预埋困难，同轴电缆粗大，降低了管道使用率。

结构化综合布线系统综合了各种系统的布线要求，进行统一规划，统一设计，统一管理，成功地解决了传统布线所不能解决的难题。综合布线系统的特点如下.

(1) 满足 EIA/TIA 568 标准，所有弱电系统如语音、数据、图像、安全监控均可综合布线统一安排，其传输介质以双绞线或光纤为主，各终端的不同接口可由平衡/不平衡转接器来转接。

(2) 用户若想改变信息输出口的功能和性质，可直接在配线架部分通过跳线进行调整，不需要再布放新的电缆以及安装新的插座。

(3) 整套器件均采用模块化设计，各厂家产品在模块的固定方式上不同，但在内在连接上应满足 EIA/TIA 568(568A、568B)的标准。

(4) 应满足未来发展的需要(ISDN、ATM、100BASE-T)。

综合布线系统还具有如下特性。

(1) 传输信息类型的完备性。综合布线系统具有传输语音、数据、图像、视频信号等多种类型信息的能力。

(2) 介质传输速率的高效性。综合布线系统具有满足千兆以太网和 100Mb/s 快速以太网的数据吞吐能力，并且要充分设计冗余。

(3) 系统的独立性和开放性。综合布线系统能够满足不同厂商设备的接入要求，能提供一个开放和兼容性强的系统环境。

(4) 系统的灵活性和可扩展性。综合布线系统应采用模块化设计，各个子系统之间均为模块式连接，能够方便而快速地实现系统扩展和应用变更。

(5) 系统的可靠性和经济性。结构化的整体设计保证系统在一定的投资规模下具有最高的利用率，使先进性、实用性、经济性等方面得到统一；同时，完全依照国际标准和国家标准设计、安装，为系统的质量提供了可靠的保障；最少保证在未来 15 年内的稳定性。

5.2　综合布线系统的组成

综合布线系统是一种标准通用的信息传输系统，可分为 6 个子系统，即工作区子系统、水平布线子系统、垂直干线子系统、设备间子系统、管理子系统和建筑群子系统，如图 5.2 所示。

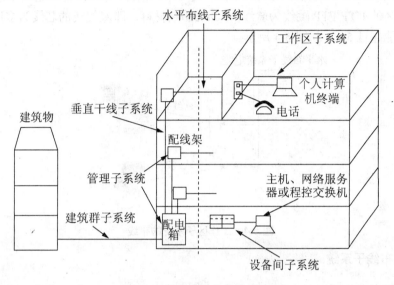

图 5.2　建筑物综合布线系统

5.2.1　工作区子系统

工作区布线子系统由终端设备连接到信息插座的连线(或软线)组成，包括跳线、连接器或适配器等，如图 5.3 所示。对于展厅、营业厅等面积较大的场所，信息插座采用地面安装形式；对于办公室及其面积较小或信息点数量较少的场所，则采用墙面安装方式。用户可以将电话、计算机等设备连接到线缆插座上，插座通常由标准模块组成，可以完成从建筑自控系统的弱电信号到高速数据网和数字话音信号等信息的传送。工作区子系统的布线一般是非永久性的，用户根据工作需要可以随时移动、增加或减少，既便于连接，也易于管理。工作区子系统电缆通常采用超 5 类非屏蔽双绞线。在电磁干扰严重的地方，信息插座和跳线均可采用超 5 类屏蔽双绞线。

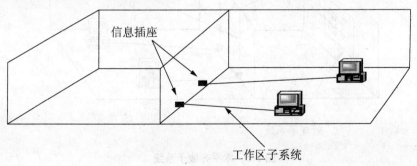

图 5.3　工作区子系统

设计工作区子系统时要注意如下要点。

(1) 从 RJ-45 插座到设备间的连线用双绞线，一般不要超过 5 m。

(2) RJ-45 插座须安装在墙壁上或不易碰到的地方，插座距离地面 30cm 以上。

(3) 插座和插头(与双绞线)不要接错线头。

工作区由从水平系统而来的用户信息插座延伸至数据终端设备的连接线缆和适配器组成。工作区的 UTP/FTP 跳线为软线(patch cable)材料，即双绞线的芯线为多股细铜丝，最大长度不能超过 5m，如图 5.4 所示。

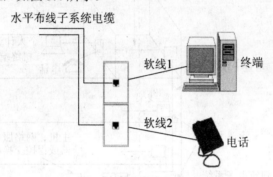

图 5.4　工作区子系统的布线

5.2.2　水平布线子系统

水平布线子系统是局限于同一楼层的布线系统，该系统从各个子配线间出发到达每个工作区的信息插座。水平布线子系统通常使用 5 类、超 5 类或 6 类 4 对 UTP，既可以在 100m 范围内保证高传输速率，又可以做到语音和数据线路随意互换，满足多媒体信息传输的要求。当然也可以根据需要选择多模光纤。水平布线子系统应该按照楼层各工作区的要求设置信息插座的数量和位置，设计并布放相应数量的水平线路。

水平布线子系统的线缆的一端与垂直干线子系统或管理子系统相连，另一端与工作区子系统的信息插座相连，以便用户通过跳线来连接各种终端，从而实现与网络的连接，如图 5.5 所示。

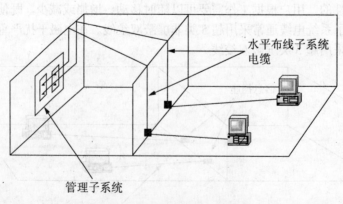

图 5.5　水平布线子系统

在水平布线子系统的设计中，综合布线的设计应该能够向用户或用户的决策者提供完善而又经济的设计，设计时要注意如下要点。

(1) 水平布线子系统用线一般为双绞线。

(2) 长度一般不超过 90 m。

(3) 布线尽量布置在线槽或在天花板吊顶内架的金属线槽。

(4) 确定介质布线方法和线缆的走向。

(5) 确定距服务接线最近的 I/O 位置。

(6) 确定距服务接线最远的 I/O 位置。

(7) 计算水平区所需线缆长度。

水平布线子系统指从楼层配线间至工作区用户信息插座，由用户信息插座、水平电缆、配线设备等组成，如图 5.6 所示。在综合布线系统中，水平布线子系统是计算机网络信息传输的重要组成部分。它采用星形拓扑结构，每个信息点均需连接到管理子系统，由 UTP 线缆构成。最大水平距离是从管理间子系统中的配线架的 JACK 端口至工作区的信息插座的电缆长度，一般为 90m。工作区的软线、连接设备的软线、交叉连接线的总长度不能超过 10m。水平布线子系统施工是综合布线系统中最大量的工作，在完成建筑物施工后，不易变更。因此要施工严格，保证链路性能。

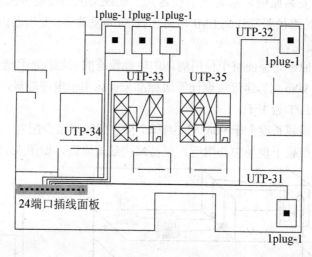

图 5.6　水平布线子系统

综合布线的水平线缆可采用 5 类、超 5 类双绞线，也可采用 STP，甚至可以采用光纤到桌面。

5.2.3　垂直干线子系统

垂直干线子系统也称骨干子系统，主要作用是把主配线架和各分配线架连接起来。垂直干线子系统语音线路采用超 5 类 25 对 UTP，而计算机数据线路采用 6 芯室内多模光纤。垂直干线电缆(包括双绞线和光缆)沿弱电竖井中架设的金属线槽内敷设。电缆与金属线槽每米设一个固定点。另外，如果建筑物较少且信息点数量较少，也可以忽略垂直干线子系统，只设置一个设备间，如图 5.7 所示。

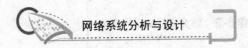

设计垂直干线子系统时应注意如下要点。

(1) 垂直干线子系统一般选用光缆,以提高传输速率。

(2) 光缆可选用多模的(室外远距离的),也可以是单模(室内)。

(3) 垂直干线电缆的拐弯处,不能为直角,应具有一定的弧度,以防光缆受损。

(4) 垂直干线电缆要防遭破坏(如埋在路面下,要防止挖路、修路对电缆造成危害),架空电缆要防止雷击。

(5) 确定每层楼的干线要求和防雷电的设施。

(6) 满足整幢大楼干线要求和防雷击的设施。

垂直干线子系统由连接主设备间至各楼层配线间之间的线缆构成。其功能主要是把各分层配线架与主配线架相连。主干电缆提供楼层之间通信的通道,使整个布线系统组成一个有机的整体。垂直干线子系统 Topology 结构采用分层星形拓扑结构,每个楼层配线间均需采用垂直主干线缆连接到大楼主设备间。垂直主干采用 25 对大对数线缆时,每条 25 对大对数缆对于某个楼层而言是不可再分的单位。垂直主干线缆和水平布线子系统线缆之间的连接需要通过楼层管理间的跳线来实现。

垂直主干线缆安装原则是从大楼主设备间主配线架上至楼层分配线间各个管理分配线架的铜线缆,安装路径要避开高 EMI 电磁干扰源(如发动机、变压器)区域,并符合 ANSI TIA/EIA 569 安装规定。

电缆安装性能原则是保证整个使用周期中电缆设施的初始性能和连续性能。大楼垂直主干线缆长度小于 90m 时,建议按设计等级标准来计算主干电缆数量,但每个楼层至少配置一条 CAT5 UPT/FPT 做主干。

大楼垂直主干线缆长度大于 90m 时,则每个楼层配线间至少配置一条室内 6 芯多模光纤做主干。主配线架位于现场中心附近,保持路由最短原则,如图 5.8 所示。

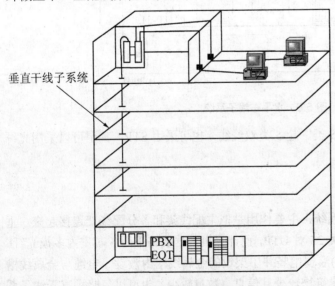

图 5.7　垂直干线子系统

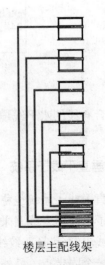

图 5.8　垂直干线子系统的布线

5.2.4 管理子系统

管理子系统设置在各楼层的设备间内，由配线架、接插软线和理线器、机柜等装置组成，主要功能是实现配线管理和功能变换，以及连接水平子系统和垂直干线子系统。

管理子系统采用单跳线方式，即使用双绞线或光纤软跳线实现网络设备与跳线板之间的跳接，支持即插即拔，既方便、稳定，又便于管理，所有切换、更改、扩展和线路维护，均可在配线柜内迅速完成，如图 5.9 所示。

设计管理子系统时应注意如下要点。

(1) 配线架的配线对数由管理的信息点数决定。

(2) 利用配线架的跳线功能，可使布线系统具有灵活、多功能的能力。

(3) 配线架一般由光配线盒和铜配线架组成。

(4) 管理子系统应有足够的空间放置配线架和网络设备(集线器、交换机等)。

(5) 有集线器、交换机的地方要配有专用稳压电源。

(6) 保持一定的温度和湿度，保养好设备。

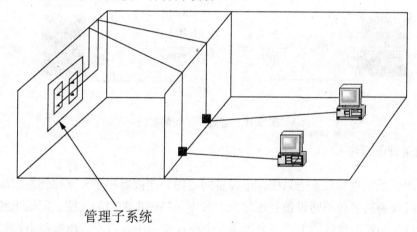

管理子系统

图 5.9 管理子系统的布线

在综合布线系统的 6 个子系统中，各标准、厂商对管理子系统的理解和定义有所差异，单单从布线的角度上看，称之为楼层配线间或电信间是合理的，而且也形象化；但从综合布线系统最终应用，即数据、语音网络的角度去理解，称之为管理子系统更合理，这是综合布线系统区别于传统布线系统的一个重要方面，更是综合布线系统灵活性、可管理性的集中体现，因此在综合布线系统中称之为管理子系统。

管理子系统设置在楼层配线房间，是水平系统电缆端接的场所，也是主干系统电缆端接的场所，由大楼主配线架、楼层分配线架、跳线、转换插座等组成。用户可以在管理子系统中更改、增加、交接、扩展线缆，改变线缆路由。建议采用合适的线缆路由和调整件组成管理子系统。

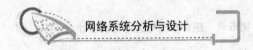

管理子系统提供了与其他子系统连接的手段，使整个布线系统与其连接的设备和器件构成一个有机的整体。调整管理子系统的交接，则可安排或重新安排线路路由，因而传输线路能够延伸到建筑物内部各个工作区，是综合布线系统灵活性的集中体现。

管理子系统包括 3 种应用，即水平/干线连接、主干线系统互相连接和入楼设备的连接。线路的色标标记管理可在管理子系统中实现，如图 5.10 所示。

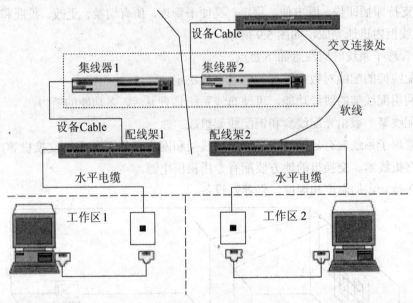

图 5.10　管理子系统的布线

5.2.5　设备间子系统

设备间子系统也称设备子系统，由设备间电缆、连接器和相关支撑硬件组成。它把各种公共系统设备的多种不同设备互连起来，其中包括邮电部门的光缆、同轴电缆、程控交换机等。设备间设在建筑的主机房内，语音主配线架用于垂直干线电缆与由程控交换机引入的电缆相连，选用 S110 型机柜式配线架即可满足电话通信的要求，配线架统一安装在标准 19in 机柜中。计算机信息传输采用机柜式光缆和双绞线配线架，用来端接来自各分配线间的光缆和双绞线，并通过光纤跳线与计算机中心交换机相连，如图 5.11 所示。

设计设备间子系统时应注意如下要点。

(1) 设备间要有足够的空间保障设备的存放。

(2) 设备间要有良好的工作环境(温度应保持在 18～27℃，相对湿度保持在 30%～50%)。

(3) 设备间的建设标准应按机房建设标准设计。

设备间子系统是一个集中化设备区，用于连接系统公共设备，如 PBX、LAN、主机、建筑自动化和保安系统，并通过垂直干线子系统连接至管理子系统，如图 5.12 所示。

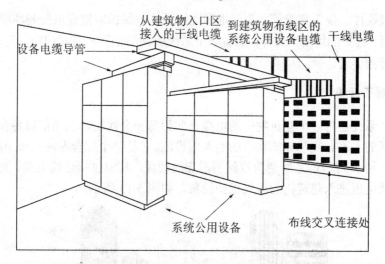

图 5.11   典型的设备间子系统的布线

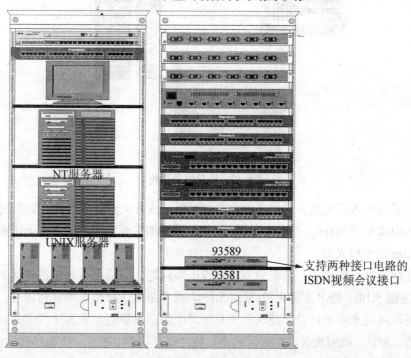

图 5.12   设备间子系统

设备间子系统是大楼中数据、语音垂直主干线缆终接的场所，也是建筑群的线缆接口建筑物终端的场所，更是各种数据语音主机设备及保护设施的安装场所。建议设备间子系统设建在建筑物中部或建筑物的一、二层，位置不应远离电梯，而且为以后的扩展留有余地，不建议在顶层或地下室。建议从建筑群接入的线缆进入建筑物时应有相应的过电流、过电压保护设施。

设备间子系统空间要按 ANSI/TIA/EIA 569 要求设计。设备间子系统空间用于安装电信设备、连接硬件、接头套管等，为接地和连接设施、保护装置提供控制环境，是系统进行管理、控制、维护的场所。另外，设备间子系统所在的空间还有对门窗、天花板、电源、照明、接地等的要求。

5.2.6 建筑群子系统

建筑群子系统是将一个建筑物中的电缆延伸到另一个建筑物的通信设备和装置，通常包括建筑物间的主干布线及建筑物中的引入口设施。它是整个综合布线系统中的一部分(包括传输介质)，并支持楼群之间通信设施所需要的硬件，其中包括导线电缆、光缆，以及防止电缆的浪涌电压进入建筑物的电气保护设备，如图 5.13 所示。

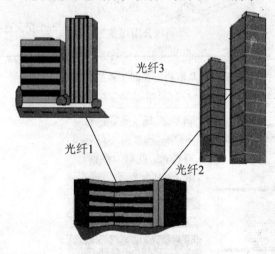

图 5.13 建筑群子系统

建筑群子系统通信电缆多采用多模或单模光纤，或者大对数双绞线。如果建筑物距离中心结点的距离小于 500m，可以考虑采用 50/125μm 的多模光纤。如果大于该距离，只能采用 9/125μm 的单模光纤。

在设计建筑群子系统中，会遇到室外敷设电缆问题，一般有 3 种情况，即架空电缆、直埋电缆(见图 5.14)、地下管道电缆(见图 5.15)，或者是这 3 种情况的任何组合，具体情况应根据现场的环境来决定。设计建筑群子系统时应注意的要点与垂直干线子系统相同。

当学校、部队、政府机关、生活区的建筑物之间有语音、数据、图像等传输的需要时，由两个及以上建筑物的数据、电话、视频系统电缆组成建筑群子系统，包括大楼设备间子系统配线设备、室外线缆等，可能的路由包括架空电缆、直埋电缆、地下管道电缆。

建筑群子系统介质选择原则是楼和楼之间在 2km 以内；传输介质为室外光纤；可采用埋入地下或架空(4m 以上)方式；需要避开动力线；注意光纤弯曲半径，以及建筑群子系统施工要点，包括路由起点、终点；线缆长度、入口位置、媒介类型、所需劳动费用以及材料成本计算。另外，建筑群子系统所在的空间还有对门窗、天花板、电源、照明、接地的要求。

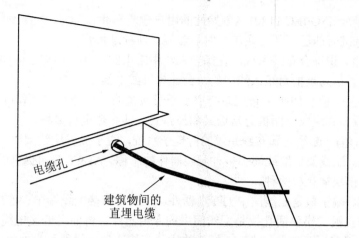

图 5.14 直埋布线法

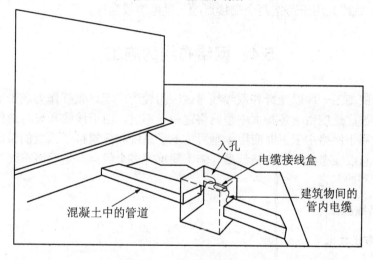

图 5.15 管道内布线法

5.3 综合布线系统的设计依据与设计标准

综合布线系统的设计依据主要包括以下几种。

① TIA/EIA 586 标准：*Commercial Building Telecommunications Wiring Standard*。

② TIA/EIA 596 标准：*Pathways And Spaces Standard*。

③《AMP NETCONNECT OPEN CABLING SYSTEM 设计总则》。

④ CECS 72：1997《建筑与建筑综合布线系统工程设计规范》。

⑤ CECS 89：1997《建筑与建筑综合布线系统工程设计规范》。

⑥《电信网光纤数字传输系统工程实施及验收暂行技术规定》。

目前，在智能建筑工程建设中，常用的国家标准有 CECDS 72：1997《建筑与建筑群综合布线系统工程设计规范》。

常用的国外标准有 EIA/TIA 568A《商业建筑物电信布线标准》、EIA/TIA 569《建筑通

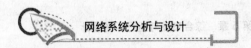

信线路间距标准》、ISO/IEC 11801《创始性的用户建筑布线》。

以上这些标准有的已更新，在施工时应参照最新标准执行。

为了更好地认识综合布线系统，在综合布线中常用的一些名词与术语如下。

① 信息点。信息点指布线系统中的一台计算机或电话。

② 信息插座。信息插座是布线系统中水平子系统的一部分，与工作区子系统相连。信息插座由面板和芯组成，面板分暗嵌式和外露式，插孔数也有多种。

③ 配线间(箱)。配线间属布线系统的管理子系统，用于放置配线架。

④ 配线架。配线架是配线间中多种配线器件的总称。AT&T 公司提供的配线架有 110 端子板和 1100 模块插孔板两种。

⑤ 端子板。端子板是配线间中的专用器件，上面可卡接电缆端子、连接块、交连线。

⑥ 模块插孔板。模块插孔板是配线间中的专用器件。背面可卡接电缆端子，正面有 RJ-45 插孔，可直接用两端做好 RJ-45 插头的成品连接连到集线器和交换机。

⑦ 跳线。跳线是用于跨接两个端接点的一段电缆或光纤。

5.4 网络布线的施工

网络布线的施工一般以光纤和双绞线布线应用较为广泛。光纤作为高带宽、安全性的数据传输介质被广泛应用于各种大中型网络之中。不过，由于线缆和设备造价昂贵，所以光纤大多只被用于网络主干，即应用于垂直主干子系统和建筑群子系统的系统布线。与光纤布线相比，双绞线布线拥有价格低廉、施工简单等多个优点，是网络布线工程和各种小型简易网络工程的首选。

5.4.1 光缆布线施工

1．光缆布线技术

1) 建筑物内主干光缆布线方法

在新建的建筑物中，通常有一个竖井，如图 5.16 所示。沿着竖井方向通过各楼层敷设光缆，只需要提供防火措施。在许多老式建筑中，可能有大槽孔的竖井，通常在这些竖井内装有管道，以供敷设气、水、电、空调等线缆。若利用这样的竖井来敷设光缆，必须对光缆必须加以保护，也可将光缆固定在墙角上。

在竖井中敷设光缆有两种方法，即向下垂放光缆和向上牵引光缆。通常向下垂放光缆方法比向上牵引光缆方法容易些。但如果将光缆卷轴机搬到高层上去很困难，则只能由下向上牵引。

(1) 向下垂放光缆。

① 在离建筑层槽孔 1～1.5 m 处安放光缆卷轴(光缆通常是绕在光缆卷轴上，而不是放在纸板箱中)，以使在卷筒转动时能控制光缆，要将光缆卷轴置于平台上，并保持其在所有时间内都是垂直的，放置卷轴时要使光缆的末端在其顶部，然后从卷轴顶部牵引光缆。

② 使光缆卷轴开始转动，在其转动时，将光缆从其顶部牵出。牵引光缆时要保证不超过最小弯曲半径和最大张力的规定。

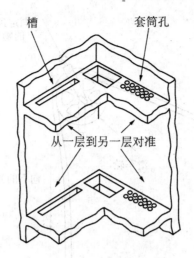

图 5.16 封闭性的竖井

③ 引导光缆进入槽孔中去，如果是一个小孔，则首先要安装一个塑料导向板，如图 5.17 所示，以防止光缆与混凝土边侧产生摩擦导致光缆的损坏。

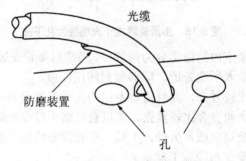

图 5.17 防磨装置

如果通过大孔下放光缆，如图 5.18 所示，则在孔的中心上安装一个滑车轮，然后把光缆拉出绞绕到车轮上去。

④ 慢慢地从光缆卷轴上牵引光缆，直到下面一层楼上的人能将光缆引入到下一个槽孔中去为止。

⑤ 每隔 2m 左右打一线夹。

(2) 向上牵引光缆。向上牵引光缆方法与向下垂放光缆方法方向相反，其操作方法与向下垂放光缆方法类似，这里不再赘述。

2) 吹光纤布线技术

吹光纤布线技术是一种新光纤布线方法，其布线思想是用一个空的塑料管(即微管)建造一个低成本的网络布线结构，当需要时，将光纤吹入微管，这样不仅减少了资金投入，而且也减少了对数据网络的干扰。

每根微管内可吹入 8 芯光纤。如果光纤被损坏或已过时，可以简单地将其吹出，并用新的光纤代替。当光纤吹入微管后，再与已经接好的尾纤融接，然后放入专门设计的地面出口盒或配线架上的端接盒。

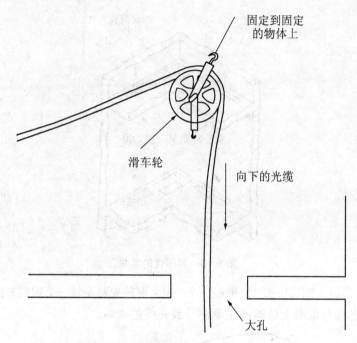

固定到固定
的物体上

滑车轮

向下的光缆

大孔

图 5.18　由滑轮将主干光缆经大孔下放

这项技术将光纤与楼宇内的微管分为两部分，当塑料微管安装好以后，只要压缩空气，就能够将高性能的光纤吹入所造管道，能够做到随用随做。

光缆布线施工工艺比较复杂，并且需要专门的光纤熔接设备，因此企业用户通常无法独立完成。但是，如果企业资金比较紧张，可以自己动手敷设光缆，而只将光纤熔接工作交由专门的网络或通信公司完成。另外，了解一些光缆布线施工要求，可以有效地实现对布线工程的监督，从而确保布线施工质量。

2. 光缆敷设的一般要求

1) 光缆的最小曲率半径

在施工时，光缆允许的最小曲率半径应当不小于光缆大径的 20 倍，施工完毕后应当不小于光缆大径的 15 倍。

2) 光缆的张力和侧压力

光缆敷设时的张力和侧压力应符合相关的规定，如表 5-1 所示。要求布放光缆的牵引力应不超过光缆允许张力的 80%，瞬时最大牵引力不得大于光缆允许的张力。主要牵引力应当加在光缆的加强构件上，光缆不能直接承受拉力。

表 5-1　光缆允许的张力和侧压力

光缆敷设方式	允许张力/N		允许侧压力(100m)/N	
	长期	短期	长期	短期
管道光缆	600	每千米光缆为 2600，但不小于 1500	300	1000
直埋光缆	1000/2000	3000	1000	3000

3) 判断光缆的 AB 端

施工前必须首先判断并确定光缆的 AB 端。A 端应朝向网络枢纽方向，B 端应朝向用户一侧。敷设光缆的端别应当一致，不能出错。

(1) 室内光缆的敷设。室内光缆主要是应用于水平布线子系统和垂直主干子系统的敷设。水平子系统的敷设和双绞线非常类似，只是由于光缆的抗拉性能更差，因此在牵引时应当更为小心，曲率半径也要更大。垂直主干子系统光缆用于连接设备间和各个楼层配线间，一般安装在电缆竖井或上升房中。为了防止下垂或滑落，在每个楼层的槽道上、下端和中间，必须将光缆牢牢地固定住。通常情况下，可采用尼龙扎带或钢制卡子进行有效地固定。最后，还应用油麻封堵材料将建筑内各个楼层光缆穿过的所有槽洞、管孔的空隙部分堵塞密封，并加堵防火堵料等，以达到防潮和防火的效果。

敷设光缆时应当按照设计要求预留适当的长度，一般在设备端应当预留 5～10m，如有特殊要求再适当延长。

(2) 室外光缆的敷设。室外光缆主要用于建筑群子系统的布线。在实施建筑群子系统布线时，应当首选管道光缆，只有在不得已的情况下，才选用直埋光缆或架空光缆。

管道光缆的敷设步骤如下。

a. 清刷并试通。敷设光缆前，应逐段将管孔清刷干净并试通。清扫时应使用专门的清刷工具，清刷后再用试通棒进行试通检查。塑料子管的小径应当为光缆大径的 1.5 倍。当在一个水泥管孔中布放两根以上的子管时，子管等效总大径应小于管孔小径的 85%。

b. 布放塑料子管。当穿放两根以上的塑料子管时，如管材为不同颜色，端头可以不做标记。如果管材颜色相同或无颜色，则在应在其端头做好标记。

塑料子管的布放长度不宜超过 300m，并要求塑料子管不得在管道中间有接头。另外，在塑料子管布放作业时，环境温度应在-5～+35℃之间，以保证其质量不受影响。

完成布放的塑料子管应当及时与水泥管固定在一起，防止其滑动。另外，还要将子管口临时堵塞，以防止异物进入管内。塑料子管应根据设计规定要求，在人孔或手孔中留有足够长度。

c. 光缆牵引。光缆一次牵引长度一般应小于 1000m。超过该距离时，应采取分段牵引或在中间位置增加辅助牵引方式，以减少光缆张力并提高施工效率。为了在牵引过程中保护光缆外部不受损伤，在光缆穿入管孔、管道拐弯处或与其他障碍物有交叉时，应采用导引装置或"喇叭口"保护管等保护措施。另外，还可根据需要在光缆外部涂抹中性润滑剂等材料，以减少光缆牵引时的摩擦阻力。

d. 预留余量。光缆敷设后，应逐个在人孔或手孔中将光缆放置在规定的托板上，应留有适当余量，以防止光缆过于紧绷。在人孔或手孔中的光缆需要接续时，其预留长度应符合一定规定的最小值，如表 5-2 所示。

表 5-2　光缆敷设的预留长度

光缆敷设方式	自然弯曲增加长度/(m/km)	人(手)孔内弯曲增加长度/m	接续每侧预留长度/m	设备每侧预留长度/m	备　注
管道	5	0.5～1.0	6～8	10～20	管道或直埋光缆需引上架空时，其引上地面部分每处增加 6～8m
直埋	7				

e. 接头处理。光缆在管道中间的管孔内不得有接头。当光缆在人孔中没有接头时,要求光缆弯曲放置在光缆托板上固定绑扎,不得在人孔中间直接通过,否则既影响施工和维护,又容易导致光缆损坏。当光缆有接头时,应采用蛇形软管或软塑料管等材料进行保护,并放在托板上予以固定绑扎。

f. 封堵与标志。光缆穿放的管孔出口端应封堵严密,以防止水分或杂物进入管内。光缆及其接续均应有识别标志,并注明编号、光缆型号和规格等。在严寒地区还应采取防冻措施,以防光缆受冻损伤。如果光缆可能被损伤,可在上面或周围设置绝缘板材隔断进行保护。

(3) 直埋光缆的敷设。

① 埋设深度。直埋光缆由于直接埋设在地面下,所以必须与地面有一定的距离,借助于地面的张力,使光缆不被损坏,保证光缆不被冻坏。直埋光缆的埋设深度如表 5-3 所示。

表 5-3　直埋光缆的埋设深度

光缆敷设的地段或土质	埋设深度/m	备　　注
市区、村镇的一般场合	≥1.2	不包括车行道
街坊内、人行道下	≥1.0	包括绿化地带
穿越铁路、道路	≥1.2	距道渣底或距路面
普通土质(硬土等)	≥1.2	
沙砾土质(半石质土等)	≥1.0	

② 光缆沟的清理和回填。沟底应平整,无碎石和硬土块等有碍光缆敷设的杂物。如沟槽为石质或半石质,还应在沟底铺垫 10cm 厚的细土或砂土并整理平整。敷设光缆后,应先回填 30cm 厚的细土或砂土作为保护层,严禁将碎石、砖块、硬土块等混入保护层。保护层应采用人工方式轻轻踏平。

③ 光缆敷设。同沟敷设光缆或电缆时,应同期分别牵引敷设。如果与直埋电缆同沟敷设,应先敷设电缆,后敷设光缆,并在沟底平行排列。如同沟敷设光缆,应同时分别布放,在沟底不得交叉或重叠放置。光缆应平放于沟底或自然弯曲以释放光缆应力,如有弯曲或拱起,应设法放平,但绝对不可以采用脚踩等强硬方式。当以人工抬放方式敷设时,应根据光缆的质量,按每 2～10m 一人的距离排开抬放。敷设时不能将光缆在地面上拖拽,也不能出现急弯、扭转、浪涌或牵拉过紧的现象,更不能超过光缆允许的曲率半径的规定。

④ 标志。直埋光缆的接头处、拐弯点、预留长度处或与其他管线的交汇处,应设置标志,以便于以后的维护检修。既可以使用专制的标志,也可借用光缆附近的永久性建筑,测量该建筑某部位与光缆的距离,以进行记录备查。

(4) 架空光缆的敷设。

① 架设并检查钢绞线。对于非自承重的架空光缆而言,应当先行架设承重钢绞线,并对钢缆进行全面的检查。钢绞线应无伤痕和锈蚀等缺陷,绞合紧密、均匀、无跳股。吊线的原始垂度和跨度应符合设计要求,固定吊线的铁杆安装位置正确、牢固,周围环境中无施工障碍。

② 光缆敷设。光缆敷设应借助于滑轮牵引,下垂弯度不得超过光缆所允许的曲率半径。牵引拉力不得大于光缆所允许的最大拉力,牵引速度应缓和均匀,不能猛拉紧拽。光

缆在架设过程中和架设完成后的伸长率应小于 0.2%。当采用挂钩吊挂非自承重光缆时，挂钩的间距一般为 50cm，误差不大于 3cm。光缆的吊挂应平直，挂钩的卡扣方向应一致。与电力线交汇时，应当在钢绞线和光缆处采用塑料管、胶管或其他绝缘物包裹捆扎，确保绝缘。架空光缆与其他建筑物、树木的最小间距如表 5-4 所示。

表 5-4　架空光缆与其他建筑物、树木的最小间距

名　　称	与架空光缆线路平行时		与架空光缆线路交汇时	
	垂直间距/m	备　　注	垂直间距/m	备　　注
市区街道	4.5	最低缆线到地面	5.5	最低缆线到地面
胡同	4.0	同上	5.0	同上
铁路	3.0	同上	7.0	同上
公路	3.0	同上	5.5	同上
土路	3.0	同上	4.5	同上
房屋建筑			0.6(距脊) 1.0(距顶)	最低缆线距屋脊 最低缆线距平顶
河流			1.0	最低缆线距最高水位时最高桅杆顶
市区树木			1.0	最低缆线距树枝顶
郊区树木			1.0	最低缆线距树枝顶
架空通信线路			0.6	一方最低缆线与另一方最高缆线的间距

5.4.2　双绞线布线施工

1. 信息模块的压接技术

1) EIA/TIA 568A 和 EIA/TIA 568B 的关系

信息模块的压接分 EIA/TIA 568A(以下简称 568A)和 EIA/TIA 568B(以下简称 568B)两种方式。568A 信息模块的物理线路分布如图 5.19 所示。568B 信息模块的物理线路分布如图 5.20 所示。

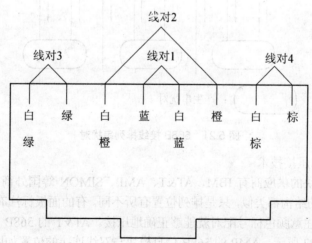

图 5.19　568A 信息模块的物理线路分布

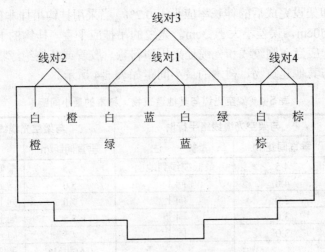

图 5.20　568B 信息模块的物理线路分布

　　无论是采用 568A 还是采用 568B，它们均在一个模块中实现，但它们的线对分布不一样，减少了串扰对的产生。在一个系统中只能选择一种，即要么是 568A，要么是 568B，不可混用。568A 第 2 对线和 568B 第 3 对线，可改变导线中信号流通的排列方向，使相邻的线路变成同方向的信号，减少串扰对，如图 5.21 所示。

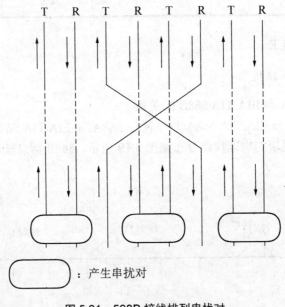

图 5.21　568B 接线排列串扰对

　　2) 信息模块的压接技术

　　目前，信息模块的供应商有 IBM、AT&T、AMP、SIMON 等国外商家，国内有南京普天等公司，其产品的结构都类似，只是排列位置有所不同。有的面板标注有双绞线颜色标号，与双绞线压接时，注意颜色标号配对就能够正确地压接。AT&T 的 568B 信息模块与双绞线连接的位置如图 5.22 所示。AMP 的 568B 信息模块与双线连接的位置如图 5.23 所示。

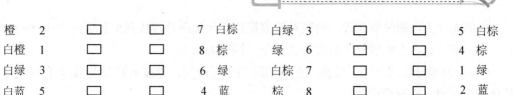

橙	2	□	□	7	白棕	白绿	3	□	□	5	白棕
白橙	1	□	□	8	棕	绿	6	□	□	4	棕
白绿	3	□	□	6	绿	白棕	7	□	□	1	绿
白蓝	5	□	□	4	蓝	棕	8	□	□	2	蓝

图 5.22 AT&T 的 568B 信息模块与双绞线连接　　图 5.23　AMP 的 568B 信息模块与双绞线连接

信息模块压接时一般有两种方式，即用打线工具压接和不要打线工具直接压接。根据在工程中的实际情况，一般采用打线工具压接模块。压接信息模块时应注意以下要点。

(1) 双绞线是成对相互拧在一处的，按一定距离拧起的导线可提高抗干扰的能力，减小信号的衰减，压接时一对一对拧开放入与信息模块相对的端口上。

(2) 在双绞线压接处不能拧、撕开，以防止出现断线的伤痕。

(3) 使用压线工具压接信息模块时，要压实，不能有松动的地方。

(4) 双绞线开绞不能超过要求。

在现场施工过程中，有时会遇到 5 类线或 3 类线，与信息模块压接时，出现 8 针或 6 针模块的情况。例如，要求将 5 类线(或 3 类线)一端压接在 8 针信息模块(或配线面板)上，另一端压接在 6 针语音模块上，如图 5.24 所示。

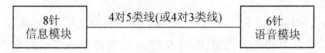

图 5.24 8 针信息模块连接 6 针语音模块

对于这种情况，无论是 8 针信息模块，还是 6 针语音模块，它们在交接处均是 8 针，只有在输出时有所不同。所以，按 5 类线 8 针压接方法压接信息模块时，6 针语音模块将自动放弃不用的棕色线对。

3) 双绞线与 RJ-45 插头的连接技术

双绞线与 RJ-45 插头的连接方式也分为 568A 和 568B 两种方式，不论采用哪种方式必须与信息模块采用的方式相同。

下面以 568A 为例简述 RJ-45 插头与双绞线的连接方法。

(1) 将双绞线电缆套管自端头剥去大于 20mm，露出 4 对线。

(2) 定位电缆线以便它们的顺序号是 1 & 2、3 & 6、4 & 5、7 & 8，如图 5.25 所示。

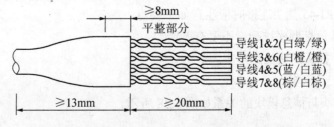

图 5.25 双绞线与 RJ-45 插头连接剥线示意图

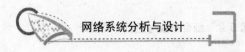

为防止插头弯曲时对套管内的线对造成损伤，导线应并排排列至套管内至少 8mm 形成一个平整部分，平整部分之后的交叉部分呈椭圆形状态。

(3) 为绝缘导线解扭时，使其按正确的顺序平行排列，导线 6 跨过导线 4 和导线 5。在套管里不应有未扭绞的导线。

(4) 导线经修整后(导线端面应平整，避免毛刺影响性能)距套管的长度为 14mm，距线头(见图 5.26)至少(10±1)mm 之内导线之间不应有交叉，导线 6 应在距套管 4mm 之内跨过导线 4 和导线 5。

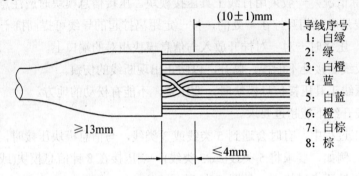

	导线序号
	1：白绿
	2：绿
	3：白橙
	4：蓝
	5：白蓝
	6：橙
	7：白棕
	8：棕

图 5.26 双绞线排列方式和必要的长度

(5) 将导线插入 RJ-45 插头，导线在 RJ-45 插头头部能够见到铜芯，套管内的平坦部分应从插塞后端延伸直至初张力消除(见图 5.27)，套管伸出插塞后端至少 6mm。

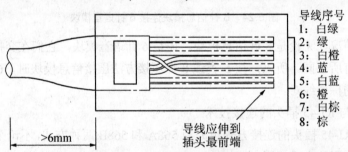

	导线序号
	1：白绿
	2：绿
	3：白橙
	4：蓝
	5：白蓝
	6：橙
	7：白棕
	8：棕

导线应伸到插头最前端

图 5.27 RJ-45 插头压线的要求

(6) 用压线工具压实 RJ-45 插头。

RJ-45 插头的排列顺序是 1、2、3、4、5、6、7、8，连接时可能是 568A 或 568B。

将双绞线与 RJ-45 插头连接时应注意如下要点。

(1) 按双绞线色标顺序排列，不要有差错。

(2) 与 RJ-45 插头的接头点贴实。

(3) 用压线工具压实。

(4) RJ-45 插头与信息模块的关系如图 5.28 所示。

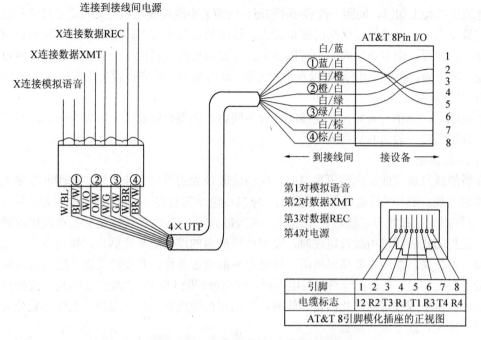

图 5.28 RJ-45 插头与信息模块的关系

如果需要将一条 4 对线的 5 类(3 类)线缆一端连接 RJ-45 插头,另一端连接 RJ-11 插头,即通过 4 对线连接 6 针模块,具体操作如图 5.29 所示。

图 5.29 RJ-45 插头连接 6 针模块

双绞线布线作为水平布线的重要组成部分,被应用于各种类型的网络布线工程。

水平布线的施工涉及管槽的埋设及线缆的穿放等很多内容,限于篇幅,这里只简要介绍在水平布线施工过程中应注意的一些问题。

2. 架空式布线应当注意的问题

在吊顶或天花板内进行架空式布线时,应当注意以下问题。

1) 加固桥架支撑

当水平敷设线槽或桥架时,支撑加固的间距一般为 1.5~2.0m;垂直敷设线槽和桥架时,应在建筑的结构上加固，间距一般宜小于 2m。间距大小应视线槽和桥架的规格尺寸和敷设线缆的数量而定。若线槽或桥架的规格较大，线缆敷设数量较多，则支撑加固的间距应当相应缩小；相反，则支撑加固间距可以放大。金属桥架或线槽由于本身质量较大，所以在接头处、转弯处、距端头 0.5m 处以及中间每隔 2m 等地方，均应设置支撑构件或悬吊架。

2) 留有余量

布放电缆时应留有余量。在交接间或设备间内，电缆预留长度一般为 3～6m；在工作区处，预留长度一般为 0.3～0.6m。

3) 绑扎固定

在桥架或开放式线槽内敷设电缆时，应当采取稳妥的固定绑扎措施，这样可以使电缆布置牢靠美观。在水平桥架内敷设电缆时，应当在电缆的首端、尾端、转弯处及每间隔 3～5m 处进行固定；在垂直线槽敷设电缆时，应当每间隔 1.5m 将缆线固定绑扎在线槽内的支架上；在封闭式的线槽内敷设电缆时，要求在线槽内的缆线应平齐顺直，排列有序，相互不重叠、不交叉，缆线不能高出槽道，以免影响线槽盖盖合，并在缆线进出线槽的部位或转弯处应绑扎固定；在垂直线槽敷设电缆时，应当每间隔 1.5m 将缆线固定绑扎在线槽内的支架上；在桥架或线槽内绑扎固定缆线时，应当根据缆线的类型、缆径、缆线芯数分束绑扎，以示区别，便于维护检查。

4) 保持安全间距

在智能化建筑中，除了双绞线电缆以外，还会有其他管线系统，如电力、给水、污水、暖气等管线。为了避免上述管线对双绞线电缆可能造成的危害，应当与之保持安全距离。

5) 避免损伤线缆

为了保护缆线本身不受损伤，在敷设缆线时，布放缆线的牵引力不宜过大，一般应小于缆线允许张力的 80%。在牵引过程中，牵引速度宜慢不宜快，更不能猛拉紧拽。当牵引不动缆线时，应当及时查明原因，排除障碍后再继续牵引，必要时可将缆线拉回重新牵引。为防止缆线被损伤(如拖、蹭、刮、磨等)，应均匀设置吊挂或支撑缆线的支点，用于吊挂或支撑的支持物间距不应大于 1.5m。另外，在缆线进出天花板处也应增设保护措施和支撑装置。

缆线不应有扭绞、打圈等有可能影响缆线本身质量的现象。双绞线的最小曲率半径以电缆直径 40mm 为界，若电缆直径小于 40mm，则为电缆外径的 15 倍；若电缆直径大于 40mm，则为电缆外径的 20 倍。

3. 直埋式布线应当注意的问题

当在地板或墙壁内进行直埋式布线时，应当注意以下问题。

1) 管槽尺寸不宜太大

预埋暗敷的管路宜采用对缝钢管或具有阻燃性能的 PVC 管，且直径不能太大，否则对土建设计和施工都有影响。根据我国建筑结构的情况，一般要求预埋在墙壁内的暗管小径不宜超过 50mm，预埋在楼板中的暗管小径则不宜超过 25mm。金属线槽的截面高度也不宜超过 25mm。

2) 设置暗线箱

预埋管线应尽可能采用直线管道，最大限度地避免采用弯曲管道。当直线管道超过 30m 后仍需延长时，应当设置暗线箱，以便于敷设时牵引电缆。如不得不采用弯曲管道时，要求每隔 15m 即设置一个暗线箱。金属线槽的直线埋设长度一般不超过 6m。当超过该距离或需要交叉、转弯时，则应当设置拉线盒。

3) 转弯角度不宜过小

当不得不采用弯曲管道时，要求转弯角应当大于 90°，并且要求整个路由的拐弯小于两个，更不能出现 "S" 形弯或 "U" 形弯。另外，转弯半径也不宜过小。通常情况下，曲率半径不应小于管路大径的 6 倍。

4) 预放索引绳

暗敷管路内壁应当光滑，绝对不允许有障碍物。为了保护缆线，管口应当加设绝缘套管，管端伸出的长度应为 25～50mm。要求在管路内预放牵引绳或拉绳，以便于线缆的敷设施工。管路的两端还应设有标志，内容包括序号、长度、房间号等，以免发生错误。

5) 管槽留有余量

在管槽中敷设电缆时，应当留有一定的余量，以便于布线施工，并避免电缆受到挤压，使双绞线电缆的扭绞状态不发生变化，以保证电缆的电气性能。在通常情况下，直线管道的管径利用率(电缆的外径/管道的内径)应为 50%～60%，弯道的管径利用率应为 40%～50%；截面积利用率(暗管管径的内截面积/暗管内电缆的总截面积)应为 30%～50%。预埋金属线槽的截面积利用率不应超过 40%。

需要注意的是，优良的 6 类布线工程对施工工艺的要求非常严格。6 类系统的链路余量已经很小，一般链路的 NEXT 余量只有 2～5dB(与链路长度有关)，使用 5 类线的施工工艺进行 6 类的施工很难得到通过的测试结果。例如，现在很多 6 类线的线缆都使用高质量、转动更轻的线轴，其目的是减小拖拽电缆的拉力。此外电缆的扭曲、挤压都可能产生不良的后果。在施工过程中，使用劣质的工具、卡线钳、卡刀都会使链路的性能下降，从而不能通过测试。因此，所有准备安装 6 类系统的用户一定要特别关注施工商或承包商的施工质量。最好的选择是使用有 6 类施工经验的施工队伍，并且对其已经完成的工程项目进行评估。

5.5　综合布线系统的测试与验收

综合布线系统的质量优劣将直接影响网络系统的总体效果，因此对综合布线系统的测试十分重要，其测试结果将直接关系到网络系统的质量。按规定和要求对综合布线系统测试和验收是网络系统设计不可缺少的重要组成部分。

5.5.1　网络工程监理检查

1. 施工前网络工程监理需要检查的事项

1) 环境要求

环境要求包括地面、墙面、天花板内、电源插座、信息模块座、接地装置等要素的设计与要求，设备间、管理间的设计，竖井、线槽、孔洞位置的要求，施工队伍、施工设备，以及活动地板的敷设。

2) 施工材料的检查

需要检查的项目包括双绞线、光缆是否按方案规定的要求购买，塑料槽管、金属槽是否按方案规定的要求购买，机房设备如机柜、集线器、接线面板是否按方案规定的要求购买，以及信息模块、座、盖是否按方案规定的要求购买。

3) 安全、防火要求

安全、防火要求中规定的检查项目包括器材是否靠近火源，器材堆放处是否安全防盗，以及发生火情时能否及时提供消防设施。

2. 检查设备的安装

1) 机柜与配线面板的安装

在安装机柜时，要检查机柜安装的位置是否正确，规格、型号、外观是否符合要求，跳线制作是否规范，配线面板的接线是否美观整洁。

2) 信息模块的安装

在安装信息模块时，要注意检查信息插座安装的位置是否规范，信息插座、盖安装是否平、直、正，信息插座、盖是否用螺钉拧紧，标志是否齐全。

3. 双绞线电缆和光缆的敷设

1) 桥架和线槽的安装

安装桥架和线槽时，要注意检查安装位置是否正确，安装是否符合要求，接地是否正确。

2) 线缆的敷设

在敷设线缆时，要注意检查线缆规格、路由是否正确，线缆的标号是否正确，线缆拐弯处是否符合规范，竖井的线槽、线固定是否牢靠，是否存在裸线。

4. 室外光缆的布线

1) 架空布线

在架空布线时，要注意检查架设竖杆位置是否正确，吊线规格、垂度、高度是否符合要求，卡挂钩的间隔是否符合要求。

2) 管道布线

在管道布线时，要注意检查使用的管孔、管孔位置是否合适，线缆的规格、线缆路由走向、防护设施是否符合要求。

3) 直埋布线

在直埋布线时，要注意检查敷设位置、深度是否符合要求，是否加了防护铁管，回填时是否复原与夯实。

4) 隧道线缆布线

在隧道线缆布线时，要注意检查线缆的规格是否符合要求，线缆安装位置、路由是否符合要求，设计是否符合规范。

5. 线缆终端的安装

在安装线缆终端的时候，要注意检查信息插座安装、配线架压线是否符合规范，光纤头制作是否符合要求，光纤插座、各类路线是否符合规范。

5.5.2　综合布线系统的测试

在布线工程完工后，由质量监理机构的专家和甲乙双方的技术专家组成联合检测组，为申请竣工的工程制订质量抽测计划，采用测试仪器与联机测试的双重标准进行科学的抽样检测，并给出权威性的测试结果和质量评审报告书，以此作为工程验收的质量依据标准，归入竣工文档资料中。

1. 测试依据

测试依据两个文件，即 *Commercial Building Telecommunications Cabling Standard EIA/TIA 568B* 及《电信网光纤数字传输系统工程施工及验收暂行技术规定》。

2. 测试方式

施工完成后，要对系统进行两种测试，即线缆测试和联机测试。

(1) 线缆测试。线缆测试是指采用专用的电缆测试仪对电缆的各项技术指标进行的测试，包括连通性、串扰、回路电阻、信噪比等。

(2) 联机测试。联机测试即选取若干个工作站，进行实际的联网测试。

经测试后，需提供完整的测试报告和标准。

3. 测试指标

(1) 对于双绞线，采用 CAT5 LAN 电缆测试仪对下列指标进行测试。

连通性
接线图
回路电阻　　　$>10\Omega$
衰减　　　　　<23.2dB
阻抗　　　　　$(100\pm5)\Omega$
近程串扰　　　>24dB
直流电阻　　　$<40\Omega$
传输延时　　　$<1.0\mu$s

(2) 对于光缆，测试数据包括下列指标。

信号衰减　　　<2.6dB(500m，波长 1300nm)
信号衰减　　　<3.9dB(500m，波长 850nm)

5.5.3　网络设备的清点与验收

1. 任务目标

对照设备订货清单清点设备，确保到货设备与订货清单一致，使验货工作有条不紊，井然有序。

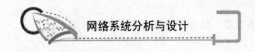

2. 先期准备

由系统集成商负责人员在设备到货前根据订货清单填写到货设备登记表的相应栏目，以便于到货时进行核查、清点。到货设备登记表仅为方便工作而设定，所以不需任何人签字，只需由专人保管即可。

3. 开箱检查、清点、验收

一般情况下，设备厂商会提供一份验收单，可以以设备厂商的验收单为准。

妥善保存设备随机文档、质保单和说明书，软件和驱动程序应单独存放在安全的地方。

4. 网络系统的初步验收

对于网络设备，其测试成功的标准为能够从网络中任一机器和设备(有检测或远程登录能力)通过 ping 及 telnet 命令测试接通网络中其他任一机器或设备(有检测或远程登录能力)。由于网内设备较多，不可能逐个进行测试，故可采用如下方式进行。

(1) 在每一个子网中随机选择两台机器或设备，利用 ping 和 telnet 命令测试。

(2) 对每一对子网测试连通性，即从两个子网中各选一台机器或设备利用 ping 和 telnet 命令测试。

(3) 在测试中，利用 ping 命令测试每次发送数据包不应少于 300 个，远程登录成功即可。利用 ping 命令测试的成功率在 LAN 内应达到 100%；在 WAN 内由于线路质量问题，视具体情况而定，一般不应低于 80%。

(4) 测试所得具体数据填入初步验收测试报告。

5. 电缆布线工程的质量保证

完善对综合布线系统的技术监督和竣工验收是保证其质量的一条有效途径。验收时应参照相关的国内、国外先进标准(如 EIA/TIA 568A、ISO 11801)进行验收，定性验收与定量验收相结合，以定量验收为重点，使用测试仪完成 100%的测试，并提交测试报告。

5.6 办公大楼的综合布线设计实例

1. 办公大楼的特点

在综合布线时应主要考虑计算机网络的布线，同时综合考虑电话、外部通信、空调、电力、消防、安全监控等各方面的布线。

2. 办公大楼综合布线系统各个子系统的设计

下面根据由复杂到简单的原则，逐个介绍办公大楼综合布线系统各个子系统的设计。

1) 水平布线子系统的设计

水平布线子系统是办公大楼施工量最大的一个子系统，其设计一般可分 3 步进行。

(1) 确定信息插座的数量与类型。当计算机和其他设备的数量及位置确定下来，信息插座的数量与位置也就相应地确定下来了。对于新建建筑物，通常采用嵌入式信息插座；对于现有的建筑物，则采用表面安装方式的信息插座。

(2) 确定导线的类型与长度。通常推荐的水平布线的导线为 5 类 8 芯 UTP，以满足现在和将来发展的需要。

(3) 确定电缆布线方法。水平区段的电缆布线是将各种电缆从管理子系统延伸到工作区子系统。常见的水平布线方法有暗管预埋、墙面引线和地下管槽、地面引线两种。

2) 垂直干线子系统的设计

垂直干线子系统的设计过程可分为以下两个步骤。

(1) 确定每层楼和整幢大楼的干线要求。根据实际情况确定干线是用 UTP，还是用光缆。

(2) 确定楼层至设备间的干线电缆路由。确定垂直干线电缆穿过建筑物的方法，一般有电缆孔或电缆井两种方法。

3) 管理子系统的设计

管理子系统的设计可分为以下两个步骤。

(1) 选择端接硬件并确定其规模。在每层楼的管理点端接硬件主要由一些交换机、集线器、路由器以及跳线和接线块组成。

(2) 对计划实施方案进行标注。标注方案应提供各种参数，能够清楚说明交连场的各种线路和设备端接点。

4) 建筑群子系统的设计

在建筑群环境中，电缆布线方法有 4 种，即管道内布线法、直埋布线法、架空布线法和隧道内布线法。

5) 设备间子系统

设备间子系统主要用于安装一些大型通信设备，如 PABX 和大型计算机、计算机网络通信中枢等设备。设备间子系统的布线一般挂在墙上或放在配线架(柜)中。并非每个综合布线系统都有设备间子系统，但在大型建筑物中一般是有的，而且有时还不止一个。

6) 工作区子系统

工作区子系统是最简单的一个子系统，一般由两端做好接头的网络连线，将计算机与水平布线的终端插座连接起来。

3. 办公大楼对布线的要求

(1) 大楼布线环境。办公大楼，高 7 层；计算机中心和电话主机房均设在一层，但两者不在同一位置。

(2) 布线要求。每层 50 个数据点、50 个语音点；总计数据点 350 个，语音点 350 个；数据、语音水平子系统均使用 5 类 UTP；数据垂直主干子系统采用光纤，语音垂直主干子系统采用 5 类 25 对大对数电缆。

布线系统应符合的工业标准如下。

① ISO/IEC 11801《信息技术—用户房屋布线标准》。

② ANSI EIA/TIA 568A《商业建筑电信布线标准》。

③ CECS 89:97《建筑与建筑群综合布线系统工程施工及验收规范》。

4. 办公大楼布线建议方案

方案的预期目标如下。

(1) 符合最新国际标准 ISO/IEC 11801 和 ANSI EIA/TIA 568A 标准，充分保证计算机网络高速、可靠的信息传输要求。

(2) 能在现在和将来适应技术的发展，实现数据通信、语音通信和图像传送。

(3) 除去固定于建筑物内的线缆外，其余所有的接插件都应是模块化的标准件，以方便将来有更大的发展时很容易地进行设备扩展。

(4) 能满足灵活应用的要求，即任意一个信息点能够连接不同类型的计算机设备。

(5) 能够支持 100MHz 的数据传输，可支持以太网、快速以太网、令牌环网、ATM、FDDI、ISDN 等网络及应用。

以下提供了两种布线设计方案。

1) 方案 1

在方案 1 中，整个综合布线系统由工作区子系统、水平布线子系统、管理子系统、垂直干线子系统、设备间子系统构成。以下对各个子系统分别进行说明，在本方案中充分考虑了布线系统的高度可靠性、高速率传输特性、可扩充性和安全性。

办公大楼包括所有用户实际使用区域，共设数据点 350 个、语音点 350 个。为满足办公环境信息高速传输等具体情况的要求，数据点、语音点全部采用 5 类非屏蔽信息模块，使用满足国际标准的双口防尘墙上型插座面板。数据点、语音点在每层的分布如表 5-5 所示。

表 5-5 工作区子系统数据点、语音点分布表

楼层	数据点/个	语音点/个	合计/个	3m 非屏蔽 5 类跳线/条	568A/B 插座芯/个	防尘墙墙上型插座面板/个
7	50	50	100	50	100	50
6	50	50	100	50	100	50
5	50	50	100	50	100	50
4	50	50	100	50	100	50
3	50	50	100	50	100	50
2	50	50	100	50	100	50
1	50	50	100	50	100	50
总计	350	350	700	350	700	350

(1) 水平布线子系统。水平布线子系统是由建筑物各管理间至各工作区之间的电缆构成。为了满足高速率传输数据的要求，数据、语音传输选用 5 类 4 对 UTP。各楼层所需水平电缆长度统计如表 5-6 所示。

表 5-6　数据点、语音点水平电缆长度统计表

楼　　层	数据点、语音点合计/个	平均电缆长度/m	每层水平电缆长度/m
7	100	22.5	2250
6	100	22.5	2250
5	100	22.5	2250
4	100	22.5	2250
3	100	22.5	2250
2	100	22.5	2250
1	100	22.5	2250
总计	700	157.5	15750

注意，每根水平电缆平均长度为(最长+最短)÷2×1.1+2×楼层高度。若每标准箱为 305m，则有 15750m÷305m/箱=51.64 箱，所以需要 52 箱 UTP。

设计水平布线子系统应满足以下布线要求。

① 水平布线子系统连接配线间和信息出口。

② 水平布线距离应不超过 90m。

③ 信息口到终端设备连接线，和配线架之间连接线之和不超过 10m。

(2) 管理子系统。管理子系统连接水平电缆和垂直干线，是综合布线系统中关键的一个环节，常用设备包括快接式配线架、理线架、跳线和必要的网络设备，如表 5-7 和表 5-8 所示。

表 5-7　数据系统层管理间设备配置表

楼层	数据点	24 口配线架/个	32 口配线架/个	1U 理线架/个	6U 壁挂机架/个	6 口光纤交接箱/个	ST 耦合器/个	1m 尾纤/条	2m SC/ST 双芯跳线/条
7	50	1	1	2	1	1	6	6	1
6	50	1	1	2	1	1	6	6	1
5	50	1	1	2	1	1	6	6	1
4	50	1	1	2	1	1	6	6	1
3	50	1	1	2	1	1	6	6	1
2	50	1	1	2	1	1	6	6	1
1	50	1	1	2	1	1	6	6	1
总计	350	7	7	14	7	7	42	42	7

表 5-8　语音系统层管理间设备配置表

楼层	语音点/个	19in 110 型 200 对配线架/个	19in 110 型 100 对配线架/个	19in 110 型理线架/个	110 型 1 对插头/个	1 对软跳线/条
7	50	1	2	4	100	50
6	50	1	2	4	100	50
5	50	1	2	4	100	50

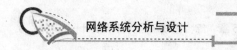

续表

楼层	语音点/个	19in 110型 200 对配线架/个	19in 110型 100 对配线架/个	19in 110型 理线架/个	110型 1 对插头/个	1对软跳线/条
4	50	1	2	4	100	50
3	50	1	2	4	100	50
2	50	1	2	4	100	50
1	50	1	2	4	100	50
总计	350	7	14	28	700	350

(3) 垂直干线子系统。垂直干线子系统由连接设备间与各层管理间的干线构成。其任务是将各楼层管理间的信息传递到设备间并送至最终接口。垂直干线子系统的设计必须满足用户当前的需求，同时又能适合用户今后的要求。为达到这个目的，可以采用 6 芯多模室内光缆，支持数据信息的传输(见表 5-9)；采用 5 类 25 对非屏蔽电缆，支持语音信息的传输(见表 5-10)。

表 5-9 数据主干光纤长度统计表

楼层	层高	6 芯多模室内光缆数/根	6 芯多模室内光缆长度/m
7	18	1	33
6	15	1	30
5	12	1	27
4	9	1	24
3	6	1	21
2	3	1	18
1	0	1	15
总计		7	168

表 5-10 语音主干电缆长度统计表

楼层	层高	5 类 25 对大对数/根	5 类 25 对大对数长度/m
7	18	2	49
6	15	2	43
5	12	2	37
4	9	2	31
3	6	2	25
2	3	2	19
1	0	2	13
总计		14	217

注意，若每标准 25 对 UTP 电缆轴为 305m，则有 217m÷305m/轴=0.71 轴，所以需要 1 轴。

管理子系统是整个配线系统的中心单元，它的布放、选型及环境条件是否恰当，都直接影响到将来信息系统的正常运行和使用的灵活性。管理子系统应满足以下要求。

① 室内照明不低于 150lx，室内应提供 UPS 电源配电盘，以保证网络设备运行及维护的供电。

② 每个电源插座的容量不小于 300W，管理子系统(配线室)应尽量靠近弱电竖井旁，而弱电竖井应尽量在大楼的中间，以方便布线并节省投资。

③ 设备室的环境条件。温度保持在 8～27℃；相对湿度保持在 30%～50%；通风良好，室内无尘。

(4) 设备间子系统。设备间子系统是整个综合布线系统的中心单元，用于实现每层楼接入的电缆的最终管理。计算机中心设在一层，电话主机房设在一层。

设备间子系统常用设备如表 5-11 和表 5-12 所示。

表 5-11 计算机中心设备统计表

序 号	种 类	数 量
1	19in 24 口光纤交接箱	1 套
2	19in 48 口光纤交接箱	1 套
3	ST 耦合器	60 个
4	1m 尾纤	60 条
5	2m SC/ST 双芯跳线	10 条
6	36U 机柜	1 套

表 5-12 电话主机房设备统计表

序 号	种 类	数 量
1	19in 110 型 100 对配线架	1 套
2	19in 110 型 200 对配线架	2 套
3	19in 110 型理线架	5 个
4	110 型 1 对插头	1000 个
5	1 对软跳线	500m
6	19in 机柜(36U)	1 套

原则上尽量利用大厦已经铺好的管路，对不满足布线要求的管路，需重新铺管的部位，应尽可能减少对建筑环境的破坏。

常用的走线方式有以下两种。

(1) 吊顶轻型槽型电缆桥架的方式。这种方式适用于大型建筑物，为水平线缆提供机械保护和支持的装配式槽型电缆桥架(一种闭合式金属桥架)。电缆桥架安装在吊顶内，从弱电竖井引向设有信息点的房间，再由预埋在墙内的不同规格的铁管将线路引到墙上的暗装铁盒内。

综合布线系统的水平布线是放射形的，线路量大，因此线槽容量的计算很重要。按照标准的线槽设计方法，应根据水平线缆的直径来确定线槽的容量，即线槽的横截面积=水平线路横截面积×3。

线槽的材料为冷轧合金板，表面可进行相应处理，如镀锌、喷塑、烤漆等，线槽可以根据情况选用不同的规格。为保证线缆的曲率半径，线槽需配以相应规格的分支配件，以使线路路由的转弯自如。

为确保线路的安全，应使槽体有良好的接地端，金属线槽、金属软管、金属桥架及分配线机柜均需整体连接，然后接地，如不能确定信息出口的准确位置，拉线时可先将线缆盘在吊顶内的出线口，待具体位置确定后，再引到信息出口。

(2) 地面线槽走线方式。这种方式适应于大开间的办公间，有密集的地面型信息出口的情况，建议先在地面垫层中预埋金属线槽或线槽地板。主干槽从弱电竖井引出，沿走廊引向设有信息点的各房间，再用支架槽引向房间内的信息点出线口，强电线路可以与弱电线路平等配置，但需分隔于不同的线槽中，这样可以向每一个用户提供一个集数据、话音、不间断电源、照明电源出口于一体的集成面板，真正做到在一个清洁的环境中实现办公自动化。

由于地面垫层中可能会有消防等其他系统的线路，所以必须由建筑设计单位根据管线设计人员提出要求，综合各系统的实际情况，完成地面线槽路由部分的设计，线槽容量的计算应根据水平线路的大经来确定，即线槽的横截面积=水平线路横截面积×3。

2) 方案 2

(1) 网管中心和管理间的设计。在每个楼层建立一个管理间，以管理本楼层的信息点；整栋大楼设立一个网管中心(设备间)，以管理各个楼层的子网交换机；网管中心设在 4 楼，放置 1 个 1.6m 19in 标准机柜，管理 25 个信息点和 7 条干线电缆，配备 1 个 24 口配线架，以及其他网络设备如交换机、服务器、路由器等；管理间设在各个楼层，放置 1 个 0.5m 机柜，管理 25 个信息点，配备 3 个 12 口交换机；网管中心机柜选用 1.6m 国产标准机柜，其他网络管理间使用 0.5m 国产标准机柜。

(2) 布线要求。每个楼层设置 25 个信息点；符合 EIA/TIA 568B、ISO/IEO 11801 国际标准；所有接插件都采用模块化的标准件，以便于兼容不同厂家的设备；传输介质支持100Mb/s 以上的数据传输率，并考虑到未来升级到千兆以太网。

(3) 水平布线。所有的水平布线都是在天花板上敷设 PVC 水平干线槽，双绞线经水平干线 PVC 槽进入各房间。所选布线材料的生产厂商是本行业的知名厂家，且产品性能好，技术指标高。

(4) 测试与文档。工程完工后，进行布线系统的参数测试并提交完整的文档；布线要符合 5 类 UTP 布线标准，即 TIA/EIA 568B 和测试标准 TSB67。

文档包括布线系统设计书、布线系统示意图、布线系统平面图、测试报告。

(5) 布线材料的选型。5 类 UTP 选用 AMP 公司产品，配线架选用 AMP 公司产品，信息插座选用 AMP 公司产品，机柜选用国产 19in 标准机柜，PVC 管槽及附件选用国产品。

本 章 小 结

本章从综合布线系统的基本概念着手，重点讲解了网络布线在企业网的设计和施工中的重要地位和作用。本章详细介绍了综合布线系统的各个子系统，即工作区子系统、水平布线子系统、垂直干线子系统、设备间子系统、管理子系统和建筑群子系统，它们共同构成了一种标准通用的信息传输系统。本章分别就综合布线系统的设计依据与设计标准、网络布线的施工、综合布线系统的测试与验收进行了介绍，并以办公大楼的综合布线设计为例，完整讲解了综合布线与运行环境的设计问题。

习　题

一、填空题

1. 虽然综合布线系统只占网络系统总投资的_____左右，但却决定着大约_____的网络性能的发挥。

2. _____是指按标准的、统一的和简单的结构化方式编制和布置各种建筑(或建筑群)内各种系统的通信线路。

3. 综合布线系统可以根据设备的应用情况来调整_____和_____，达到为不同设备服务的目的。

4. 综合布线系统是一种标准通用的信息传输系统。可分为 6 个子系统，即_____、_____、_____、设备间子系统、管理子系统和建筑群子系统。

5. _____由终端设备连接到信息插座的连线(或软线)组成，包括跳线、连接器或适配器等。

6. 工作区子系统电缆通常采用_____。

二、选择题

1. 从 RJ-45 插座到设备间的连线用双绞线，一般不要超过_____m。
   A. 3　　　　　　B. 5　　　　　　C. 10　　　　　　D. 15

2. RJ-45 插座须安装在墙壁上或不易碰到的地方，插座距离地面_____cm 以上。
   A. 25　　　　　　B. 30　　　　　　C. 40　　　　　　D. 50

3. _____子系统也称骨干子系统，其主要作用是把主配线架和各分配线架连接起来。
   A. 水平干线　　　B. 用户区　　　C. 工作区　　　D. 垂直干线

4. 大楼垂直主干线缆长度小于_____m 时，建议按设计等级标准来计算主干电缆数量，但每个楼层至少配置一条 CAT5 UPT/FPT 作为主干。
   A. 80　　　　　　B. 90　　　　　　C. 100　　　　　　D. 110

5. 大楼垂直主干线缆长度大于_____m，则每个楼层配线间至少配置一条室内 6 芯多模光纤作为主干。
   A. 80　　　　　　B. 90　　　　　　C. 100　　　　　　D. 110

6. 如果建筑物距离中心结点的距离小于_____m，可以考虑采用 50/125 μm 的多模光纤。

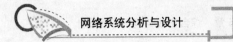
A．300   B．400   C．500   D．600

三、问答题

1．什么是综合布线系统？综合布线系统由哪几个子系统组成？

2．综合布线和传统布线相比有哪些优点？

3．综合布线系统的设计依据与设计标准是什么？

4．对综合布线系统进行测试与验收时，应注意什么问题？

5．简述设计小型网络系统工程项目全过程管理的实施步骤和方案。

6．以某单位信息网络建设为背景设计综合布线系统。

第 **6** 章
LAN 的组建与 VPN

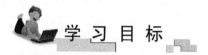

学 习 目 标

- 会进行办公室 LAN 的组建分析;
- 会搭建文件服务器;
- 了解 LAN 扩展的原理和方法;
- 理解 VPN 的工作原理及应用。

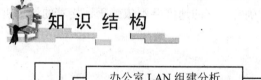

知 识 结 构

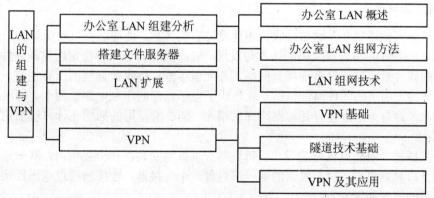

  LAN 是计算机网络的一种,既具有一般计算机网络的特点,又具有自己的特征。LAN 是在一个较小的范围内,利用通信线路将众多计算机及外部设备连接起来,达到数据通信和资源共享目的的一种网络。LAN 的研究始于 20 世纪 70 年代,以太网是其典型代表。目前,世界上有成千上万个 LAN 在运行着,其部署数量远远超过 WAN。

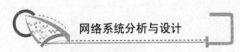

自从出现了 Internet，网络管理员一直在寻找利用这个廉价且被广泛使用的媒介来传输数据并且能同时保护数据的完整性和机密性的方法。网络管理员寻找既能保护分组中信息又能为终端用户提供透明传输的方法的这一过程，促使了 VPN 概念的产生。本章就对这两方面的内容进行介绍。

6.1 办公室 LAN 组建分析

LAN 的组建是网络系统设计的重要组成部分，目前最常用的局域网是办公室 LAN。办公室 LAN 是常见的小型网络系统，应用广泛，组建较为简单，其组建技术涉及网络系统不可缺少的细节。本节通过分析办公室 LAN 的组建，掌握办公室 LAN 的硬件组成、组建方法和相关技术。

6.1.1 办公室 LAN 概述

1. 计算机与 LAN 的速度

每种网络技术都应详细指明数据的发送速度。CPU 速度与网络速度之间的差别是一个很根本的问题。让网络运行速度去适应最慢的 CPU 是不明智的，因为这样做会降低一对高速计算机之间的数据传输效率。另外，连接在网络上的所有计算机都以一种速度运行也是不明智的，因为设计者不断开发出新的处理器。处理器速度的不断提高意味着无论何时用新机器替换旧机器，速度都会比原来的快。作为结果，连接在网络上的计算机不会以相同速度运行。

尽管处理器与网络之间存在速度方面的差别，但是网络还是以硬件能支持的最高速度运行。另外，网络运行的速度通常在设计时确定，它的速度并不依赖于连接着的计算机的 CPU 运算速率。

2. 网络接口硬件

计算机如何能连接在发送与接收位串速度比它的 CPU 处理这些位串更快的网络上？答案很简单，CPU 并不处理位串的接收与发送，取而代之的是一种特定用途的硬件。这种特定用途的硬件负责将计算机连接到网络，并处理传输与接收数据包的所有细节。从物理上讲，这种特定用途的硬件通常包括一块集成了电子器部的印制电路板网卡。网卡插在计算机总线上，并有一根电缆将其与网络介质相连。NIC 所使用的插槽在计算机里的位置如图 6.1 所示。

网卡的插槽一般靠近机箱的后部。每块网卡垂直地安装在一个插槽内，其一端通过机箱后部的开口显露出来。网卡显露的那一端包含一个连接器，连接器通过电缆连接到网络上。连接器的位置如图 6.2 所示。

网卡可以识别网络使用的电子信号、数据发送或接收所要求的速率以及网络帧格式等细节。例如，为以太网设计的网卡不能用于令牌环网，而为令牌环网设计的网卡也不能用于 FDDI 网。

每个插槽都与一个机箱后部的开口相连，并且通过计算机总线与其他主要部件，如处理器及主存等相连。

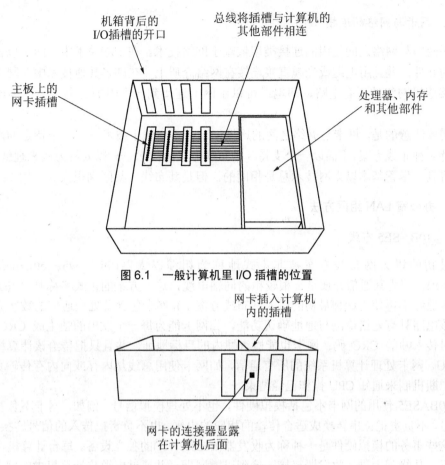

机箱背后的
I/O插槽的开口

总线将插槽与计算机的
其他部件相连

主板上的
网卡插槽

处理器、内存
和其他部件

图 6.1　一般计算机里 I/O 插槽的位置

网卡插入计算机
内的插槽

网卡的连接器显露
在计算机后面

图 6.2　装有一块网卡的计算机的后部

网卡包括足够的电路使其能独立于 CPU 运行。网卡能传输或接收位串，而不需通过计算机 CPU 来处理这些位。从 CPU 的观点来看，网卡同任何其他 I/O 设备一样运行(如磁盘)。为了在网络上传输，CPU 在内存中生成一个包，然后指示网卡开始传输。在网卡处理介质访问以及位串传输细节的同时，CPU 能继续执行其他任务。当网卡完成了一个包的传输时，便利用计算机中断机制来通知 CPU。

网卡不需要使用 CPU 便能接收传入的包。为了接收一个包，CPU 在主存中分配缓冲区空间，然后指示网卡把要传入的包读入缓冲区。网卡等待在网上传输的一帧，复制帧的副本，核对帧的检验和以及检查目标地址。如果目标地址与计算机地址或广播地址相匹配，那么网卡在主存中存储帧的副本并中断 CPU。如果帧内的目标地址不与计算机地址匹配，那么网卡丢弃这一帧并等待下一帧。这样，只有当发给这台计算机的帧到达时，网卡才中断 CPU。

大多数计算机网络通过介质以固定的速率传输数据，这个速率通常比计算机处理位串的速率快。为了解决速度的不匹配问题，连接在网络上的每台计算机都包含网卡。网卡的功能像一种 I/O 设备，即它为特定的网络技术而制造，并且不需要 CPU 就能处理帧传输与接收细节。

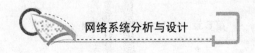

3. 网卡与网络的连接

在网卡与网络之间使用的连接类型依赖于网络技术。在一些技术中，网卡包含大多数必需的硬件，并且用电缆或光缆直接连接在网络介质上。在许多其他技术中，网卡不必包含直接连接网络的所有电路，即电缆可以由网卡连接到一个附加的电子部件再连接到网络上。

需要注意的是，网卡与网络之间的连接细节并不依赖于技术——一个特定的网络技术能支持多种布线方案。下面以一个支持 3 种布线方案的技术——以太网为例来理解这一点。可以看到，尽管基本以太网技术总是相同的，但是其布线方案区别很大。

6.1.2 办公室 LAN 组网方法

1. 10BASE5 布线

最初的以太网布线方案被非正式地称为粗缆以太网(thick wire ethernet)或粗网(thicknet)，因为其通信介质是一根较粗的同轴电缆，这一方案的正式名称是 10BASE5(新的安装已经不再使用这种最初的以太网布线方案了)。网卡包含了处理通信的数字方面的电路，该电路具有差错检测与地址确认功能，如网卡能为每一个发出的帧生成 CRC 码，并能核对传入帧的 CRC 码；网卡也能检查帧内的目标地址，并且只把传给该计算机的帧送给 CPU。网卡处理计算机系统的所有通信，如网卡使用总线从内存或向内存传输数据，并使用中断机制来通知 CPU 操作已经结束。

10BASE5 使用的网卡不包括模拟硬件，也不处理模拟信号。例如，网卡不负责检测载波信号，不负责把位串转换成适合传输的相应的电平，也不负责把传入的信号转换成位串。处理这些事务的模拟硬件是一种称为收发器(transceiver)的独立设备。每台计算机需要一个收发器。从物理上讲，收发器直接连接到以太网上，并通过电缆与计算机中的网卡相连。这样，收发器总是远离计算机。例如，在办公楼里，收发器可能连接在敷设于过道或天花板中的以太网上。

网卡连接到收发器的电缆称为连接单元接口(attachment unit interface，AUI)电缆，网卡和收发器上的连接器称为 AUI 连接器。AUI 电缆连接器连接计算机和收发器的原理如图 6.3 所示。

AUI 电缆内有许多导线。其中，两条导线用于传输从网卡到收发器的发出数据和从收发器到网卡的进入数据。此外，AUI 电缆还有允许网卡控制收发器的导线和传输电能到收发器的导线。

AUI 电缆连接着每台计算机的网卡与相应的收发器，图 6.3 显示出许多技术所要求的网络布线的另一个细节。组成以太网的同轴电缆的每个末端必须安装一个小型便宜的终止设备，即终止器(terminator)。一个终止器包含一个电阻，它连接着电缆中的中心线与屏蔽物。当电子信号到达终止器时，这个信号被丢弃。需要注意，终止器对网络的正确运行十分重要，因为没有终止器的电缆的末端会像镜子反射光一样反射电子信号。如果一个站点试图在没有终止器的电缆上发送一个信号，那么该信号会从没有终止器的末端反射回来。当反射回来的信号到达发送站点时，它将引起干扰。发送方会认为这个干扰是由另一站点引起的，并使用一般的以太网冲突检测机制来重发。因此，没有终止器的电缆不能使用。

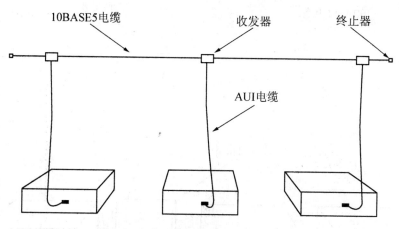

10BASE5电缆　　　　收发器　　　　终止器

AUI电缆

图 6.3　3 台计算机连接到 10BASE5 上

　　在最初的以太网布线方案中，共享介质由粗的同轴电缆组成。连接在网络上的每台计算机都要求有一个收发器，该设备连在共享电缆上并通过 AUI 电缆连接在计算机的网络接口上。

2. 多路复用连接

　　10BASE5 的布线可能很不方便。例如，考虑大学图书馆的情况，那里一个房间里会有许多计算机。如果以太网电缆敷设在房间外面的走廊天花板上，那么必须在每台计算机与天花板上相应的收发器之间安装一根 AUI 电缆。另外，由于以太网标准详细规定了两个收发器之间相隔的最短距离，沿以太网电缆安装的各个收发器必须相隔一定距离。

　　为了解决一个房间中的多台计算机问题，工程师们开发了连接多路复用器(connection multiplexor)。一个连接多路复用器允许多台计算机通过一个收发器连接到网络上，如图 6.4 所示。

　　尽管多路复用器连接在一个收发器上，但多台计算机能连接到多路复用器上，其中每台计算机就好像直接连接在收发器上。每台计算机都安装了一块传统的网卡，并连接了一根传统的 AUI 电缆。然而，AUI 电缆并不连接在收发器上。每台计算机的电缆都连接在多路复用器的一个端口上。最后，用一根 AUI 电缆将多路复用器连接到以太网(假设没在图 6.4 中显示出来的其他计算机也连接在相同的网络上)。

　　连接多路复用器是一个电子设备，它与传统的收发器一样能提供相同的信号。例如，如果两台计算机试图同时传输，那么连接多路复用器会像收发器报告网络上的冲突一样报告所发生的冲突。相似的，如果一个载波信号出现在网络上，连接多路复用器就把该载波信号报告给所有连接着的计算机。这样，计算机不必知道它是直接连接在传统的收发器上还是连接在连接多路复用器上。

3. 10BASE2 布线

　　很多硬件允许以太网使用比最初的粗缆更细、更柔软的同轴电缆。这种以太网布线方案的正式名称为 10BASE2，非正式名称为细缆以太网(thin wire ethernet)或细网(thinnet)。与 10BASE5 的布线方案相比，10BASE2 布线方案有以下 3 个主要的特点。

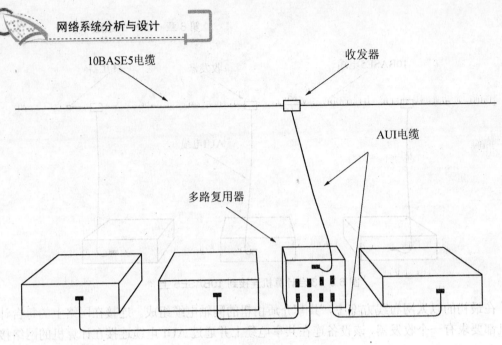

图 6.4　连接多路复用器图解

(1) 10BASE2 通常在安装与运行方面比 10BASE5 便宜。

(2) 因为完成收发器功能的硬件被做在网卡内，10BASE2 不需要外部收发器。

(3) 10BASE2 不使用 AUI 电缆来连接网卡与通信介质，而是通过一个 BNC 连接器直接连接到每台计算机上。

在 10BASE2 的安装过程中，同轴电缆在每对机器之间延伸。电缆不需要拉成直线就可以松散地敷设在计算机之间的桌子上、地板下或者管道里。10BASE2 的布线方案如图 6.5 所示。

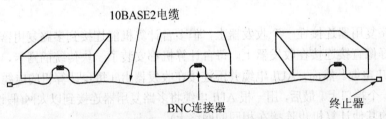

图 6.5　3 台计算机连接到细缆以太网上

10BASE2 的传输介质是柔软的电缆，它从计算机的网卡直接连接到另一台计算机的网卡上。尽管 10BASE2 的布线方案与 10BASE5 的布线方案看起来完全不同，但是这两种方案拥有一些相同的地方。尽管粗缆与细缆在物理上是不同的，但它们有相同的电子特性；粗缆与细缆都是同轴的，这说明它们都能屏蔽外部的干扰信号；粗缆与细缆都需要终止器，并且都使用总线型拓扑；更重要的是，因为两种布线系统有相似的电子特性(如电阻与电容)，所以信号以相同方式沿电缆传播。

4. 10BASE-T 布线

双绞线以太网(twisted pair ethernet)与 10BASE5 及 10BASE2 区别很大，这种以太网布

线方案的正式名称是 10BASE-T，但它通常简称为 TP 以太网(TP ethernet)。已经成为以太网标准的 10BASE-T 不使用同轴电缆。事实上，10BASE-T 并没有像其他布线方案那样的共享物理介质；相反地，10BASE-T 扩展了连接多路复用的思想，即以一个电子设备作为网络的中心。这个电子设备称为以太网集线器(etherne hub)。

像其他布线方案一样，10BASE-T 要求每台计算机都有一块网卡和一条从网卡到集线器的直接连接。这一连接使用双绞线和 RJ-45 连接器，它使用类似于电话的连接器，但更大一些。连接器的一端插入计算机的网卡中，另一端插入集线器。这样，每台计算机到集线器都有一条专用连接，并且不用同轴电缆。

集线器技术是连接多路复用器概念的扩展。集线器中的电子部件模拟物理电缆，使整个系统像一个传统以太网一样运行。例如，连接在集线器上的计算机必须有一个物理以太网地址；每台计算机必须使用 CSMA/CD 来取得网络控制及标准以太网帧格式。事实上，软件并不区分 10BASE5、10BASE2 及 10BASE-T 网络接口负责处理的细节，也不屏蔽其任何不同点。

如图 6.6 所示，3 台计算机使用 10BASE-T 布线连接到以太网集线器上。每台计算机都有一条专用连接。尽管所有集线器都能容纳多台计算机，但集线器还是有许多种尺寸。一个典型的小型集线器有 4 或 5 个端口，每个端口都能接入一条连接。这样，一个集线器足以在一个小组(如在一个部门)中连接所有计算机。较大的集线器能容纳几百条连接。

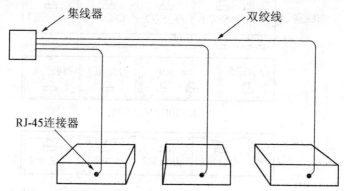

图 6.6　3 台计算机连接到 10BASE-T 上

10BASE-T 布线方案使用集线器来代替共享电缆。在计算机与集线器之间的使用双绞线布线。

5. 布线方案的优缺点

3 种布线方案都有其优缺点。每个连接使用一个独立收发器的布线方案可在不破坏网络的情况下改变计算机。当收发器电缆被拔去时，该收发器不能工作，但其他收发器仍能继续运行。分离的收发器确实也有其缺点，收发器通常被安置在难以到达的地点(如办公大楼走廊的天花板上)。如果收发器失效，寻找、测试或替换这个收发器将十分费力。相反，尽管共享介质直接连接到每台计算机的方案没有远程收发器的缺点，但是这种方案很容易受断开连接的影响，如拔去主电缆使得网段不能终止，继而破坏整个网络。另外，这样的破坏发生的可能性很大，因为它不像 AUI 连接器那样断开 10BASE2 中使用的 BNC 连接

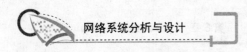

器不需要任何工具。集线器布线使网络能免受偶然断开的影响，因为每条双绞线只影响一台机器。这样，如果一条线被偶然切断，那么只有一台机器从集线器中断开，而其他机器不受影响。

尽管有上面提到的那些优缺点，但价格因素决定了布线技术的选择。10BASE2 一度流行是因为其每条连接的价格比最初的 10BASE5 低一些。10BASE-T 布线现在流行是因为其每条连接的价格比 10BASE2 更低。实际的总价格依赖于计算机的数目、它们之间的距离、墙与导管的物理位置、接口硬件与布线的价格、诊断与解决问题的价格以及新计算机加入与现存计算机移动的频率。因为大多数组织使用一种布线方案来连接计算机以构成网络，所以接口必须能连接所有品牌的计算机，且价格合理。没有哪种布线方案对所有情况都是最佳的。但是，由于所有布线方案都使用相同的帧格式标准与网络控制，所以在一个网络上使用混合布线技术是完全可能的。例如，用 10BASE5 连接一些计算机，同时使用 10BASE2 连接其他计算机到同一个网上。

为了使价格上的区别形象化，想象有一组办公室，每间办公室有一台或多台计算机。如图 6.7 所示为 8 间办公室中的计算机布线图解。线缆可以敷设在天花板上或地板下。一个布线室可以包含一个集线器或用来进行网络监测、控制或调试的设备。

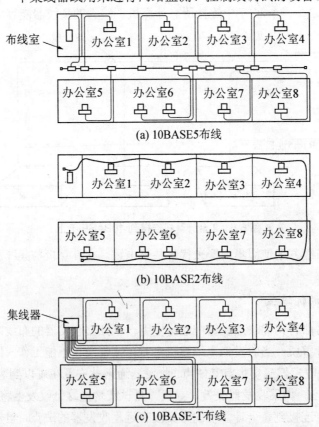

图 6.7　8 间办公室中的计算机布线图解

6.1.3　LAN 组网技术

1. 拓扑悖论

一个善于观察的读者会注意到在以上对以太网技术的描述中存在一个明显的矛盾。总线在粗缆或细缆中十分明显，因为共享总线是同轴电缆。然而，10BASE2 布线中的线不像是总线。事实上，10BASE-T 布线形成星形拓扑结构，而集线器是星形拓扑结构的中心。

显而易见，10BASE-T 形成一个典型的星形拓扑结构，每台计算机都有一条到中心集线器的专用连接。尽管 10BASE-T 是星形拓扑结构，然而它的功能像总线。所有计算机共享一个通信介质。计算机必须竞争介质的使用，并且任何时候至多只有一台计算机能传输。类似于传统以太网，所有计算机中的网络接口都能接收到每一个传输的包，并且网络接口负责以识别来自 10BASE5 或 10BASE2 的包的相同方式来识别包。结果是，当计算机向广播地址发送一帧时，所有其他计算机都收到帧的一个副本。为了解决这个明显的矛盾及理解网络技术，必须区分物理拓扑与逻辑拓扑。从物理上讲，10BASE-T 使用星形拓扑；从逻辑上讲，10BASE-T 的功能像总线。所以，10BASE-T 通常称为星形总线(star-shaped bus)。

一种特定的网络技术能使用多种布线方案。这种技术决定了逻辑拓扑，而布线方案决定了物理拓扑。物理拓扑与逻辑拓扑可能不同。

2. 网卡与布线方案

因为网络接口包含了处理通信的电气细节的电路，所以它必须支持布线方案与网络技术。例如，10BASE-T 的接口必须有一个 RJ-45 连接器，且必须按照 10BASE-T 的说明产生信号；10BASE2 的接口必须有一个 BNC 连接器，且必须产生与细网相适应的信号。为使改变布线方案可以不改变接口硬件，许多网络接口支持多种布线方案。

如图 6.8 所示为以太网卡安装在计算机中时所显露的部分。这个接口可以在 3 种基本布线方案中使用。每种布线方案使用一种不同类型的连接器。尽管有多种连接器，但是一个特定接口任何时候都只能使用一种布线方案。计算机中的软件必须激活一个连接器。依靠一块网卡支持多种布线方案的优点是具有灵活性，即一个站点能选择一种布线方案或在不替换接口硬件的情况下改变布线方案。更重要的是，因为计算机的物理地址是分配给网卡的，所以改变布线方案时计算机的物理地址保持不变。

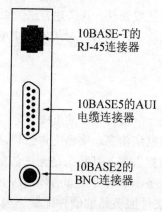

图 6.8　以太网卡显露部分

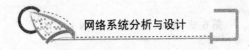

3. 布线方案与其他网络技术

像 10BASE5 一样，最初的 LocalTalk 布线方案也使用收发器。然而，LocalTalk 收发器并不连接在单一的电缆上。相反地，LocalTalk 的布线使每个收发器都接近计算机，然后利用每对收发器之间的点对点连接将所有的收发器连接成一条链路(与 10BASE2 的布线相似)。

尽管 LocalTalk 是总线技术，但布线不只限于如图 6.9 所示的方案。另一种方案是使用集线器技术的 LocalTalk 布线方案。像 10BASE-T 的集线器那样，LocalTalk 集线器也是一种能模拟电缆的电子设备。这个集线器放在中心位置，并且每台计算机到集线器都有一条专用连接。

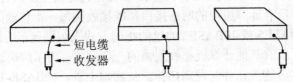

短电缆
收发器

图 6.9　3 台计算机用 LocalTalk 布线连接

如图 6.9 所示，3 台计算机用 LocalTalk 布线连接。每台计算机用一根短的 LocalTalk 电缆连接收发器，LocalTalk 电缆的另一端连接在收发器上。只有一个连接的 LocalTalk 收发器功能类似总线上的终止器。具有多种布线方案并不只限于总线型网络，几乎任何一种网络技术都能支持多种布线方案，并且逻辑拓扑可以与物理拓扑不同。例如，集线器布线通常用于 IBM 的令牌环网中。每台计算机连接的集线器是一个电子设备。从逻辑上讲，集线器管理一个环，包括令牌传输的细节，就像计算机连接到传统网络的环状布线。这样，在令牌环网中使用集线器布线会导致网络有两个拓扑结构，一个是物理上的星形拓扑结构，一个是逻辑上的环形拓扑结构。集线器的一个优点是能用电子方式处理故障。例如，如果计算机与集线器之间的连接偶然中断，集线器中的电路能检测出故障，把断开的站点从环中去除，并允许剩下的计算机通信。

6.2　文件服务器

文件服务器是网络系统中的重要硬件，其搭建方法关系到网络系统的作用和效能的发挥。目前搭建文件服务器的方法较多，本节针对常见的 LAN 中文件服务器的特点，讲解共性的搭建过程。

6.2.1　概述

在 LAN 中，文件服务器是一个极其重要的组成部分，存储着人们需要的各种数据和信息。其主要功能是为用户提供网络信息，实施文件管理，对用户访问进行控制等。一旦文件服务器出现故障或其中的数据丢失，其损失是无法估量的。

文件服务器可以分为专用服务器和非专用服务器两种。专用服务器的全部功能都用于对网络的管理和服务上。专用文件服务器的硬件配置一般都比较高。以目前常见的一些 LAN 为例，文件服务器通常都配有海量硬盘和大容量内存。而非专用服务器除了作为服务器使用外，还经常被作为工作站或个人计算机使用。对于个人来说，一台配置较高的计算机既可以作为工作站，又可以作为服务器。

6.2.2　搭建文件服务器

1. 将文件系统转换为 NTFS 格式

NTFS 文件系统拥有许多 FAT 文件系统所不具备的优点。

(1) 当 DOS 工作站访问 Windows NT/2000 的长文件时，Windows NT/2000 会自动将其转为 DOS 8.3 格式(主文件名为 8 个字符，扩展名为 3 个字符)，以适应网络中各种类型工作站的访问需要。

(2) NTFS 文件系统能自动记录所有目录与文件的更新操作，当发生断电或其他问题时，还可利用它还原磁盘内容。

(3) NTFS 文件系统支持容错功能，如果没有安装磁盘阵列卡，仍然可以使用 Windows NT/2000 的软 RAID 功能实现 RAIN 0、RAIN 1 和 RAIN 5 的功能。

(4) NTFS 文件系统支持目录自动排序，以便于文件和文件夹的浏览。

(5) NTFS 文件系统支持目录与文件的权限设置，不仅可以对文件夹设置权限，而且还可以对某个文件设置权限，从而便于对文件权限的划分。

(6) NTFS 文件系统支持目录与文件的压缩功能，可节约磁盘空间，并加快网络传输。

(7) NTFS 文件系统支持文件加密，即使入侵者已经得到了加密后的文件或文件夹，仍然无法阅读文件或文件夹中的内容。

2. 创建用户和用户组

为所有拥有访问文件夹权限的用户都创建一个账号，并根据不同的访问权限，将他们划分为不同用户组。由于同一个用户组的用户都拥有相同的访问权限，所以通过用户组的划分，可以有效地提高管理员的工作效率和准确性。另外，用户组仍然可以被加入至其他用户组，这使得权限设置的灵活性变得更大。

1) 创建用户

(1) 选择"开始"→"程序"→"管理工具"命令，然后单击"Active Directory 用户和计算机"图标，打开"Active Directory 用户和计算机"窗口。

(2) 展开左侧的控制台树形结构目录，选择"Users"选项。在右侧空白处右击，从弹出的快捷菜单中选择"新建"→"用户"选项，在弹出的"新建对象—用户"对话框中，分别输入姓名和用户登录名(即用户登录至服务器时使用的用户名)。

(3) 单击"下一步"按钮，为该用户指定密码，并设置密码需求条件。对于普通用户而言，应选中"用户下次登录时须更改密码"复选框，即用户第一次登录时必须修改由管理员指定的密码，从而使用户成为唯一知道其密码的人。如果有多个人使用相同的用户账号，或者需要由管理员控制用户账号密码时，可选中"用户不能更改密码"复选框。

(4) 单击"完成"按钮，可将该用户添加至列表。

重复上述操作，可添加多个用户。另外，为了以更快的速度创建新用户，可以采用复制的方式，即右击作为模板的用户，然后从弹出的快捷菜单中选择"复制"命令即可创建一个密码策略相同的新用户。

2) 创建用户组

(1) 在"Active Directory 用户和计算机"窗口中，展开左侧的控制台树形结构目录，选择"Users"选项。在右侧空白处右击，从弹出的快捷菜单中选择"新建"→"组"命令，在弹出的"新建对象—组"对话框中，输入组名并选择该组的作用域和组类型。组作用域用于确定将组用在域中什么地方，通常应当选择"全局"选项。组类型影响组的成员资格和组的嵌套能力，通常应当选择"安全式"选项。

(2) 单击"完成"按钮，该用户组创建完毕。

(3) 借助于 Ctrl 键和 Shift 键，在右侧的 Users 列表中选中想要添加至该组的成员或组，右击，从弹出的快捷菜单中选择"将成员添加至组"命令，弹出"选择组"对话框。在列表中选中欲添加组的名称。

(4) 单击"确定"按钮，即可将用户添加至用户组。重复上述操作，可创建多个用户组。

3. 创建共享文件夹，并创建访问权限

根据需要，既可以为每个用户创建一个共享文件夹，也可以为每个用户组创建一个共享文件夹，还可以为某些用户或用户组创建一个共享文件夹。通常情况下，应当为不同的用户或用户组分别创建拥有写入权限的共享文件夹；为多个用户或用户组创建一个或几个拥有读取权限的共享文件夹。

1) 创建共享文件夹

在 LAN 内部，经常会有人需要在文件服务器上保存或读取一些重要文件资料，如应用软件或 MP3 音乐等。因此，需要为用户创建一个文件夹并给一定的权限，使其可以像在自己的计算机里一样使用共享文件夹里的数据。不过，创建共享文件夹时一定要注意正确地设置访问权限，否则有些用户可能无法访问，或者有些用户会滥用权限，随意更改或删除重要资料。

2) 共享文件夹的管理

所有的共享文件夹都可以在一个统一的界面下进行管理。在该界面下不仅可以查看本计算机已经共享的文件夹、正在访问共享文件夹的用户，而且还可以终止对文件夹的共享。

(1) 选择"开始"→"程序"→"管理工具"命令，然后单击"计算机管理"图标，打开"计算机管理"窗口。

(2) 展开左侧的控制台树形结构目录，选择"共享文件夹"选项。

(3) 若要显示该计算机中所有被设置为共享的文件，可在左侧控制台树形结构目录中选择"共享"选项；若要共享新的文件夹，可在左侧控制台树形结构目录中右击"共享"选项，从弹出的快捷菜单选择"新文件共享"命令，即可弹出"创建共享文件夹向导"对话框；若要取消共享某个文件夹，可右击该共享文件夹，并从弹出的快捷菜单中选择"停止共享"命令；若要查看正在访问该文件服务器的用户，可在左侧控制台树形结构目录中选择"会话"选项；若要终止所有对该文件服务器的访问，可在左侧控制台树形结构目录中右击"会话"选项，从弹出的快捷菜单中选择"中断全部的会话连接"命令；若要终止某个用户对该文件服务器的访问，可右击该用户，并从弹出的快捷菜单中选择"关闭会话"命令；若要列出计算机中当前被其他用户打开的所有文件，可在左侧控制台树形结构目录中选择"打开文件"命令；若要关闭所有该文件服务器中打开的共享文件，可在左侧控制台树形结构目录中右击"打开文件"选项，从弹出的快捷菜单中选择"中断全部打开的文件"命令；若要关闭该文件服务器打开的某个文件，可右击该共享文件，从弹出的快捷菜单中选择"关闭文件"命令。

6.3　LAN 扩展

随着 LAN 的广泛使用，其相关技术得以成熟和发展，但也面临许多新的问题，如应用增多、范围扩展等，需要通过 LAN 扩展的技术和方法，适应网络系统新的发展需要。

6.3.1　LAN 扩展概述

设计 LAN 时必须综合考虑网络的运行速度、连接的距离及所需的费用。设计者可以指定 LAN 能连接的计算机间的最大距离，典型的最大距离为几百米。LAN 技术一般用于连接同一幢建筑物内的计算机。然而，以电子方式交互的用户并不总是位于相距几百米之内的办公室里。本章介绍扩展 LAN 的基本机制，以及使用光纤 modem、中继器和网桥来扩展 LAN。

6.3.2　扩展原理与方法

1. 距离限制与 LAN 设计

LAN 的连接距离是设计 LAN 时考虑的一个基本方面。设计 LAN 时，工程师会综合考虑网络的容量、最大延迟和能连接的最大距离。为节约费用，LAN 通常使用共享通信介质，如总线或环。由于使用共享通信介质，设计 LAN 时应考虑到让每个工作站都能公平地访问共享通信介质。例如，总线网使用 CSMA/CD，而环形网使用令牌传递来保证这一点。

限制 LAN 连接距离的主要因素就是公平访问机制。两个最常用的访问机制是 CSMA/CD 和令牌传递，它们的响应时间都和网络的大小成正比。为了达到较小的网络延迟，LAN 的连接距离就会受到限制。

另一个限制因素是硬件发射固定能量的电磁波。由于电信号在导线中传输时逐渐变弱，信号不可能被传输到无限远。为保证 LAN 中的所有站点都能接收到足够强的信号，设计人员要考虑计算机网络所能连接的最大距离。因此，设计 LAN 时考虑的一个基本方面是网络的最大连接距离。LAN 硬件是为固定的最大电缆长度而设计的，当超过该距离后，LAN 便不能正常运行。

2. 光纤扩展

研究人员设计了一些扩展 LAN 的方法。一般而言，设计的原理既不是增强由接口硬件产生的信号的强度，也不是在最大连接距离范围外加长导线。实际上，大多数的扩展机制是在标准的接口硬件上接入另外的硬件，使之能在较长距离内传输信号。

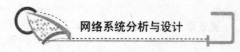

最简单的 LAN 扩展机制是在计算机和收发器之间使用光纤和一对光纤 modem。因为光纤延迟小、带宽高,这种机制使计算机能连接一个与远处网络相连接的收发器。在实际应用中,扩展硬件插在计算机和收发器之间。计算机通过发出的标准信号来控制收发器,收发器接收标准信号。这一扩展可以使用标准网络接口硬件。

如图 6.10 所示,连接的两端各有一个光纤 modem,它们通过光纤连接起来。计算机用产生 AUI 信号的网络接口来控制收发器,并且通过 AUI 电缆发信号到本地 modem。同样,远端 modem 产生标准 AUI 信号通过 AUI 电缆发送至收发器。

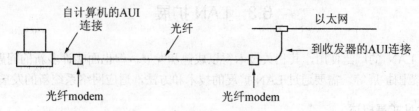

图 6.10　计算机和远处以太网之间的连接

计算机和收发器都使用一般的 AUI 信号,每一个光纤 modem 都有专门的硬件来完成两个功能,即 AUI 信号与数字信号之间的相互转换,数字信号与在光纤中传输的光脉冲之间的相互转换。当然,必须提供双向通信功能以使计算机能收发帧(在实际使用中多采用一对光纤,使之能双向同时传输数据)。例如,计算机端的 modem 必须既能接收通过光纤传来的数字数据并转换为能发送到计算机的信号,又能把从计算机接收过来的信号转换为传输到收发器的数字数据。

光纤 modem 的主要优点是能连接远处的 LAN,而不必改变原来的 LAN 和计算机。由于光纤具有延迟短、带宽高等优点,它能在几千米的范围内正常地工作。一般利用光纤来把一幢大楼内的计算机连接到另一幢大楼内的 LAN 中。一对光纤 modem 和光纤能为计算机和远处 LAN 提供连接。这种机制常用于计算机的网络接口和远处收发器之间。

3. 中继器

限制 LAN 连接距离的一个因素是电子信号在传输时会衰减。为消除这个限制,一些 LAN 用中继器来连接两根电缆。中继器是能持续检测电缆中模拟信号的设备。当中继器检测到一根电缆中有信号传来时,它便转发一个放大信号到另一根电缆。

中继器直接连接电缆而不用收发器,如图 6.11 所示,一个中继器连接两根称为网段的以太网电缆,每个网段都连有通常的终结器。中继器不识别帧的格式,也没有物理地址。中继器直接连到以太网电缆上,并且把信号从一根电缆发送到另外一根电缆,而不等待一个完整的帧。

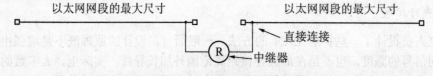

图 6.11　中继器连接两个以太网

以太网网段的最大连接距离是 500m(10BASE2 和 10BASE-T 的距离更短)。如图 6.11 所示，通过连接两个网段，一个中继器可以使以太网的有效连接距离增至 1000 m。两个中继器连接 3 个网段，可以使网络长度达到 1500m。由于中继器传输两个网段的所有信号，所以连接在一个网段上的计算机能和连接在另一个网段上的计算机通信。实际上，使用中继器时源计算机和目标计算机并不能判断它们是否连接在同一个或不同的网段上。中继器是用以扩展 LAN 的硬件设备。中继器接收从一个网段传来的所有信号，将其放大后发送到另一个网段。扩展 LAN 上的任何一对计算机都能互相通信，但计算机并不知道是否有中继器把它们分开。

那么，仅仅增加中继器是否就能将以太网增加到很多个 500 m 网段吗？答案是否定的。虽然这样能保证足够的信号强度，但每个中继器和网段都增加了延迟。以太网 CSMA/CD 协议要求短时延，如果延迟太大，协议就不能工作。实际上，中继器是当前以太网标准的一部分，如果任何一对工作站之间的中继器个数超过 4 个，网络便不能正常运行(10BASE-T 布线中的一个以太网集线器也可以算做一个中继器)。

4 个中继器的限制是出于谨慎的考虑。如果设计一幢办公楼内的以太网，每层楼面都有许多办公室。为连接楼内的计算机，每层楼面安装两个以太网网段，另有一个附加的垂直网段用于连接每层楼面，如图 6.12 所示。虽然每层楼配置了两个中继器，但任意两个工作站之间不会超过 4 个中继器。

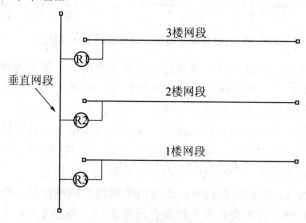

图 6.12　利用中继器连接以太网

每层楼面有一个网段，另外一个网段垂直于大楼。最初设计中继器的目的是将它用于连接两个距离较近的以太网网段(如在一栋建筑物内)。通过光纤 modem 可以延长连接距离。光纤中继器内连接(fiber optic intra-repeater link，FOIRL)技术由通过光纤相连的两个设备组成。该设备类似于中继器，每个设备连接一个网段，并用光纤通信。由于光纤延迟短，一个 FOIRL 设备可连接两幢大楼内的网段。

中继器存在一些缺点。其中最大的缺点就是中继器不能识别一个完整的帧。当从一个网段接收信号并转发至另一个网段时，中继器不能区分该信号是否为一个有效帧或其他信号。因此，当在一个网段内发生冲突时，中继器就向另一个网段发送不正确的信号，即与

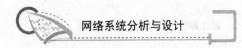

冲突相关的重叠信号。类似地，当干扰(如闪电)在网段中产生了电噪声时，中继器会将它传输到另一个网段。

除了从一个网段至另一个网段传输合法信号外，中继器也会传输其他电信号。因此，当一个网段中有冲突或电子干扰发生时，中继器会在其他网段中产生同样的问题。

4. 网桥

同中继器一样，网桥也是连接两个网段的设备。但和中继器不一样，网桥能处理一个完整的帧，并使用和一般计算机相同的接口设备。网桥以一种混合方式侦听每个网段上的信号，即当它从一个网段接收到一个帧时，网桥会检查并确认该帧是否已完整地到达(如在传输中 LAN 内无电子干扰)，如果有需要的话，就把该帧传输到其他网段。这样，两个 LAN 网段通过网桥连接后，就像一个 LAN 一样。LAN 中任何一台计算机可发送帧到任何其他连在这两个网段中的计算机。由于每个网段都支持标准的网络连接，并使用标准的帧格式，计算机并不知道它们是连接在一个 LAN 中还是连接在一个桥接 LAN 中，如图 6.13 所示。

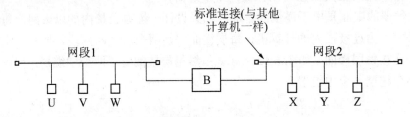

图 6.13 6 台计算机连在一对桥接的 LAN 网段上

网桥使用的连接与计算机一样，并且总是收发完整的帧。因为网桥能隔离一些故障，所以应用比中继器更广泛。两个网段通过中继器相连，如果由于闪电而导致其中一个网段上有电干扰，中继器会把它传输到另一个网段。相反，如果干扰发生在通过网桥相连的网段中，网桥会接收到一个不正确的帧。这时，网桥就简单地丢弃掉该帧，像普通计算机接收到包含错误的帧时一样。类似地，网桥不会把一个网段上的冲突信号传输到另一个网段。因此，网桥会把故障隔离在一个网段中而不会影响到另一个网段。

网桥是用以扩展 LAN 的硬件设备。连接两个网段的网桥能从一个网段向另一个网段转发完整而且正确的帧，而不会转发干扰或有问题的帧。桥接 LAN 上任何一对计算机都能互相通信，计算机不知道是否有网桥把它们隔开。

5. 帧过滤

大多数网桥并不仅仅只是从一个网段向另一个网段转发帧。实际上，一个典型的网桥是包括具有 CPU、存储器和两个网络接口的计算机。网桥不运行应用软件，只完成一个功能，即 CPU 仅执行只读存储器中的代码。网桥最有用的功能是帧过滤(frame filtering)，即在需要时网桥才转发帧。特别地，如果一台计算机向同一个网段上的另一台计算机发送帧，网桥就无需向另一个网段转发该帧。如果 LAN 支持广播或组播，网桥就必须传输每一个广播帧或组播帧，使这个扩展桥接 LAN 像单个较大的 LAN。为决定是否要转发帧，网桥使用帧头部的物理地址。网桥知道网络中每台计算机的位置。当帧到达一个网段时，网桥就取出帧头部并检查目标地址。如果目标计算机所在网段与该帧所到达的网段相同,网桥不转发而把它丢弃。如果目标计算机不在该帧所到达的网段上,则网桥把该帧转发到另个一网段。

大多数网桥能自动了解计算机的位置,称这种网桥为自适应的(adaptive)或可学习(learning)的网桥。为做到这一点,网桥以混合模式侦听所连接的各个网段,并形成一张每个网段所连计算机的表。当帧到达一个网段时,网桥完成两步工作。首先,网桥从帧头部中取出源物理地址,并把它加入到该网段所连计算机列表中。其次,从帧中取出目标地址,根据目标地址决定是否继续转发该帧。因此,只要一台计算机发送了一个帧,所有连接在该网段上的网桥都能知道该计算机的存在。表 6-1 说明了一个网桥识别计算机位置的原理。

表 6-1　网络的一系列操作和网桥所知道的计算机的位置

事　　件	网段 1 列表	网段 2 列表
网桥启动	—	—
U 发送给 V	U	—
V 发送给 U	U, V	—
Z 广播	U, V	Z
Y 发送广播	U, V	Z, Y
Y 发送给 X	U, V	Z, Y
X 发送给 W	U, V	Z, Y, X
W 发送给 Z	U, V, W	Z, Y, X

6. 桥接网络的启动与稳态特性

连接到桥接 LAN 网段上的每台计算机发出帧后,连到该网段上的网桥就知道了所有计算机的位置,并利用这些信息过滤帧。这样,已运行较长时间的桥接网络能把帧限制在必须要发送的网段中。桥接网络的传播原则是,在稳定状态下,网桥对每个帧只在必要时转发。当网络第一次启动时,网桥并不知道哪台计算机连接在哪个 LAN 网段上。因此,网桥将转发一台目标计算机的所有帧,直到知道该计算机位置。实际上,如果一台计算机不发送任何帧,网桥就不检测它的位置,并且会不必要地转发那些帧。幸运的是,包含网络软件的计算机系统会在第一次启动时发出至少一个帧。并且,计算机间的通信通常是双向的,即一台能接收到帧的计算机通常会发出一个响应。因此,网桥总能很快地知道计算机的位置。

7. 规划桥接网络

传播原则不仅概括了网桥的工作原理,还提供了规划桥接网络的基础。传播原则是这样决定桥接网络设计的:网桥硬件能允许不同网段内的通信同时进行。所以,设计一个桥接网络的关键是并行,即当网桥知道了所有计算机的位置后,各网段内的通信可同时进行。由于两个网段能同时工作,计算机 U 能发送帧到计算机 W,同时计算机 X 能发送帧到计算机 Y。虽然网桥能接收到每个传输的帧,但网桥能检查目标地址并丢弃这些帧而不转发。利用这一点,网络设计人员就能优化桥接网络的性能。频繁交互的计算机应安装在同一网段上。图 6.13 中的网段是根据计算机间的相互联系来划分的。例如，假定计算机 U 有一个计算机 V 和 W 经常访问的数据库，计算机 X 有一个计算机 Y 和 Z 经常使用的打印机。通过网桥将该网划分成两个网段就能提高它的性能，虽然在同一时间内，横跨两个网段只能有两台计算机通信，但各自网段内的一对计算机之间的通信可以并行进行。因此，计算机 V 或 W 能访问计算机 U 中的数据库而同时计算机 Y 或 Z 能输出一个文件到计算机 X 上的打印机。因此当设计网络时，通常应考虑计算机间的交互方式，并利用这些信息把它们划分到各个网段。而且，一般通信频繁的计算机在物理上的位置常常比较接近，那么就可以把已有的 LAN 划分成两个网段，在两个网段间加入一个网桥，由此提高该 LAN 的性能。

总而言之，由于网桥遵循传播原则并允许所连的网段同时工作，一个网段上的计算机间能相互通信而同时另一个网段上的计算机间也可以通信。那么，通过把交互频繁的计算机连接在同一个网段上能提高桥接网络的性能。

8. 大楼间桥接

类似中继器，网桥也能用来连接距离较远的计算机。例如，一个组织也许需要一栋大楼内的计算机和另一栋大楼内的计算机相互通信。如果两栋大楼间的距离较长，或大楼较大，则单个 LAN 就不能满足两栋大楼的需求，而且如果使用光纤 modem 来将所有计算机都连到单个 LAN 上，会造成费用很高或性能降低。由于网桥连接到 LAN 上的方式与计算机连接到 LAN 上的方式一样，因此扩展一个桥接 LAN 的最简单的方法跟前面所说的一样，即用一根光缆和一对 modem 来连接一个网桥和一个 LAN 网段，将允许该网段离网桥较远。利用光纤 modem 来桥接两栋大楼间的 LAN 网段的原理如图 6.14 所示。

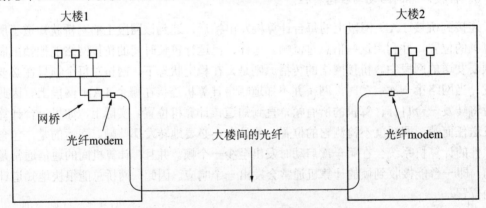

图 6.14　连接两栋大楼内局域网网段的网桥

光缆用来把远程 LAN 网段连接到网桥，在这种情况下网桥连接有以下 3 个主要优点。

(1) 由于只需单条光纤连接，桥接方案比用光纤连接每台计算机更便宜。

(2) 由于大楼之间通过网桥连接，从网段上加入或移去计算机不需安装或改变大楼间的布线。

(3) 因为网桥允许两个网段内的计算机同时通信，所以用网桥来代替中继器意味着一栋大楼内计算机间的通信不会影响另一栋大楼内计算机间的通信。

9.　远程桥接

大多数国家的法律不允许一个组织在两个站点间连接光缆(除非该组织拥有两个站点间的所有地产),并且光缆不穿越公共街道。更重要的是,一个组织的计算机间的通信大多发生在一个站点中,站点间的通信不是很频繁。对于这种情况,桥接 LAN 提供了一种通用的解决方案,即在每个站点设置一个 LAN 网段,并用一对网桥来连接这些网段。桥接网络怎样才能跨越较远的距离呢?有两种方法比较常见,每种方法都包含有一条远距离的点对点连接和特殊的网桥硬件。第一种方法用租用串行线路(leased serial line)来连接站点,第二种方法用租用卫星频道来连接站点。租用串行线路因为比较便宜而使用得较多,但是卫星连接允许计算机通信跨越任意长的距离。

如图 6.15 所示,卫星网桥能跨越任意长的距离,用于远距离连接的硬件与仅用于本地连接的硬件稍有区别。除了 LAN 网段和用于卫星通信的地面接收站之外,每个站点还有网桥。网桥硬件知道本站点内计算机的地址,并能不转发目标地址是本地计算机的帧。由于受到带宽限制,在两个站点内都要完成过滤帧的功能。与大楼间用光缆连接的情况不同,用租用线路连接的桥接网络通常使用较窄的带宽,从而可以节省费用。典型桥接网络所用的卫星频道比 LAN 网段的容量小得多(56 kb/s 的卫星频道的容量小于一个典型 LAN 容量的 1%,使用电话标准 T1 的租用线路的容量大约是典型 LAN 容量的 15%)。这样,卫星频道没有足够的带宽来传输一个站点内的所有帧到另一个站点去过滤。所以,每个站点的网桥硬件都知道该站点处所有计算机的地址,只有在必要时才转发帧。

图 6.15　网桥通过租用卫星频道连接两个 LAN 网段

由于 LAN 网段传输帧的速度比卫星快得多,所以用于远距离连接的网桥硬件除了过滤功能,还需要有缓冲(buffering)功能。缓冲意味着帧在发送之前必须存储在存储器中。从本质上看,网桥维护着一张等待发送的帧的列表。当接收到从本地网段发送来的帧并确定要转发到别的站点,网桥就把它加入存储器中的待发送帧列表。如果卫星转发器是空闲的,网桥就发送该帧;如果卫星转发器正忙,网桥就等待。当卫星转发器发送完一帧后将自动发送列表中的下一帧。当然,缓冲并不能完全解决问题。如果从 LAN 中传来的帧持续以比卫星发送速度更快的速度到达,网桥的存储器可能会溢出并开始丢弃帧。然而,大多数通信软件在发送完一些帧后就等待应答。在这种情况下,网桥允许计算机以 LAN 的速度发送少量帧。

6.3.3 LAN 扩展技术

1. 网桥环

桥接网络能连接许多网段，计算机可连接在任何一个网段上，如图 6.16 所示。网桥将每个网段连接到桥接网络的其他部分。虽然每个网桥都有一些延迟，整个网络仍会把任一个网段中任一台计算机发出的帧传输给另一个网段中的任一台计算机。例如，设想网段 g 中的一台计算机向网段 e 中的计算机发送帧。网桥 B_6 会传输一个副本到网段 d，网桥 B_3 会传输一个副本到网段 b，如此下去直到到达网段 e。广播方式也适用于桥接网络，因为网桥总是转发发送到广播地址的帧。例如，网段 g 中的计算机广播一帧，网桥 B_6 会转发给网段 d，网桥 B_3 和 B_7 会收到网段 d 中的帧，并会广播到网段 b 和 h，网段 b 中的帧会到达网桥 B_1，并会传播到余下的网段。

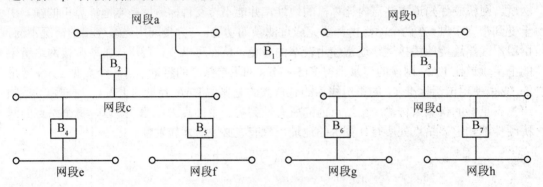

图 6.16 由 7 个网桥连接 8 个网段的桥接网

并不是所有的网桥都应该转发广播帧，因为网桥环会带来一些问题。如图 6.17 所示，4 个网桥连接 4 个网段。若网段 a 中的一台计算机广播一帧，网桥 B_1 将帧转发到网段 b，而网桥 B_2 将帧转发到网段 c。网桥 B_3 接收到网桥 B_1 转发的副本后，再转发到网段 d。相似地，当网桥 B_4 接收到网桥 B_2 转发的副本时，同样转发到网段 d。这样，连接在网段 d 上的计算机将接收到多个副本。更重要的是，当网桥 B_4 发送的副本通过网段 d 到达网桥 B_3，网桥 B_3 又会将其转发到网段 b。同样地，网桥 B_3 发送的副本通过网段 d 到达网桥 B_4，网桥 B_4 也会将其转发到网段 c。实际上，除非某些网桥禁止转发广播帧，否则广播帧的副本将永远在网桥环中传播，而网桥环中的每台计算机将会收到无穷多个副本，如果所有网桥都转发广播帧将导致问题出现。

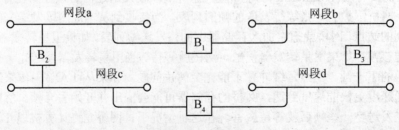

图 6.17 网桥环

2. 分布生成树

为防止无限循环的问题，桥接网络必须保证两种情况不同时发生，第一种是所有网桥转发所有帧，第二种是桥接网络包含有一个网桥环。

在实际应用中，一个分散在组织内部并且很大的桥接网络很难保证不发生环状连接的情况。而且，一些组织会选择在网络中放置一些冗余的网桥来保证网桥在故障发生时仍能正常运行。为防止循环，桥接网络中的一些网桥必须保证不转发帧。桥接网络中为防止循环的方案应保证网桥能够实现自动配置，即在一个站点内应该能够任意连接网桥，而无需手工配置哪些网桥转发广播帧。

网桥怎么知道是否应该转发帧？当网桥第一次启动时，它会和所在网段上的其他网桥相互通信(在大多数技术中都给网桥保留了一个特殊的硬件地址，如以太网专门为网桥间的通信保留了一个独占的组播地址)。网桥执行分布生成树(distributed spanning tree，DST)的算法来决定哪些网桥转发帧，DST 算法能使网桥知道如果允许转发是否会形成一个环。如果网桥发现与之相连的每个网段都已经包含一个允许转发帧的网桥时，它就不会转发帧。当 DST 算法完成后，同意转发帧的网桥形成一个无环图(即树)。

3. 交换

桥接的概念可以帮助解释一种应用越来越广的机制——交换(switching)。一般而言，如果网络硬件包括这样一种电子设备，它能连接一台或多台计算机并允许它们收发数据，那么这种网络技术被称为交换的(switched)。进一步讲，一个交换 LAN(switched LAN)包括单台电子设备，能在多台计算机间传输帧。

从物理上来看，交换机类似于集线器，即由一个多端口的盒子组成，每个端口连接一台计算机。集线器和交换机的区别在于它们的工作方式不同，集线器类似于共享的介质，而交换机类似于每台计算机组成一个网段的桥接 LAN。交换 LAN 的内部连接如图 6.18 所示。实际上，交换机并不是由独立的网桥构成的，而是由多个处理器和一个中央互联器如一个电子交叉开关组成。各个处理器检查输入帧的地址，并通过中央互联器把该帧转发到相应的输出端口。

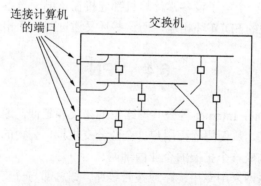

连接计算机的端口　　　交换机

图 6.18　交换 LAN 的内部连接

交换机中的电路为每台计算机提供一个单独的 LAN 网段，并通过网桥与其他网段相连。显然，使用交换机代替集线器构成 LAN 的主要优点类似于用桥接网络来代替单个网段的优点，即并行性。因为集线器类似于由所有计算机共享的单个网段，所以在一个给定的时间内，最多只有两台计算机能通过集线器进行通信。因此集线器系统的最大带宽是 R(单台计算机通过 LAN 网段发送数据的速率)。而在一个交换 LAN 中，每台计算机都相当于有一个自己的 LAN 网段，仅当计算机收发帧时，网段才处于忙的状态。结果是连接到交换机上的一半的计算机能同时发送数据(如果它们分别发送给一台不正在发送数据的计算机)。因此，交换机的最大带宽是 $RN/2$(N 是连到交换机上的计算机数目)。

4. 交换机与集线器的结合

因为交换机比集线器能同时发送更多的数据，所以每个连接的花费通常比集线器要贵。为了节省费用，一些组织采取了一个折中方案，即不把每台计算机都连接到交换机的端口上，而是把集线器连接到每个端口上，然后把计算机连接到集线器上。这样，与传统的桥接 LAN 较相似，每个集线器看上去就像一个 LAN 网段，而交换机看上去像连接所有网段的网桥。系统的功能也像一个一般的桥接 LAN，虽然计算机必须和连接到同一个集线器上的其他计算机共享带宽，但是分别连接到不同集线器上的两对计算机可同时进行通信。

6.3.4 其他技术中的桥接和交换

光纤 modem、网桥、交换机等技术也可用于除总线技术以外的其他技术。而且，使用光纤 modem 连接计算机和远程 LAN 的技术已经在大多数的 LAN 技术中使用，令牌环、FDDI 等都有其商用产品。

集线器由于能增强功能而特别重要。FDDI 的一种利用反转环的配置可以使有一根电缆中断的网络还能继续工作。FDDI 的反转环配置经常与 FDDI 集线器相联系，集线器中包含用于检测中断的网络连接并重新配置网络的电路。每台计算机都和集线器相连，集线器内的电路组成逻辑上的环连接。这样，尽管 FDDI 网络具有逻辑环拓扑，物理上却是星形拓扑。

交换机也被用于多种技术。例如，FDDI 也可以使用交换机。和以太网交换机类似，FDDI 交换机同样具有一个电子设备，计算机都连接在该电子设备上面。对计算机而言，交换机如同和一个单独的 FDDI 环相连，而这些环又通过网桥互相连接。

6.4 VPN

VPN 是企业内部网在 Internet 等公共网络上的拓展和延伸，通过一个专用的通道来创建一个安全的专用连接，从而将远程用户、企业分支机构、公司的业务合作伙伴等与公司的内部网连接起来，构成一个扩展的企业内部网。

相比传统的远程联网采用专用线路或拨号线路，如总部与分支机构通过安全可靠的专用线路建立远程网络互联，远程用户通过拨号线路连接到总部，从费用、可靠性和管理性等方面而言，VPN 都能更好地满足企业对网络安全性和扩展性的要求。特别是近年来宽带网的兴起，进一步加速了 VPN 的发展和应用。

6.4.1　VPN 基础

VPN 是利用开放性的公用网络作为用户信息传输的媒体，通过附加的隧道封装、信息加密、用户认证和访问控制等技术实现对信息传输过程的安全保护，从而向用户提供类似专用网络的安全性能。VPN 使分布在不同地方的专用网络能在不可信任的公共网络上安全地通信，从而可以帮助远程用户、公司分支机构、商业伙伴及供应商同公司的内部网建立可信的安全连接，并保证数据的安全传输。

VPN 指的是在共享网络上建立专用网络的技术，其连接技术称为隧道。之所以称为虚拟网主要是因为整个 VPN 的任意两个结点之间的连接并没有传统专用网所需的端到端的物理链路，而是架构在公共网络服务上所提供的网络平台(如 Internet、ATM、帧中继等)之上的逻辑网络，用户数据在逻辑链路中传输。VPN 具有虚电路的特点。

1．VPN 的功能

(1) 加密数据。保证通过公共网络传输的信息即使被他人截获也不会泄露。

(2) 信息认证和身份认证。保证信息的完整性、合法性，并鉴别用户的身份。

(3) 访问控制。不同的用户有不同的访问权限。

2．VPN 的优点

(1) 降低成本。企业不必租用长途专线建设专网，无需大量的网络维护人员和设备的投资。

(2) 理想的专用性。虽然 VPN 是建立在开放的 Internet 之上，但由于综合采用了隧道、加密和认证等安全技术，使 VPN 的专用性和安全性几乎可与传统的专用网相媲美。

(3) 控制主动权。VPN 上的设施和服务完全决定于企业。企业可以把拨号访问交给网络服务提供商去做，而自己负责用户的查验、访问权、网络地址、安全性和网络变化管理等重要工作。

(4) 网络覆盖面宽。利用 Internet 的广域特性，可将企业的业务范围延伸到世界的每个角落。

3．VPN 使用的关键技术

(1) 安全隧道技术(secure tunneling)。安全隧道技术是将待传输的原始信息经过加密和协议封装处理后再嵌套装入另一种协议的数据包送入网络中，像普通数据包一样进行传输。经过这样的处理，只有源端和宿端的用户对隧道中的嵌套信息进行解释和处理，而对于其他用户而言只是无意义的信息。安全隧道技术采用的是加密和信息结构变换相结合的方式，而非单纯的加密技术。

(2) 用户认证技术(user authentication)。在正式的隧道连接开始之前需要确认用户的身份，以便系统进一步实施资源访问控制或用户授权(authorization)，这就是用户认证技术。用户认证技术是相对比较成熟的一类技术，因此可以考虑对现有技术的集成。

(3) 访问控制技术(access control)。访问控制技术是指由 VPN 服务的提供者与最终网络信息资源的提供者共同协商确定特定用户对特定资源的访问权限，以此实现基于用户的细粒度访问控制，以实现对信息资源的最大限度的保护。

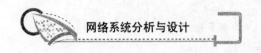

6.4.2 隧道技术基础

1. 隧道技术的概念

隧道技术是一种通过使用互联网络的基础设施在网络之间传递数据的方式。隧道协议将这些其他协议的数据帧或包重新封装在新的数据包头部中发送。新的数据包头部提供了路由信息，从而使封装的负载数据能够通过互联网络传递。

被封装的数据包在隧道的两个端点之间通过公共互联网络进行路由。被封装的数据包在公共互联网络上传递时所经过的逻辑路径称为隧道。一旦到达网络终点，数据将被解包并转发到最终目的地。注意，隧道技术是指包括封装数据、传输和解包在内的全过程。

2. 隧道类型

1) 自愿隧道

用户或客户端计算机可以通过发送 VPN 请求配置和创建一条自愿隧道(voluntary tunnel)。此时，用户端计算机作为隧道客户方成为隧道的一个端点。

目前，自愿隧道是最普遍使用的隧道类型。当一台工作站或路由器使用隧道客户软件创建到目标隧道服务器的虚拟连接时建立自愿隧道。为实现这个目的，客户端计算机必须安装适当的隧道协议。自愿隧道需要有一条 IP 连接(通过 LAN 或拨号线路)。使用拨号方式时，客户端必须在建立隧道之前创建与公共互联网络的拨号连接。一个最典型的例子是 Internet 拨号用户必须在创建 Internet 隧道之前拨通本地 ISP 取得与 Internet 的连接。

对于企业内部网来说，客户机已经具有同企业网的连接，由企业网为封装负载数据提供到目标隧道服务器路由。

大多数人误认为 VPN 只能使用拨号连接方式。其实，VPN 只要求支持 IP 的互联网络。一些客户机(如家用个人计算机)可以通过拨号方式连接 Internet 建立 IP 传输。这只是为创建隧道所做的初步准备，并不属于隧道协议。

2) 强制隧道

由支持 VPN 的拨号接入服务器配置和创建一条强制隧道(compulsory tunnel)。此时，用户端的计算机不作为隧道端点，而是由位于客户计算机和隧道服务器之间的远程接入服务器作为隧道客户端，成为隧道的一个端点。

目前，一些商家提供能够代替拨号客户创建隧道的拨号接入服务器。这些能够为客户端计算机提供隧道的计算机或网络设备，包括支持点对点隧道协议(point to point tunneling protocol，PPTP)的前端处理器(front end processor，FEP)，支持第二层隧道协议(layer 2 tunneling protocol，L2TP)协议的 L2TP 接入集线器(L2TP access concentrator，LAC)或支持 IPSec 的安全 IP 网关。本章将主要以 FEP 为例进行说明。为正常地发挥功能，FEP 必须安装适当的隧道协议，同时必须能够当客户计算机建立起连接时创建隧道。

以 Internet 为例，客户机向位于本地 ISP 的能够提供隧道技术的 NAS 发出拨号呼叫。例如，企业可以与某个 ISP 签订协议，由 ISP 为企业在全国范围内设置一套 FEP。这些 FEP 可以通过 Internet 创建一条到隧道服务器的隧道，隧道服务器与企业的专用网络相连。这样，就可以将不同地方合并成企业网络端的一条单一的 Internet 连接。

因为客户只能使用由 FEP 创建的隧道，所以称为强制隧道。一旦最初的连接成功，所有客户端的数据流将自动的通过隧道发送。使用强制隧道，客户端计算机建立单一的 PPP 连接，当客户拨入 NAS 时，一条隧道将被创建，所有的数据流自动通过该隧道路由。可以配置 FEP 为所有的拨号客户创建到指定隧道服务器的隧道，也可以配置 FEP 基于不同的用户名或目的地创建不同的隧道。

自愿隧道技术为每个客户创建独立的隧道。FEP 和隧道服务器之间建立的隧道可以被多个拨号客户共享，而不必为每个客户建立一条新的隧道。因此，一条隧道中可能会传递多个客户的数据信息，只有在最后一个隧道用户断开连接之后才终止整条隧道。

6.4.3　VPN 及其应用

1. 工作机制

VPN 是采用加密和认证技术在公共网络上建立安全专用隧道的网络，主要通过对数据通信进行加密来实现的。

VPN 的工作机制如图 6.19 所示。VPN 系统对要传输的数据进行封装(打包)，加上一个 VPN 数据包头部，在头部中提供路由信息(公网地址)，使封装数据包能够穿越 Internet，到达目的地。由于数据在 Internet 上传输，需要确保其安全，因此就要对封装数据进行签名和加密处理，使其具有保密性(防止未授权访问)、真实性(确认由对方而非第三方发送)、完整性(保证数据未被篡改)。即使传输的数据被第三方截获，由于没有相应的密钥，他也无法读出其内容。对方的 VPN 系统收到封装数据包后，将 VPN 数据包头部去掉(解包)，还要对数据进行解密，并验证数据的真实性和完整性。

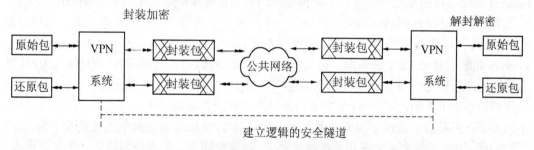

图 6.19　VPN 的工作机制

2. 分类

1) 内部网 VPN

假设一个有很多分布于不同地理位置的分支机构的公司，它在亚洲、欧洲和北美都有办公室。为了将这些分支机构互相连接起来，大致有两种方法，即使用专用网络设施或 VPN。如果考虑前一种方法，公司或者从电信部门租用专用的通信信道，或者建立卫星数据通道，或者安装跨大西洋的数据通道。很显然，这种方法将购买或租用额外的设备(网络电缆和基础设施支持)，还有很高的维护费用，其中最划算的方法比起 VPN 来也是极其昂贵的。而 VPN 解决方案一般仅需要购买 VPN 软件、必要的许可证，可能还需要一些额外的计算机，并对要管理 VPN 的网络管理员或安全管理员进行必要的培训。

图 6.20 说明了如何将一个公司的各分支机构通过 VPN 连接起来。每个分支机构有一个安全网关提供公司内部网和 Internet 的接口。各分支机构可以对安全网关进行配置以实现其安全策略。

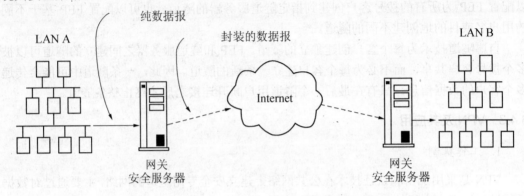

图 6.20 以 Internet 为主干网通过 VPN 互联的分支机构

这种类型的 VPN 主要保护公司的内部网不受外部入侵,同时保证公司的重要的数据流经过 Internet 时的安全性。

2) 拨号 VPN

进入 21 世纪,通过数字用户线(digital subscriber line,DSL)或其他宽带方式将家庭用户接入到 Internet 的情况开始普及。许多公司已经可以通过宽带方式而不是以前的拨号访问方式来访问网站了。但这种通过 Internet 到内部网的宽带连接是不安全的。因为使用 Internet 宽带连接的家庭用户主机和某内部网间的数据交换经过了公共的 Internet。

为了克服传统远程访问的安全性问题,人们推出了拨号 VPN 的解决方案。这种方案充分利用了公共基础设施和 ISP,远程用户通过 ISP 接入 Internet,再通过 Internet 连接与 Internet 相联的企业 VPN 服务器,访问位于 VPN 服务器后面的内部网。一旦接入 VPN 服务器,就在远程用户和 VPN 服务器之间建立一条穿越 Internet 的专用隧道连接。这样,远程用户到当地 ISP 的连接和 VPN 服务器到当地 ISP 的连接都是本地网通信,虽然 Internet 不够安全,但是由于采用了加密技术,远程客户到 VPN 服务器之间的连接是安全的。

因此,用户无论是在家里还是在旅途之中,如果想同公司的内部网建立一个安全连接,可以用拨号 VPN 方案来达到目的。典型的拨号 VPN 是用户通过本地的 ISP 登录到 Internet 上,并与公司内部网之间建立一条加密隧道。

3) 外部网 VPN

外部网 VPN 能保证包括 TCP 和 UDP 服务在内的各种应用服务的安全,如 E-mail、HTTP、FTP、RealAudio 以及一些应用程序如 Java、ActiveX 的安全。因为不同公司的网络环境是不同的,一个可行的外部网 VPN 方案应能适用于各种操作平台、协议、各种不同的认证方案及加密算法。

外部网 VPN 的主要目标是保证数据在传输过程中不被修改,保护网络资源不受外部威胁。安全的外部网 VPN 要求公司在同合作伙伴之间经 Internet 建立端到端的连接时,必须通过 VPN 服务器才能进行。在这种系统上,网络管理员可以为合作伙伴的职员指定特定的许可权，如可以允许对方的销售经理访问一个受到保护的服务器上的销售报告。

　　外部网 VPN 应是一个由加密、认证和访问控制功能组成的集成系统。通常公司将 VPN 代理服务器放在一个安全的防火墙隔离层之后，防火墙阻止所有来历不明的信息传输。所有经过过滤后的数据通过唯一入口传到 VPN 服务器，VPN 服务器再根据安全策略来进一步过滤。VPN 可以建立在网络协议的上层，如应用层；也可建立在较低的层次，如网络层。在应用层可以用一个代理服务器实现 VPN。这就是说，有了 VPN 代理服务器之后，不直接打开任何到公司内部网的连接，就可以防止 IP 地址欺骗。所有的访问都要经过代理，这样管理员就知道谁企图访问内部网，以及他做了多少次这种尝试。

　　外部网 VPN 应能根据尽可能多的参数来控制对网络资源的访问。这些参数可以包括源地址、目标地址、应用程序的用途、所用的加密和认证类型、个人身份、工作组、子网等。管理员应能对个人用户进行身份认证，而不仅仅根据 IP 地址。

3. 标准和协议

　　对于 VPN 来说，安全性也是很重要的。如果不能保证其安全性，黑客就可以假扮用户获取网络信息，这样就会对网络安全造成威胁。

　　为创建隧道，隧道的客户机和服务器必须使用相同的隧道协议。

　　隧道技术可以分别以第二层或第三层隧道协议为基础。上述分层按照 OSI 参考模型划分。第二层隧道协议对应 OSI 参考模型中的数据链路层，使用帧作为数据交换单位。PPTP、L2TP 和 L2F(第二层转发)都属于第二层隧道协议，都是将数据封装在 PPP 帧中通过互联网络发送。第二层隧道协议对应 OSI 参考模型中的网络层，使用数据包作为数据交换单位。IP over IP 以及 IPSec 隧道模式都属于第三层隧道协议，都是将 IP 数据包封装在附加的 IP 数据包头部中，并通过 IP 网络传送。

　　第三层隧道技术通常假定所有配置问题已经通过手工过程完成。这些协议不对隧道进行维护。与第三层隧道协议不同，第二层隧道协议(PPTP 和 L2TP)必须包括对隧道的创建、维护和终止。

　　隧道一旦建立，数据就可以通过隧道发送。隧道客户端和服务器使用隧道数据传输协议准备传输数据。例如，当隧道客户端向服务器端发送数据时，客户端首先给负载数据加上一个隧道数据传送协议数据包头部，然后把封装的数据通过互联网络发送，并由互联网络将数据路由到隧道的服务器端。隧道服务器端收到数据包之后，去除隧道数据传输协议数据包头部，然后将负载数据转发到目标网络。

　　VPN 通过采用隧道技术，在公共网络中形成企业的安全、机密、顺畅的专用链路。常见的 VPN 协议有 SOCKS v5、IPSec、PPTP 和 L2TP。

1) SOCKS v5

　　SOCKS 同 SSL 协议配合使用，可作为建立高度安全的 VPN 基础。SOCKS 协议的优势在于访问控制，因此适用于安全性较高的 VPN。

　　SOCKS v5 具有很多优点。SOCKS v5 在 OSI 参考模型的会话层可以控制数据流，并定义了非常详细的访问控制，在网络层只能根据源 IP 地址和目标 IP 地址允许或拒绝数据包通过，在会话层控制手段更多。SOCKS v5 在客户机和主机之间建立一条虚电路，可由此对用户的认证进行监视和访问控制。SOCKS v5 和 SSL 工作在会话层，因此是唯一能同低层协议如 Ipv4、IPSec、PPTP、L2TP 一起使用的协议。它能提供非常复杂的方法来保证信息安全传输。用 SOCKS v5 的代理服务器可隐藏网络地址结构。如果 SOCKS v5 同防火墙结合起来使用，数据包经一个唯一的防火墙端口(默认是 1080)到代理服务器，代理服务器然后过滤发往目标计算机的数据，这样可以防止防火墙上存在的漏洞。SOCKS v5 能为认证、加密和密钥管理提供插件模块，可让用户很自由地采用他们所需要的技术。SOCKS v5 可根据规则过滤数据流，包括 Java Applet 和 Active X 控件。

SOCKS v5 也具有一些缺点。因为 SOCKS v5 通过代理服务器来增加一层安全性，因此其性能往往比低层协议差，尽管其比网络层和传输层的方案要更安全，但要比低层协议制定更为复杂的安全管理策略。

基于 SOCKS v5 的 VPN 最适合用于客户机到服务器的连接模式，适用于外部 VPN。

2) IPSec

IPSec 一个范围广泛、开放的 VPN 安全协议。IPSec 适合向 IPv6 迁移，提供所有在网络层上的数据保护和提供透明的安全通信。IPSec 支持数据加密，同时确保数据的完整性。按照 IETF 的规定，不采用数据加密时，IPSec 使用验证包头(authen tication header，AH)提供来源验证，确保数据的完整性。采用加密时，IPSec 使用封装安全负载(extra sensory perception，ESP)加密 IP 地址和数据，确保数据的私密性。

IPSec 是第三层的协议标准，支持 IP 网络上数据的安全传输。除了对 IP 数据流的加密机制进行了规定之外，IPSec 还制定了 IP over IP 隧道模式的数据包格式，一般被称做 IPSec 隧道模式。一个 IPSec 隧道由一个隧道客户和隧道服务器组成，两端都配置使用 IPSec 隧道技术，采用协商加密机制。

为实现在专用或公共 IP 网络上的安全传输，IPSec 隧道模式使用的安全方式封装和加密整个 IP 数据包。然后对加密的负载再次封装在明文 IP 数据包头部内，并通过网络发送到隧道服务器端。隧道服务器对收到的数据包进行处理，在去除明文 IP 数据包头部，对内容进行解密之后，获得最初的负载 IP 数据包。负载 IP 数据包在经过正常处理之后被路由到位于目标网络的目的地。

IPSec 隧道模式具有以下的功能性和局限性。

① IPSec 隧道模式只能支持 IP 数据流。

② 工作在 IP 栈(IPStack)的底层，因此应用程序和高层协议可以继承 IPSEC 的行为。

③ 由一个安全策略(一整套过滤机制)进行控制。安全策略按照优先级的先后顺序创建可供使用的加密和隧道机制以及验证方式。当需要建立通信时，双方机器进行相互验证，然后协商使用哪种加密方式。此后的所有数据流都将使用双方协商的加密机制进行加密，然后封装在隧道包头内。

IPSec 协议可以在两种模式下运行，一种是传输模式，另一种是隧道模式(见图 6.21)。传输模式只对 IP 数据包的有效负载进行加密或认证，继续使用以前的 IP 数据包头部，并在原 IP 数据包头部和有效负载之间插入 IPSec 数据包头部。在传输模式中，通信的终点也是加密的终点，所以传输模式用于端到端的 IP 安全通信。隧道模式对整个 IP 数据包进行加密或认证，需要产生一个新的 IP 数据包头部，IPSec 数据包头部放在新产生的 IP 数据包头部和原 IP 数据包头部之间。采用隧道模式时，每一个 IP 数据包都有两个 IP 数据包头部，即外部 IP 数据包头部和内部 IP 数据包头部。外部数据包头部指定将对 IP 数据包进行 IPSec 处理的目标地址，即加密地址；而内部数据包头部指定原始 IP 数据包的目标地址，即通信地址。由于可见，加密的终点不一定是通信的终点，所以隧道模式既可以用于端到端通信，还可以用于端到路由以及路由到路由的 IP 通信。

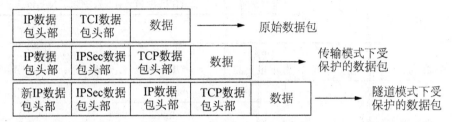

图 6.21　IPSec 的两种工作模式

隧道模式是最安全的，但会带来较大的系统开销。IPSec 现在还不完全成熟，但它得到了一些路由器厂商和硬件厂商的大力支持，预计它今后将成为 VPN 的主要标准。IPSec 有扩展能力以适应未来商业的需要。1997 年底，IETF 安全工作组完成了 IPSec 的扩展，在 IPSec 协议中加上 ISAKMP 协议，其中还包括一个密钥分配协议 Oakley。ISAKMP 和 Oakley 支持自动建立加密信道，以及密钥的自动安全分发和更新。

IPSec 也可用于连接其他协议层已存在的通信协议，如支持安全电子交易协议(secure electronic transaction，SET)和安全套接层(secure pocket layer，SSL)协议。即使不用 SET 或 SSL 协议，IPSec 都提供认证和加密手段以保证信息的安全传输。

IPSec 协议具有很多优点。它定义了一套用于认证、保护私密性和完整性的标准协议。IPSec 支持一系列加密算法如 DES、三重 DES、IDEA。IPSec 检查传输数据包的完整性，以确保数据没有被修改。IPSec 用来在多个防火墙和服务器之间提供安全性。IPSec 可确保运行在 TCP/IP 协议上的 VPN 之间的互操作性。

IPSec 协议也具有其缺点。IPSec 在 C/S 模式下实现有一些问题，在实际应用中，需要公钥来完成。IPSec 需要已知范围的 IP 地址或固定范围的 IP 地址，因此在动态分配 IP 地址时不太适合于 IPSec。除了 TCP/IP 协议外，IPSec 不支持其他协议。除了数据包过滤之外，IPSec 没有指定其他访问控制方法。

IPSec 适合可信的 LAN 到 LAN 之间的 VPN，即内部网 VPN。

3) PPTP/L2TP 协议

PPTP 是 PPP 的扩展，它增强了 PPP 的身份认证、压缩和加密机制，已成为事实上的工业标准隧道协议。Microsoft 在 Windows NT 4.0 中首先支持 PPTP。

PPTP 允许对 IP、IPX 或 NetBEUI 数据流进行加密，然后封装在 IP 数据包头部中通过企业 IP 网络或公共互联网络发送。PPP 和 Microsoft 点对点加密技术(Microsoft point-to-point encryption，MPPE)为 VPN 连接提供了数据封装和加密服务。

如图 6.22 所示，PPTP 使用通用路由封装协议(generic routing encapsulation，GRE)数据报头部和 IP 数据报头部数据封装 PPP 帧(一个 IP 数据包、一个 IPX 数据包或一个 NetBEUI

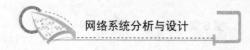

帧)。在 IP 数据报头部中,包含 VPN 客户机和 VPN 服务器对应的源 IP 地址和目标 IP 地址。一般 GRE 在 IP 数据包头部中的协议类型值为 47。

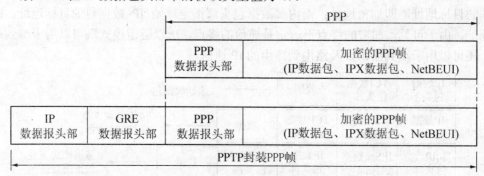

图 6.22 使用 PPTP 封装 PPP 帧

PPTP 本身不提供加密服务,只是对先前加密了的 PPP 帧进行封装。为了保证隧道安全,PPTP 使用两个 PPP 安全特性,一个是用户验证,另一个是数据加密。PPP 通过使用从 MS-CHAP 或过程中生成的密钥,以 MPPE 方式对 PPP 帧进行加密。为了加密 PPP 帧的有效负载,VPN 客户机必须经过 MS-CHAP 或 EAP-TLS 身份验证协议。

建立 PPTP 通信要经过以下 3 个步骤。

(1) 建立 PPP 连接。PPP 客户机通过 PPP 连接到 Internet,在建立 PPP 连接的过程中需要经过用户身份验证,完成身份验证后对数据包进行加密。

(2) 建立 PPTP 控制连接。在 PPP 连接的基础上,PPTP 创建了一个由 PPTP 客户机到 PPTP 服务器的控制连接。实际上 PPTP 使用一个 TCP 连接对隧道进行控制。

(3) 建立 PPTP 数据隧道。PPTP 产生包含加密 PPP 帧的 IP 数据包,通过 PPTP 隧道发送到 PPTP 服务器,然后由 PPTP 服务器对该 IP 数据包进行拆封、解密。

L2TP 的前身是 Cisco 制订的第 2 层发送协议(layer 2 forwarding,L2F)。PPTP 用 IP 数据包来封装 PPP,用简单的数据包过滤和 Microsoft 域网络控制来实现访问控制。L2TP 由 PPTP 和 Cisco 公司的 L2F 协议组合而成,可用于基于 Internet 的远程拨号方式访问。它能为使用 PPP 的客户端建立拨号方式的 VPN 连接。L2PT 也可用于传输多种协议数据,如 Net Bios。当 PPTP 和 L2TP 一起使用时,还可提供较强的访问控制能力。

PPTP 和 L2TP 具有很多优点。PPTP/L2TP 对于用 Microsoft 操作系统的用户来说很方便,因为 Microsoft 已把它作为路由软件的一部分。PPTP 和 L2TP 支持其他网络协议,如 Novell 的 IPX、NetBEUI 和 AppleTalk 协议,还支持流量控制。它通过减少丢弃数据包来改善网络性能,这样可减少重传。

PPTP 和 L2TP 也具有一些缺点。PPTP 和 L2TP 将不安全的 IP 数据包封装在安全的 IP 数据包内,它们用 IP 帧在两台计算机之间创建和打开数据通道。一旦打开通道,源用户和目标用户身份就不再需要,这样可能带来问题。它不对两个结点间的信息传输进行监视或控制。PPTP 和 L2TP 同时最多只能连接 255 个用户。端点用户需要在连接前手工建立加密信道。认证和加密受到限制,没有强加密和认证支持。

PPTP 和 L2TP 最适合用于远程访问 VPN。

4. VPN 解决方案的选择

VPN 解决方案一般分为 VPN 服务器和 VPN 客户端。VPN 服务器应用一般部署在安全网关上，而 VPN 客户端应用安装于非网关的主机上。典型的 VPN 部署包括安装 VPN 服务器和客户端。但是为了讨论方便，这里所指的 VPN 解决方案既可以指 VPN 服务器和客户端应用的组合，也可以分别指 VPN 服务器或客户端。

选择 VPN 解决方案时需要考虑以下 8 个要点。

1) 认证方法

在 VPN 解决方案中首先要寻找的标准之一是认证方法。该认证应该支持主要 PKI 厂商的 PKI 和一些其他兼容 X.509 的 PKI。

如果还未部署 PKI，可以使用预共享秘密认证方法。但需要注意的是，预共享秘密认证方法提供的安全性是很有限的，特别适用于建立 VPN 链路的口令被一组用户共享时。

如果公司已经部署了远程访问认证系统，如 SecurID、TACACS、RADIUS、一次性口令系统或其他系统，那么可以考虑采取支持 XAuth 和混合认证的 VPN 解决方案。XAuth 提供双向认证，即使用数字证书或预共享秘密对远程机器进行认证和使用已有的认证系统对用户进行认证。另一方面，混合认证允许非对称认证，如在认证中 VPN 网关使用已有的认证系统对远程 VPN 客户端进行认证，而远程 VPN 客户端使用数字证书对 VPN 网关进行认证。

2) 支持的加密算法

就加密算法而言，VPN 解决方案至少应该支持 AES；为了和以前的 VPN 实现兼容三重 DES 也是应该有的。AES 支持的密钥长度为 128、192 和 256bit，然而并非所有的实现都支持这些密钥长度。对于大部分 VPN 数据流而言，128bit 密钥的 AES 是安全的；对于需要中等或高度安全性的数据流而言，192bit 或 256bit 的密钥比较适合。如果 VPN 解决方案需要高度的灵活性，支持所有这 3 种密钥长度的 AES 则更合适。

3) 支持的认证算法

IPSec 规范规定，所有的 IPSec 实现都应该支持带消息认证码 HMAC 的 MD5 和 SHA-1 杂凑函数。在这两个杂凑函数中，SHA-1 更安全，因为 SHA-1 的消息摘要是 160bit 而 MD5 的消息摘要是 128bit。但是 MD5 速度更快一些，如果考虑的重点是速度而非增加安全性(类似于拨号连接和 DSL 连接的情况)，那么 MD5 则是更谨慎的选择。在这两种情况下，两个杂凑函数都应该被支持。对于高安全性需求，支持具有 192bit 消息摘要的 Tiger 可能会更合适。

4) Diffie-Hellman 群

IKE 在 ISAKMP 阶段 1 的 SA 协商中使用 Diffie-Hellman 密钥交换为 IPSec 通信双方建立共享秘密，认证和加密密钥是使用这个密钥生成的。Diffie-Hellman 密钥交换的安全性依赖于它所使用的 Diffie-Hellman 群的大小。因为阶段 1 的 SA 协商用来保护协商阶段 2(快速模式和新群模式)的 SA 协商，IPSec 服务的总体安全性在很大程度上依赖于 Diffie-Hellman 密钥交换，而后者的安全性依赖于使用的 Diffie-Hellman 群的大小。所以 VPN 解决方案支持足够安全的 Diffie-Hellman 群是至关重要的。前 4 个 Diffie-Hellman 群的安全性相当于一个长度为 70~80bit 的对称密钥的安全性。考虑到 AES 的最小密钥长度是 128bit，第一群的安全性可能不够，应该寻找支持规模至少为 1536bit 的第五群或更大的群。

5) 交换模式

按照 RFC2409 规范，IKE 支持两种交换模式用于阶段 1 的 SA 协商，即主模式和野蛮模式。两种模式的主要的区别在于主模式在阶段 1 的 SA 协商中提供身份信息交换的保护，而野蛮模式不提供。考虑到一个阶段 1 的 SA 协商可以用来保护多个阶段 2 的 SA 协商，由于保护身份信息而多出 3 个往返消息是值得的。野蛮模式要比主模式易于实现，但是一些 VPN 实现的阶段 1 的 SA 协商只支持野蛮模式。为了和这些 VPN 应用实现互操作，VPN 解决方案应支持野蛮模式交换。另外，在阶段 2 的 SA 协商中应该支持快速模式和新群模式交换。

6) AH 和 ESP 操作模式

大部分 VPN 实现支持 AH 和 ESP 的传输和隧道模式。一些实现允许具体选定所期望的用于这些协议的操作模式，而其他实现基于选定的参数直观地做出选择。每种方式都有其好处。决定使用哪种方式一般是个人偏好问题。

7) 易于部署

VPN 解决方案另一个需要考虑的因素就是部署的难易程度，特别是当多个解决方案提供类似的技术特征时，如部署是否可以自动化；部署完成之后，进行修改的难易程度如何；策略实施的难易程度如何；是否可以"锁定"特征使得非授权用户无法修改策略等。

8) 兼容分布式或个人防火墙的可用性

当远程主机建立一个到公司网络的 VPN 连接时，如果远程客户端主机被侵入，攻击者可以通过被侵入的远程客户端随意访问公司网络。所以，应该采取的重要措施是保护那些允许与公司网络建立远程连接的客户端。在远程主机上安装个人防火墙或者安装可以由公司网络中的结点集中管理的分布式防火墙，这是一个值得考虑的解决方案。理想的 VPN 解决方案应该允许集成个人或分布式防火墙以保护所建立的 VPN 连接。

5. VPN 部署

1) 配置 VPN 服务器

(1) 尚未配置。Windows 2000 中的 VPN 包含在"路由和远程访问服务"中。当安装好 Windows 2000 服务器之后，它也就随之自动存在了。选择"开始"→"程序"→"管理工具"命令，单击"路由和远程访问"图标，进入其主窗口后，在左边的树形结构目录中选中"服务器准状态"选项，即可从右边窗口看到其"状态"正处于"已停止(未配置)"状态下。

(2) 开始配置。要想让 Windows 2000 计算机能接受客户机的 VPN 拨入，必须对 VPN 服务器进行配置。在左边窗格中选中"SERVER(本地)"(服务器名)选项，右击，从弹出的快捷菜单中选择"配置并启用路由和远程访问"命令，如图 6.23 所示。

(3) 如果以前已经配置过这台服务器，现在需要重新开始，则右击"SERVER(本地)"(服务器名)选项，从弹出的快捷菜单中选择"禁用路由和远程访问"命令，即可停止此服务，以便重新配置。

(4) 当进入配置向导之后，在"公共设置"选项组中，点选"虚拟专用网络(VPN)服务器"单选按钮，以便让用户能通过公共网络(如 Internet)来访问此服务器。

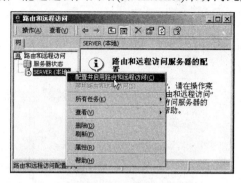

图 6.23　配置服务器

(5) 在"远程客户协议"对话框中，一般来说，这里面至少应该已经有了 TCP/IP 协议，则只需直接单击"是"按钮，所有可用的协议都在列表上，再单击"下一步"按钮即可。

(6) 系统会要求用户再选择一个此服务器所使用的 Internet 连接，在其下的列表中选择所用的连接方式(如已建立好的拨号连接或通过指定的网卡进行连接等)，然后再单击"下一步"按钮。

(7) 在回答"您想如何对远程客户机分配 IP 地址"的询问时，除非用户已在服务器端安装好了 DHCP 服务器，否则请在此处点选"来自一个指定的 IP 地址范围"单选按钮。

(8) 根据提示输入要分配给客户端使用的起始 IP 地址，将其添加进列表中，如此处为 "92.168.0.80~192.168.0.90"(请注意，此 IP 地址范围要同服务器本身的 IP 地址处在同一个网段中，即前面的"192.168.0"部分一定要相同)。

(9) 点选"不，我现在不想设置此服务器使用 RADIUS"单选按钮，此时屏幕上将自动出现一个正在开户"路由和远程访问服务"的小窗口，当它消失之后，在"管理工具"窗口单击"服务"图标，打开"服务"对话框，即可以看到"Routing and Remote Access"(路由和远程访问)项已"自动"处于"已启动"状态了。

2) 赋予用户拨入的权限

(1) 默认情况下，任何用户均被拒绝拨入到服务器上。

(2) 想要给一个用户赋予拨入到此服务器的权限，需打开管理工具中的用户管理器(在"计算机管理"选项或"Active Directory 用户和计算机"选项中)，选中所需要的用户，右击，从弹出的快捷菜单中选择"属性"命令。

(3) 在该用户属性窗口中选择"拨入"选项卡，然后点选"允许访问"单选按钮，再单击"确定"按钮即可完成赋予此用户拨入权限的工作。

3) 通过 LAN 来进行的 VPN 连接

(1) 进入 Windows 98 的计算机，它要想连接到 VPN 服务器，则需要先安装 VPN 服务。在控制面板的"网络与 Internet 连接"下添加 VPN 服务。安装完成之后再根据提示重启动计算机。

(2) 重新启动计算机之后，在控制面板的"网络"中就有了"Microsoft 虚拟私人网络适配器"选项，即说明 VPN 服务已安装成功，如图 6.24 所示。

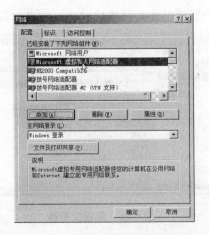

图 6.24　Microsoft 虚拟私人网络适配器

(3) 建立到 VPN 服务器的连接。首先进入"我的电脑"里的"网络与 Internet 连接"中，双击"建立新连接"选项，打开"建立新连接"对话框，然后在"请键入对方计算机的名称"文本框中输入连接名，如"局域网内的 VPN 连接"，在"选择设备"下拉列表中选择"Microsoft VPN Adapter"选项，再单击"下一步"按钮，如图 6.25 所示。

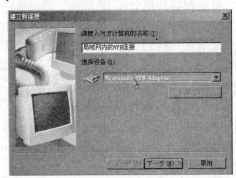

图 6.25　建立到 VPN 服务器的连接

(4) 在主机名或 IP 地址文本框中输入 Windows 2000 服务器的名字或 IP 地址，如"192.168.0.1"，再根据提示操作即可建立成功，如图 6.26 所示。

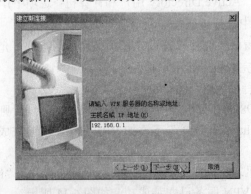

图 6.26　输入 VPN 服务器的名称或 IP 地址

(5) 在"网络与 Internet 连接"中双击刚才建立好的"局域网内的 VPN 连接"图标，再输入相应的用户名(需具有拨入服务器的权限)和密码，最后单击"连接"按钮，如图 6.27 所示。

图 6.27　局域网内的 VPN 连接

(6) 如果成功连接到了 VPN 服务器，此时就会像普通拨号上网成功一样，在任务栏右下角会出现两个小电脑的图标，双击该图标即可出现连接状态小窗口。

4) 通过 Internet 来进行的 VPN 连接

(1) 确保服务器已经连入了 Internet，用 ipconfig 命令测出其在 Internet 上合法的 IP 地址。

(2) 在 Windows 98 客户机端建立一个新的 VPN 连接，在相应处输入服务器在 Internet 上的合法的 IP 地址；然后将客户机端也拨入 Internet，再双击所建立的 VPN 连接，输入相应用用户名和密码后单击"连接"按钮。

(3) 连接成功之后可以看到，双方的任务栏右侧均会出现两个拨号网络成功运行的图标，其中一个是到 Internet 的连接，另一个是 VPN 的连接，如图 6.28 所示。

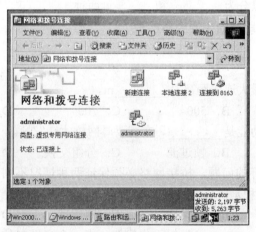

图 6.28　VPN 的连接

(4) 当双方建立好了通过 Internet 的 VPN 连接后，即相当于又在 Internet 上建立好了一个双方专用的虚拟通道，而通过此通道，双方可以在网上邻居中互访，即相当于又组成了一个 LAN，这个网络是双方专用的，而且具有良好的保密性能。

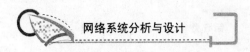

VPN 建立成功之后，双方便可以通过 IP 地址或网上邻居来达到互访的目的，也可以使用对方所共享的软硬件资源。

本 章 小 结

本章主要介绍了 LAN 的组建与 VPN 相关内容。首先对办公室 LAN 组建所涉及的需求进行介绍。然后介绍了如何搭建文件服务器。为了能够将更多的用户连接在一起，需要进行 LAN 扩展。为实现在不安全的公共传输信道上传输私密信息，本章引入了 VPN。利用开放性的公共网络作为共户信息传输的媒体，通过附加的隧道封装、信息加密、用户认证和访问控制等技术实现对信息传输过程的安全保护，从而向用户提供类似专用网络的安全性能。

习 题

一、填空题

1. 为了接收一个数据包，CPU 在_____中分配缓冲区空间，然后指示_____把要传入的数据包读入缓冲区。

2. 10BASE5 使用的网卡不包括_____，也不处理模拟信号。

3. 连接在集线器上的计算机必须有一个物理以太网地址，每台计算机必须使用_____来取得网络控制及标准以太网帧格式。

4. 10BASE-T 的接口必须有一个_____连接器。

5. 文件服务器可以分为_____和_____两种。

6. 限制 LAN 连接距离的主要因素就是_____。

二、选择题

1. 以太网网段的最大连接距离是_____m。
   A．200　　　　　B．500　　　　　C．700　　　　　D．1000

2. 网桥最有用的功能是_____，在需要时网桥才转发帧。
   A．存储转发　　B．帧过滤　　　C．分组交换　　D．报文交换

3. 为防止无限循环的问题，桥接网络必须保证两种情况不同时发生，第一种是所有网桥转发所有帧，第二种是桥接网络包含有一个_____。
   A．生成树　　　B．交叉树　　　C．网桥环　　　D．闭塞环

4. 从物理上来看，_____类似于集线器—由一个多端口的盒子组成，每个端口连接一台计算机。
   A．中继器　　　B．网桥　　　　C．交换机　　　D．路由器

5. _____通过一个专用的通道来创建一个安全的专用连接，从而将远程用户、企业分支机构、公司的业务合作伙伴等与公司的内部网连接起来，构成一个扩展的企业内部网。

　　　A．VPN　　　　　B．PPN　　　　　C．PSTN　　　　D．ISDN

6．IPSec 是第_____层的协议标准，支持 IP 网络上数据的安全传输。

　　　A．三　　　　　　B．四　　　　　　C．五　　　　　　D．六

三、问答题

1．LAN 中常用的 3 种通信协议分别是什么？

2．什么是 CSMA/CD？

3．简述文件服务器的作用。

4．简述网桥的基本功能，并画出网桥的工作流程图。

5．简述 VPN 的工作原理。

6．如何进行 LAN 的扩展？

第 **7** 章

网络性能分析

学 习 目 标

- 了解网络性能的特点和度量方法；
- 了解优化性能的系统设计方法；
- 理解并掌握计算机性能分析的评价方法。

知 识 结 构

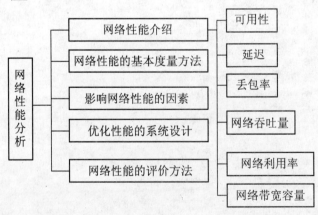

7.1　网络性能介绍

随着网络新技术、新业务的飞速发展，人们对网络性能的研究越来越重视。基于 Internet 的 SNMP 和基于电信网的通用管理信息协议(common management information protocol，CMIP)在各种网络环境中得到广泛应用并发挥了巨大作用。与此同时，网络用户也变得越来越成熟，人们希望得到更好的服务，希望得到更快的上网速度；另一方面，网络提供商也要努力提供最好的服务给用户，以在激烈的竞争环境下生存。不可避免地，网络性能越来越成为人们关注的焦点。

7.1.1　可用性

可用性是指在某特定时间段内，系统正常工作的时间段占总时间段的百分比。可用性分为以下 3 种。

(1) 业务的可用性：对一定特定业务，能够发送数据包并收到响应包。

(2) 主机的可用性：能发送数据包(ping)到某一主机，并收到响应包。

(3) 网络的可用性：能从该网络发数据包到 Internet，并收到响应包。

上述情况都可以通过发送相应的数据包并通过检测响应包来测试。

(1) Web 业务可用性测试：用 Web 浏览器从目标服务器下载指定页面，测量响应时间、丢包率和吞吐量。

(2) 主机可用性测试：利用 ping 命令测试目标主机，确认该主机对 ICMP 数据包有响应。

(3) 网络可用性测试：对目标主机进行路由跟踪，以确定其与目标网络之间的连通性。

这些测量都会产生延迟和丢包率，可以根据需要确定系统正常运行所能容忍的最大延迟和丢包率，当超过这些限值时，就认为该网络或业务是不可用的。

与可用性相关的重要指标有以下两个。

(1) 平均修复时间(mean time to repair，MTTR)：业务故障后用于恢复正常的时间。

(2) 平均故障间隔时间(mean time between failure，MTBF)：业务正常至下次故障之间的时间。

MTTR 和 MTBF 都是与可用性相关的重要指标。每两年发生 1 次故障，但 MTTR 为 1 周的业务确实不是很理想(故障次数少但故障后修复时间长)；但对于 MTTR 更小、而 MTBF 也很小的业务(故障次数多，但每次故障修复时间短)，虽然其可能有很好的可用性数据，但这种频繁故障、频繁修复的业务对用户来说确实是无法容忍的。

7.1.2　延迟

延迟是指在传输介质中传输所用的时间，即从报文开始进入网络到报文开始离开网络之间的时间，对于很多中型网络而言，一个数据包(或一组数据包)一旦从一台主机被发送到另一台主机，就必须等待直到收到一个应答包。网络延迟的确定常需测量往返时间(round trip time，RTT)，即一个数据包自客户机到服务器间往返所需的时间间隔。网络延迟并不是固定不变的，而是随着网络状态变化而变化。

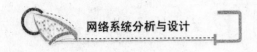

7.1.3 丢包率

丢包率(loss tolerance)是指在测试中所丢失数据包数量占所发送数据包的比率,通常在吞吐量范围内测试。丢包率与数据包长度和数据包发送频率相关。通常,千兆网卡在流量大于200Mb/s时,丢包率小于0.05%;百兆网卡在流量大于60Mb/s时,丢包率小于0.01%。

数据包经过网络时可能因路由器排队而延迟。如果队列满了,路由器将由于没有足够的空间而丢弃一些数据包。其他的网络故障也可能引起丢包。网络丢包率是指在特定时间间隔,从客户机到服务器间往返过程中丢失的数据包占所发送数据包的百分比数。数据包丢失一般是由网络拥堵引起的。丢包率一般在0%~15%(严重拥塞)间变化,更高的丢包率可能导致网络不可用。少量的丢包率并不一定表示网络故障,很多业务在少量丢包的情况下也能继续进行。例如,一些实时应用或流媒体业务,如 VoIP 就可以允许少量的丢包,并且也不重发丢失的包;另外,TCP 正是靠检测丢包来发现网络拥塞的,这时它会以更低的速率重发丢失的包。

7.1.4 网络吞吐量

网络吞吐量是指在某个时刻,在网络中的两个结点之间,提供给网络应用的剩余带宽。网络吞吐量可以帮助寻找网络路径中的瓶颈。例如,即使客户机和服务器都被分别连接到各自200Mb/s的以太网上,但是如果这两个200Mb/s的以太网被20Mb/s的客户机连接起来,那么20Mb/s的以太网就是网络瓶颈。

网络吞吐量通过监测某特定时间间隔传输的字节数来测量。要注意选取适当的测量时间间隔。过长的时间间隔会平滑掉突发速率,过短的时间间隔又会夸大突发速率。折中的办法是选择1~10min的时间间隔,最好不在相同时间分别进行测试。

7.1.5 网络利用率

网络利用率是指网络被使用的时间占总时间的比例。例如,以太网虽然是共享的,但同时却只能有一个报文在传输。因此,在任一时刻,以太网或者是 100%的利用率,或者是 0%的利用率。计算一个网段的网络利用率相对比较容易,但是确定一个网络的利用率就比较复杂。因此,网络测试工具一般使用网络吞吐量和网络带宽容量来确定网络中两个结点之间的性能。

7.1.6 网络带宽容量

与网络吞吐量不同,网络宽带容量指的是在网络的两个结点之间的最大可用宽带,这是由组成网络设备的能力所决定的。当有了网络性能的指标及如何测量这些指标的方法后,下一步该做的就是如何将收集到的原始数据经统计、处理和分析,得出相关网络或业务的总体情况以及性能指标数据的变化与业务性能。

7.2 网络性能的基本度量方法

当有多条路径到达相同目标网络时,路由器需要一种机制来计算最优路径。度量是指派给路由的一种变量。作为一种手段，度量可以按最好到最坏或按最先选择到最后选择来对路由器进行等级划分。

7.2.1　带宽

带宽原意是指某个信号具有的频带宽度，带宽的单位有赫兹(Hz)、千赫兹(kHz)、兆赫兹(MHz)等。

对于数字信道，带宽是指在信道上(或一段链路上)能够传送数字信号的速率，即数据率或比特率。比特(bit)是计算机中的数据的最小单元，也是信息量的度量单位。带宽的单位就是比特每秒(b/s)，带宽有时也称为吞吐量。数字信道的几种常用带宽单位的关系为 $1kb/s=10^3b/s$，$1Mb/s=10^6b/s$，$1Gb/s=10^9b/s$，$1Tb/s=10^{12}b/s$.

请注意，在计算机界，$K=2^{10}=1024$，$M=2^{20}$，$G=2^{30}$，$T=2^{40}$。通信与计算机领域的数量单位 K、M、T 有不同的含义。

在时间轴上，信号的宽度随带宽的增大而变窄，如 7.1 图所示。

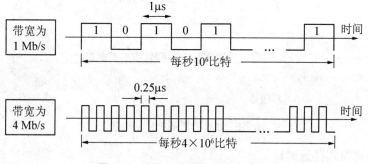

图 7.1　信号的宽度与带宽的关系

7.2.2　时延

时延是指一个报文或分组从一个网络(或一条链路)的一端传送到另一端所需的时间。时延由发送时延、传播时延和处理时延组成。

1. 发送时延

发送时延是发送数据所需要的时间，其计算公式为

$$发送时延=数据块长度/信道带宽$$

例如，有一个 100MB 的数据块，求将其发送到高速链路(10Mb/s)上的发送时延。

解：发送时延=数据块长度/信道带宽=$100 \times 2^{20} \times 8/(10 \times 10^6)$=84(s)。

2. 传播时延

传播时延是电磁波在信道中传播所需要的时间，其计算公式为

$$传播时延=信道长度/电磁波在信道上的传播速率$$

1) 电磁波的传播速率比较

电磁波在不同介质内传播速率不同。例如，电磁波在真空中的传播速率为 $3.0 \times 10^8 m/s$，在铜线中的传播速率为 $2.31 \times 10^8 m/s$，在光纤中的传播速率为 $2.05 \times 10^8 m/s$。

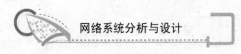

2) 传播时延的计算方法

例如，从宜昌到北京的高速链路由光纤构成，距离为 2000km，求传播时延。

解：传播时延=信道长度/电磁波在信道上的传播速率=$2.0 \times 10^6/(2.05 \times 10^8)=10(ms)$。

3. 处理时延

处理时延是指数据在交换结点等候发送在缓存的队列中处理所经历的时延，由结点计算机等性能、报文的性质和网络的通信量等因素决定。

数据经历传送的总时延就是以上 3 种时延之和，即

$$总时延=传播时延+发送时延+处理时延$$

3 种时延所产生的位置如图 7.2 所示。

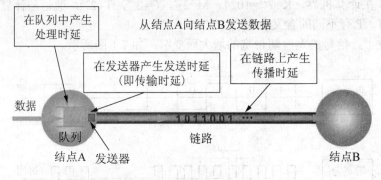

图 7.2 3 种时延所产生的位置

7.2.3 时延带宽积和往返时延

网络性能的两个度量传播时延和带宽相乘，就得到另一个很有用的度量，即传播时延带宽积，即传播时延带宽积=传播时延×带宽。链路的时延带宽积又称为以比特为单位的链路长度。

在计算机网络中，RTT 也是一个重要的性能指标，它表示从发送端发送数据开始，到发送端收到来自接收端的确认总共经历的时延。RRT 是传播时延的两倍。

7.3 影响网络性能的因素

随着基于网络的应用逐渐丰富，网络规模化、普及化已势不可挡。如今，几乎任何稍具规模的企业和学校都会构建一个网络，并通过网络进行各种工作、生活和学习，网络已无处不在。正是因为网络在日常工作中占据越来越重要的地位，对于网络的性能，如实现更高网络速度，更有效地利用带宽资源，保证基于网络的业务应用等方面就成为了越来越多企业决策者所重点关注的方向。

但要实现真正的网络管理和优化，除了需要寻找一种功能丰富、成熟稳定的新技术，需要网络中的业务运行情况和资源使用情况有清晰的了解之外，还必须了解哪些是影响网络性能的因素。只有综合了解了网络的设计、服务质量、路由交换、网络流量、安全等各个方面，从中找出可避免的正确方式、方法，才能使网络性能得到极大的提升。

1. 设计

设计决定了整个网络的速度。一个好的网络整体规划设计不但能够满足性能的要求，而且使投入最少，同时还应该便于日后对网络进行扩展。网络设计是一个非常大的课题，从交换机和路由器的选择和配置到综合排线，各方面因素都必须慎重考虑。

通常情况下，好的设计需要满足以下 4 个要求。

(1) 功能性。这个网络必须能够工作。它要使得用户能够满足工作上的需要，必须以合理的速度和可靠性为用户提供用户到用户和用户到应用的连接。

(2) 可扩展性。网络必须具有高可扩展性，并能兼容未来的技术以及可实现平滑升级等。

(3) 适应性。在设计网络时，用户应该具有长远的目光，考虑到未来技术的发展。并且，不应该包含限制新技术在网络中开展的因素。

(4) 易管理性。设计的网络应支持网络监控和管理，以保证运行中的持续稳定。

2. 服务质量

企业网的稳定与否往往决定于一些关键性的服务器和服务是否稳定运行。通常，现代的企业都会使用一些 MIS、ERP 系统对企业进行管理，而 QoS 能够保证企业关键性的服务稳定。通过在交换机中保留一定的带宽给关键服务数据包，使得关键服务的性能能够得到保证。

3. 路由交换

作为构建网络的基础架构，交换机和路由的配置也是非常重要的网络性能因素，越来越多的企业将更多的智能管理特性融和到产品中，以领先管理能力的解决方案服务用户，全面满足了用户在管理方面的需求。目前，企业的路由交换产品都符合业界标准，具备良好的兼容性和互联互通能力，从而为实现一体化的网络管理提供了可信赖的网络基础。

4. 网络流量

用户必须了解网络应用数据流的信息，并经常嗅探网上数据包的情况，了解哪些信息在网上传输。对于网络带宽，尤其是出口带宽，如果企业中的员工使用如网上视频点播或者 BitTorrent 等 P2P 软件，会带来巨大的影响。

5. 安全

当外界网络对企业网内部进行 DOS 攻击时，端口扫描对企业网的影响非常大。因此，用户必须实时了解网络安全状态，对于异常安全问题要提高警觉；对于交换机和路由器等设备，用户应时刻关注全网拓扑结构。

7.4　优化性能的系统设计

网络性能优化是指通过各种硬件或软件技术使网络性能达到人们需要的最佳平衡点，可以从两方面来理解。从硬件方面来说，网络性能优化是指在合理分析系统需要后在性能

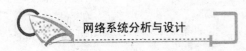

和价格方面做出最优解；从软件方面来说，网络性能优化是指通过对软件参数的设置以期取得在软件承受范围内达到最高性能负载。

在现有的网络状态下，使用者经常会被带宽拥塞、应用性能低下、蠕虫病毒、DDoS肆虐、恶意入侵等对网络使用及资源有负面影响的问题及困扰。网络优化功能是针对现有的防火墙、安防及入侵检测、负载均衡、频宽管理、网络防毒等设备及网络问题的补充，能够通过接入硬件及软件操作的方式进行参数采集、数据分析，找出影响网络质量的原因，通过技术手段或增加、调整相应的硬件设备使网络达到最佳运行状态的方法，使网络资源获得最佳效益，同时了解网络的增长趋势并提供更好的解决方案，实现网络应用性能加速、安全内容管理、安全事件管理、用户管理、网络资源管理与优化、桌面系统管理，流量模式监控、测量、追踪、分析和管理，并提高在 WAN 上应用传输性能的功能的产品(主要包括网络资源管理器、应用性能加速器、网页性能加速器 3 大类)，针对不同的需求及功能要求进行网络的优化。

网络优化系统还具有的功能，如支持的协议、网络集成功能(串接模式、旁路模式)、设备监控功能(压缩数据统计、QoS、带宽管理、数据导出、应用报告、故障时不间断工作，或通过网络升级等。

结合目前网络性能及存在的问题，在网络系统的优化和建设中应做到以下 3 点。

(1) 网络设计要适应技术和需求的发展，既考虑到现实需求，又考虑到长远的发展，同时有明确的阶段目标和对策，使投资具有可继承性，使网络具有可拓展性和业务升级的能力。

(2) 网络构架层次清晰，具有高可靠性、开放性和拓展性，以光纤为主干网，并采用各种连接手段，交换局数少，交换局点少，服务结点分散(服务结点具备提供综合业务的能力)，网络连接方式透明。

(3) 在制订网络优化方案时，应致力于采用全方位的解决方案，同时注重综合成本性能比，以避免以后重复投资。

7.5　网络系统的性能分析评价方法

网络系统的性能分析评价是指首先对网络建立合理的能够进行性能分析评价的物理模型，然后利用排队论建立其数学模型，继而进行性能的分析评价和仿真实验评价。网络系统的性能分析评价方法有多种，包括物理模型法、理论分析法、程序模拟法、综合分析法等，典型的网络系统的性能分析评价方法有 3 种，即解析法、数值法和仿真法。

7.5.1　解析法

解析法是一种基于公式的通信系统性能评估技术方法。其特点是能得到性能参数的公式解。它可在性能参数和系统输入参数间建立起清晰的关系，从而有助于更深入地了解系统的特性。在应用系统设计的初期阶段，这种方法是很有用的。但在实际建模中，必须对系统进行很多的简化才能得到解析解，因此除了一些理想的和极简单的模型情况，仅用解析法评价复杂的网络模型性能是非常困难的。

7.5.2　数值法

相比于解析法，数值法可以得到更复杂模型的精确解，且解的形式是一组法定输入参数下的性能指标，但代价是需要庞大的计算时间和计算空间。在应用系统设计的后期，设计的选择限于很小的子集时，这种方法是有用的。数值法仍然要求对应用系统做比较多的抽象，所以其应用也受到限制。

7.5.3　仿真法

将基于仿真的方法用于网络系统性能分析评估，几乎可以按要求的任意详细程度建立模型。仿真法通过对相应抽象模型的状态跟踪而得到实际系统的行为特性。仿真法可用于应用系统设计的各个阶段，可以很容易地将数学的和经验的模型结合在一起。仿真法的不足之处是计算量大，只能通过仔细地选择建模和仿真技术来加以缓解。随着通信系统复杂度的不断提高，解析法和数值法越来越不适应通信网络系统的特点，仿真法逐渐成为计算机通信网络系统性能分析评估的主流方法。通信网络系统的仿真是统计型仿真，每次仿真运行的结果不是确定的，而是一个服从某种分布的随机变量；性能参数的精确解是无法得到的，只能是一个大致的区间估计。

1. 网络系统的计算机仿真原理

网络系统的计算机仿真是利用计算机对所研究的系统结构、系统功能和系统行为进行动态模仿，即通过计算机程序的运行来模拟网络的动态工作过程。LAN 的仿真，除了可以获得网络工作的特性参数，还可以分析有关因素对网络工作性能的影响程度，寻求发挥设备最大效益的策略，以实现对 LAN 信息量的最佳控制；此外，还可以预测新设计的网络性能；分析具有容错功能的网络系统在局部发生故障时，工作效率受到影响的程度等。随着计算机通信网络系统规模越来越大，网络分层协议越来越复杂，组网产品越来越多，网络协议和组网产品也成为仿真中必须考虑的因素。

2. 网络系统的计算机仿真方法

离散事件系统仿真的基本方法是蒙蒂卡洛法(Monte Carlo method)，它是一种现代数值方法，其主要思想是把数学、物理、工程技术与生产管理等方面要计算的带有随机性的问题转化为一个概率模型(如随机过程)，使模型的若干数字特征(如数学期望) 表示为所需计算的量，然后利用抽样试验和统计方法求出这些数学特征的估算值，去近似代替所要求的量，并估计其误差或方差。

离散事件系统中的实体到达间隔、服务时间等通常是随机变量。因此，如何产生随机数、如何获得随机变量的抽样值是需要考虑的一个重要问题。

通信网络系统的建模与一般离散事件系统仿真过程有所不同。通信网络系统主要由信息流、网络资源和通信协议组成。信息流和网络资源与其他离散事件系统没有本质的差别，通用的离散事件仿真方法可以较容易地对它们进行描述，复杂的通信协议是一般离散事件仿真没有解决的。所以，针对信息流模型、网络资源模型和网络协议模型各自的特点，需要分别建模。

参考模型对网络的分层含义实际上是把"数据从网络上的某一点传送到网络上的另一点"这个任务分解成7个不同的任务，使任务分层处理，各层完成各自对数据的封装和分配。

抽象地来看通信网络的实际运作，可以认为通信网络的过程实际上就是用户随机产生对网络资源的请求，由网络协议控制其网络资源的分配以满足用户需求的过程。为了仿真通信网络系统，就必须对构成系统的各个组成部分进行建模。

对通信网络系统进行计算机仿真是参照OSI参考模型的分层概念，建立对应于各层功能、性能描述的仿真模型，再用计算机语言代码编制成对应仿真模型的计算机程序模块，并通过运行这些计算机程序来模拟通信网络系统的动态工作过程。

一个完整的通信网络系统不仅包括数据帧、发/收两端的各种设备，还包括通信协议和传输信道等。要使计算机仿真通信网络系统的结果精确地与实际情况一致，仿真的模型就应尽可能详细。这样，仿真占用的资源和耗费的时间与精力也会随之增加。如何在模型复杂性与仿真的准确性之间找到合适的平衡和折中，是实现仿真时的中心问题。

3. 网络系统的一般仿真过程

网络系统的仿真过程如图7.3所示，在仿真过程中，最重要的两个环节是真实系统到概念模型的抽象(建立模型)和概念模型到仿真模型的转换(描述模型)。

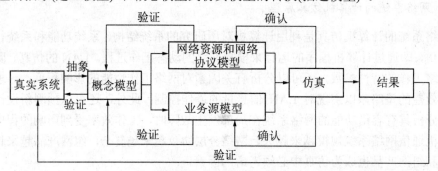

图7.3　网络系统的仿真过程

建立模型主要包括信息流模型、通信信道模型、网络资源模型和网络协议模型的建立。描述模型包括对模型进行结构描述和行为描述。结构描述是将整个模型对象划分成不能再划分的一系列最小基本单元模块，其中每个基本单元模块执行特定的功能。整个模型(系统)的功能取决于构成系统的所有基本单元及其间的相互关系。行为描述把基本单元模块看成"黑箱"，不关心内部实现细节，只考虑其输入/输出响应。行为描述比较结构描述更加灵活。

系统级的描述方法有程序设计语言、离散事件仿真语言、有限状态机等。很多网络仿真软件提供的行为描述都是基于程序设计语言的。

采用什么仿真算法或仿真策略也是评价一个仿真软件的重要指标。事件调度法和进程交互法在理论上是最适应离散事件系统仿真的两种基本方法。OPNET、BONeS和COMNET是目前广泛应用的3种通信网络仿真软件。

本 章 小 结

本章介绍了网络性能分析的基础知识，通过对网络性能介绍、基本度量方法、影响网络性能的因素以及其评价方法的陈述，主要讲述了以下内容。

(1) 网络性能包括可用性、延迟、丢包率、网络吞吐量、网络利用率、网络带宽容量。

(2) 网络性能的基本度量方法包括带宽、时延、时延带宽积和往返时延。

(3) 影响网络性能的因素主要有设计、服务质量、路由交换、网络流量、安全。

(4) 网络性能的评价方法主要有解析法、数值法、仿真法。

习　　题

一、简答题

1. 什么是带宽？带宽的最小单元是什么？

2. 网络性能的评价主要有哪些方法？各有什么优缺点？

3. 计算机网络系统可用性具有什么特点？

4. 影响网络性能的因素主要有哪些？如何优化网络性能？

二、名词解释题

延迟、丢包率、网络吞吐量、网络利用率、网络带宽容量、带宽、时延

三、计算题

1. 一个停等协议，传送延迟为 20ms，数据传播速率为 160kb/s，要使网络吞吐率不小于 80%，计算帧长的范围。

2. 有一个 100MB 的数据块，将其发送到高速链路(10Mb/s)上，计算发送时延。

3. 电磁波在不同介质内传播速率不同，如电磁波在真空中的传播速率为 $3.0×10^8$ m/s，在铜线中的传播速率为 $2.31×10^8$ m/s，在光纤中的传播速率为 $2.05×10^8$ m/s，若从北京到广州的高速链路由光纤构成，距离为 4500km，计算传播时延。

第8章
网络设计测试与优化

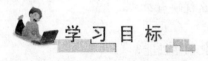

学 习 目 标

- 了解网络测试工具的分类及操作方法;
- 掌握网络测试的有关标准;
- 理解并掌握网络测试方法。

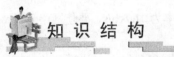

知 识 结 构

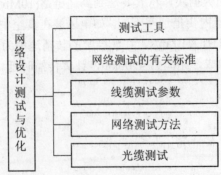

8.1 测 试 工 具

本章重点描述最简单、最快捷、最实用的排除网络故障的方法，但是在实际应用中，这些通用的技术常常导致花费大量的时间甚至无法解决问题。在很多时候，最有效的办法是利用专门为分析和隔离网络问题而设计的工具，包括从最简单的网线测试仪(显示网线是否损坏)到高级的协议分析仪(捕获和显示在网络上运行的所有数据类型)。选择网络工具的依据是调查的具体问题和网络的特征。

8.1.1 网线测试工具

网线测试工具对于网线安装和网络故障排除是必需的，网线问题的症状可能像经常丢失数据包一样难以捉摸，或像网络连接断开一样明显。有些统计资料表明，50%以上的网络问题来源于网线的损坏或非正确安装，用户可以很容易地用特殊工具检测出网线的故障。常用的网线测试工具有两种：网线检查器，它只表明网线的通断；网线探测器，它进行更尖端的测试，如测量信号是在网线的哪个位置消失的。

1. 网线检查器

基本的网线检查器只检查网线是否还能提供连接。为完成这一任务，他们在网线的一端为每根导线提供了一个小的电压，然后查看在导线另一端是否还能检测到电压。他们也检查在其他导线的另一端是否还能检测到电压。典型的简单网线检查器如图 8.1 所示。

图 8.1 典型的简单网线检查器

大多数网线检查器通过一系列的灯来表明通/断，一些也用语言来指明通/断。一个通/断检查提供了一个简单的提示如元件是否还能继续完成指定的功能。除了检查网线的连接，一个好的网线检查器可以验证网线装备是否正确，有没有短路、裸露或缠绕。另外，在购买网线检查器时，要确保购买的检查器可以检测网络类型，如 10BASE-T、100BASE-TX，或者令牌环。

当用户自己制作网线的时候，至少用一个网线检查器(如果是网线探测器则更好)来证实它们的连通性是非常重要的。即使用户是从知名的提供商那里购买的网线检查器，用户还是应该弄清楚它是否符合自己的网络标准，仅因为网线标明某网络标准不一定意味着它就符合该标准。在装配之前测试网线可以节省排除故障所需的时间。

网线检查器不能检查光缆的连接，因为光缆利用光而不是电压来传送数据。检查光缆需要特殊的光缆检查器。

注意，不要用网线检查器检查正在工作的网线，应该首先将它与网络断开，然后再检查。

2. 网线探测器

网线探测器和网线检查器的区别在于更高的技术水平和价钱，网线探测器和网线检查器一样可以测试网线的连接和错误，但还可以提供以下功能。

① 确认网线是否太长。

② 确定网线坏损的位置。

③ 测量网线的衰减率。

④ 测量网线的远近串扰。

⑤ 测量 10BASE2 网线的终端电阻的阻抗。

⑥ 按 CAT3、CATS、CAT6，甚至 CAT7 标准提供通/断率。

⑦ 存储和打印网线测试结果。

图 8.2 一个高级网线测试器

一些网线探测器还可以提供更多的性能，如一个高级的网线测试器能标明表明网线衰减率和串扰参数的输出图形，如图 8.2 所示。

在为双绞线网络购买测试仪的时候，确保其提供了网络所使用的频率范围的衰减率和串扰测试。例如，如果用户想测试 100BASE-T，应购买能测试 100MHz 的网络测试器。为了更好地理解网线探测器怎样诊断问题，网段必须遵循长度限制以保证数据及时、无误地到达目的地。如果一个房间里的工作站经常遇到登录困难或连接超时，用户就应该用网线探测器测一下这些工作站的位置是否超过了一个集线器的最大允许范围；如果另外一组的工作站经常遇到响应时间慢的问题，一个网线探测器将指出在发送结点和接收结点之间有过多的网站，这些网站导致了信号过分衰减。另一个影响信号传输的重要因素是近端串扰，之所以发生串扰是因为一条线路上的信号和邻近一条线路上的信号发生了干扰，类似在一个大房间里两个谈话的声音相互影响，使听众无法听懂话音。串扰经常在网线连接处被增强，为此，用户需要一装配好网线就测量串扰，并且应该测量网线的两端。

8.1.2 网络监视器和分析仪

一旦发现了用户错误或物理连接问题(包括网线损坏)，进行更深入的分析是必要的，一些工具，如网络监视器(network monitor, NetMon)和分析仪可以用于分析网络流量，捕捉和分析网络上的数据，以解决这些问题。

NetMon 是基于软件的工具，可以在连接到网络上的一台服务器或工作站上持续监测网络流量。NetMon 一般工作在 OSI 参考模型的第三层，可以检测出每个数据包所使用的协议，但是不能破译数据包里的数据。

网络分析仪是便携的、基于硬件的工具。网络管理员把它接入网络专门用来解决网络问题，网络分析仪可以破译直到 OSI 参考模型第七层的数据。例如，网络分析仪可以辨别一个使用 TCP/IP 的数据包，甚至可以辨别从特定工作站到服务器的 ARP 应答信号。分析仪可以破译数据包的负载率，把它从二进制码变成可识的十进制或十六进制码。因此，网络分析仪可以捕获运行于网络上的密码，只要其传输不是加密的，一些网络测试仪软件包可以在标准个人计算机上运行，但有些需要带特殊网卡和操作系统软件的个人计算机。

网络监视工具通常比网络分析仪便宜，并且可能包含在用户的网络操作系统软件中。

注意，为了利用基于软件的网络监视和分析工具，计算机上的网卡必须支持随机模式。随机模式是指设备驱动程序引导网卡接收流过网络的所有帧，不光是指向该结点的帧。用户可以通过阅读手册或向生产商查询，确定它是否支持随机模式。NetMon 在购买网络监视器和分析仪之前，用户应该熟悉这些工具可以区分的一些数据错误名称。

一些错误类型的常用术语及其特征如下。

(1) 本地冲突(local collisions)。本地冲突发生在当两个或更多的工作站同时传输的时候，网络上特别高的冲突率经常来自网线或路由问题。

(2) 超时冲突(late collisions)。超时冲突发生在它们能够被检测到的时间之外，经常由以下两种的原因造成的。

① 正在工作的已损坏的工作站(如网卡或无线收发机)在没有检测线路状态的情况下发送数据。

② 没有遵循配置指导上的电缆线长度限制，所以导致冲突发现得太晚。

(3) 碎包(runts)。碎包比介质允许的最小数据包还小，如把小于 64B 的以太网数据包认为是碎包。

(4) 巨包(giants)。巨包比介质允许的最大数据包还大，如以太网中大于 1518B 的数据包被认为是巨包。

(5) Jabber。一个处理电信号异常的设备，经常影响其他网络的工作，网络分析仪把它当成一个经常发送信号的设备，最终把网络中断。Jabber 通常是由坏的网卡引起的，有时它也来自外界的电磁干扰。

(6) CRC 校验出错。因为通过接收到的数据运算得到的检验值与发送端产生的校验值不符而产生的错误即 CRC 校验错。它经常表明在 LNA 连接或网线上的噪声或传输问题。大量的 CRC 校验错经常是由过量的冲突和工作站传输坏的数据包造成的。

(7) 假帧。假帧并不是真实数据帧，源于线路上中继器的电压波动。和真正的数据帧不同，假帧没有开始的标志。

1. Microsoft 的 NetMon

NetMon 是基于软件的随 Windows NT Server 4.0 或者 Microsoft 的系统管理服务器(systems management server，SMS)一起的网络监视软件。它可以提供以下功能。

① 从网络中的一段或几段中捕获传输数据。

② 捕获来/去特殊结点的帧。

③ 通过发送指定数量和类型的数据来重现网络状态。

④ 检测在网络上 NetMon 的其他运行副本(依赖于路由器的位置和配置)。

⑤ 产生网络活动的参数。

NetMon 最有用的功能是捕获网络上传输的数据。由于有基于硬件的网络分析仪，用户可以让 NetMon 观察网络一段时间，捕获通过特定网络的数据(利用随机模式，捕获所有的数据，不仅是通过 NetMon 控制台的数据)。

捕获数据对用户有什么帮助呢？假设用户所管辖区段的网络在一天早上 8:20 突然中断，并且显示之前的网络速度很慢。从昨天晚上以来，网络上没有进行过任何改变，当它正常运行的时候，用户会认为产生这样的问题没有明显的原因，可能是一个坏的 NIC 通过不停地发送坏数据包占用了网络的带宽。

在先前安装了 NetMon 的工作站上，用户捕获到了大约 5min 内发送的所有数据，然后可以在 NetMon 中找出错误的帧，按照每个结点产生坏数据包的多少把它们排队，如果猜测正确，在队列最前边的工作站就是问题所在，它产生了比其他结点多得多的坏数据包在网络上传输。

2. Novell 的网络分析仪

Novell 提供了一个和 NetMon 相似的网络监视工具，即 LANalyzer 代理。它可作为一个独立的程序，工作于 Windows 95 或 Windows 98 工作站，或作为 MangeWise 的一部分在 Netware 服务器上装配网络管理工具，LANalyzer 具有如下功能。

① 基本上能发现网段上的所有网络结点。

② 连续监测网络流量。

③ 当流量达到预定的门限(如它的利用率超过 70%)时报警。

④ 捕获通过所有(或选定)结点的流量。

像 NetMon 一样，LANalyzer 可以使用户能按结点捕获流量，按结点辨别错误数据，按网段产生流量参数。另外，作为 ManageWise 的套件，LANalyzer 能在特定的网段上发现所有的结点。它可以利用这些数据构造网络管理系统，这个网络管理系统可以收集信息，如发现一个用户在某一特定的工作站上登录多少次，或者记录工作站向服务器申请什么程序。

LANalyzer 可以提供实时的网络参数，并且当流量达到网络门限时发送提示信息，或者发出警告声音。例如，为确保平均网络流量不超过用户网络流量的 50%，用户可以设置 LANalyzer 的参数，当网络流量达到 49%时就会发出警告，应该采取行动重新分配流量或者加强网络的容量。注意，这个平均使用量意味着分析软件在单个测量时间内要探测到将近 49%的流通量。单个探测表示探测到一个跃变。用户可以手工配置触发器的精度。

3. 网络分析软件

除了利用随同网络操作系统的软件，用户可以从专门从事网络管理的提供商那里购买网络分析软件，如中国网管联盟的 NetXRay，这个网络分析软件提供数据捕获、分析、发现结点、流量转向、记录、报警和利用率预测等功能。NetXRay 与 NetMon 和 LANalyzer 有相同的地方，同时又具有一些自己的特征。NetXRay 也可以为了重现网络故障而产生流量和同时监测多个网络段；NetXRay 的图形界面使这个产品使用方便，显示网络流量的可读性强；NetXRay 支持多协议和网络拓扑结构。NetXRay 的流量图如图 8.3 所示，它实时显示了哪个结点正在变化。

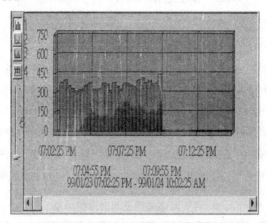

图 8.3　NetXRay 的流量图

NetMon 或分析仪的一个优点是它们不是网络操作系统的一部分，因而具有可移动性。例如，在用户的平台上安装了 NetXRay，用户就可以从一个网段跳到另一个网段，不用安装多个网络监视平台就可以分析流量，基于硬件的网络分析仪如探测器，也提供了可移动性这一优点。

探测器是基于硬件的网络分析仪，通常是装配了特殊的网卡和网络分析软件的便携式计算机。探测器基本的工作是分析网络问题。和安装了网络监视器的便携式计算机不同，探测器通常不能用于其他用途，因为它们不依赖于操作系统(如 Windows)，它们有自己的合适的操作系统(由网络联盟开发)。因为它们不依赖于桌面操作系统(如 Windows)，所以基于硬件的网络分析仪比网络监视软件更有优势，如它们会捕获网卡自动放弃的信息，如碎包。

探测器提供了其所能捕获到的大量的各种类型和深度的信息。用此类型的工具的危险是它可能收集了超过用户和计算机所能处理的信息。为了避免这个问题，用户应该为收集到的数据设置过滤器。例如，用户猜测某一个工作站正引起网络问题，用户应该过滤接收到的数据，只接受进/出那个工作站 MAC 地址的数据；如果用户猜测已遇到了一个与路由器有关的 TCP/IP 问题，用户应该设置滤波器只捕获 TCP/IP 数据包并忽略从路由器 MAC 地址来的其他协议。

探测器是复杂而强有力的工具，适合于网络的特殊类型。

注意，用一个交换机可以把一个网络从逻辑上划为几个区段。

如果一个网络是全部交换的(每个结点连接到自己的交换端口)，网络分析仪只能捕获到广播的数据包和目标地址为用户正运行软件的结点的数据包，因为在交换环境下，只有这些数据包才能传输到目标地址。交换机的使用使网络监视更加困难，但并不是不可能。解决这个问题的一个方案是重新配置交换机来重新选择路由，这样网络分析仪才能接收到所有的流量。注意，采取这个方案时应该权衡这一重新配置引起的破坏性和潜在的好处(能够分析网络流量和排除故障)。

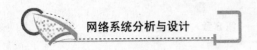

8.2   网络测试的有关标准

因为所有的高速网络都定义了支持 5 类双绞线，所以用户要找到一个方法来确定他们的电缆系统是否满足 5 类双绞线规范。为了满足用户的需要，美国的电子工业协会(electronic industries associaton，EIA)制定了 EIA 586 和 TSB-67 标准。它们适用于已安装好的双绞线连接网络，并提供一个用于"认证"双绞线电缆是否达到 5 类双绞线所要求的标准。由于确定了电缆布线满足新的标准，用户就可以确信他们现在的布线系统能否支持未来的高速网络(100Mb/s)。随着 TSB-67 的最后通过(1995 年 10 月正式通过)，网络电缆的发展对电缆测试仪的生产商提出了更严格的要求。网络电缆及其对应的标准如表 8-1 所示。

表 8-1   网络电缆及其对应的标准

电 缆 类 型	网 络 类 型	标 准
UTP	4Mb/s 令牌环网	IEEE 802.5 for 4Mb/s
UTP	16Mb/s 令牌环网	IEEE 802.5 for 16Mb/s
UTP	以太网	IEEE 802.3 for 10BASE-T
RG58 /RG58 Foam	以太网	IEEE 802.3 for 10BASE2
RG58	以太网	IEEE 802.3 for 10BASE5
UTP	快速以太网	IEEE 802.12
UTP	快速以太网	IEEE 802.3 for 10BASE-T
UTP	快速以太网	IEEE 802.3 for 10BASE-T4
UTP	3、4、5 类电缆现场认证	TIA 568、TSB-67

但是，随着 LAN 发展的需要，标准也会不断更新内容，用户应注意这方面的信息。

用户在工程中确定了采用何种铜缆、光缆后，必须进行综合布线的工程项目测试，达到指标要求，才能进行工程合格验收，否则会影响其使用。不同标准所要求的测试参数如表 8-2 所示。

表 8-2   不同标准所要求的测试参数

测 试 标 准	接 线 图	电 阻	长 度	特性阻抗	近端串扰	衰 减
EIA/TIA 568A、TSB-67	√		√		√	
10BASE-T	√		√	√	√	√
10BASE2		√	√	√		
10BASE5		√	√	√		
IEEE 802.5 for 4Mb/s	√		√	√	√	√
IEEE 802.5 for 16Mb/s	√		√	√	√	√
10BASE-T	√		√	√	√	√
IEEE 802.12、100 BASE-VG	√		√	√	√	√

8.3　线缆测试参数

综合布线铜缆使用较多的双绞线是 3 类、5 类双绞线电缆，光缆使用的是 62.5/125μm 多模光缆。目前已使用有双绞线 5E 类、6 类双绞线电缆。其标准内容大同小异，综合概括起来主要有以下内容：

1. 接线图

在测试的前期工作中，测试的连接图表示出每条线缆的 8 条布线与接线端口的连接实际状态，正确的线对为 1/2、3/6、4/5、7/8。

2. 线缆链路长度

布线线缆链路的物理长度由测量到的信号在链路上的往返传播延迟 T 导出。为保证长度测量的精度，进行此项测试前应对被测线缆进行 NVP 值(额定传输速度)校核。NVP 的计算公式为 NVP=(线缆中信号传播速度/光速)×100%，该值随不同线缆类型而异。通常，NVP 的范围为 60%～90%。

3. 特性阻抗

特性阻抗指链路在规定工作频率范围内呈现的电阻。综合布线用缆线为 100Ω，无论 3 类、4 类、5 类、5E 类或 6 类线缆，其每对芯线的特性阻抗在整个工作带宽范围内应保证恒定、均匀。链路上任何点的阻抗不连续性将导致该链路信号反射和信号畸变。链路特征阻抗与标准值之差不超过 20Ω。

4. 直流环路电阻

无论 3 类、4 类、5 类、5E 类或 6 类线缆，在基本链路方式、永久链路方式或通道链路方式下，线缆每个线对的直流环路电阻为 20～30℃环境下的最大值，3 类线缆链路不超过 170Ω，3 类线缆以上链路不超过 30Ω。

5. 衰减

不同类线缆在不同频率、不同链路方式情况下每条链路最大允许衰减值不同。在实际测试时，根据现场温度，对于 3 类线缆和接插件构成的链路，每增加 1℃，衰减量增加 1.5%。对于 4 类及 5 类线缆和接插件构成的链路，温度变化 1℃衰减量变化 0.4%，线缆走向靠近金属表面时，衰减量增加 3%，5 类线缆以上链路需修正后确定。

6. 近端串扰损耗

一条链路中，处于线缆一侧的某发送线对对于同侧的其他相邻(接收)线对通过电磁感应所造成的信号耦合，即近端串扰。定义近端串扰值(dB)和导致该串扰的发送信号(参考值定为 0dB)之差值(dB)为近端串扰损耗，用 NEXT 表示，单位为分贝(dB)。NEXT 值越大近端串扰损耗越大。近端串扰与线缆类别、连接方式、频率值有关。

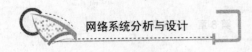

7. 远方近端串扰损耗

与近端串扰损耗相对应，在一条链路的另外一端，发送信号的线对向其同侧其他相邻(接收)线对通过电磁感应耦合而造成的串扰，即为远方近端串扰损耗，常用 RECT 表示。对一条链路来说，NEXT 与 RNEXT 可能是完全不同的值，需要分别进行测试。

8. 相邻线对综合近端串扰

在 4 对双绞线的一侧，3 个发送信号的线对向另一相邻接收线对产生串扰的总和近似为 N1+N2+N3，其中，N1、N2、N3 分别为线对 1、线对 2、线对 3 的近端串扰值。

9. 近端串扰与衰减差

在受相邻发信线对串扰的线对上，其串扰损耗(NEXT)与本线对传输信号衰减值(A)的差值(单位为 dB)，即近端串扰与衰减差用 ACR 表示，其计算公式为 ACR=NEXT-A。对于 5 类及 5 类以上线缆和同类接插件构成的链路，由于高频效应及各种干扰因素的影响，ACR 的标准参数不能单纯由串扰损耗值 NEXT 与衰减值 A 在各相应频率上的直接的代数差值导出，通常可通过提高链路串扰损耗 NEXT 或降低衰减 A 水平改善链路 ACR。对于 6 类布线链路，在 200MHz 时 ACR 要求为正值，6 类布线链路要求测量到 250MHz。

10. 等效远端串扰损耗

等效远端串扰损耗是指远端串音损耗与线路传输衰减差，用 ELFEXT 表示。从链路近端线缆的一个线对发送信号，该信号经过线路衰减，从链路远端干扰相邻接收线对，定义该远端串扰值为 FEXT。FEXT 是随链路长度(传输衰减)而变化的量，定义 ELFEXT=FEXT-A(A 为受串扰接收线对的传输衰减)。

11. 远端等效串扰总和

远端等效串扰总和是指线缆远端受干扰的接收线对上所承受的相邻各线对对它的 ELFEXT 等效串扰总和限定值。

12. 传播时延

在通道连接方式或基本连接方式或永久连接方式下，对 5 类及 5 类以下线缆链路传输 10～30 MHz 频率的信号时，要求线缆中任一线对的传输时延 T 不超过 1000ns；对于 5E 类、6 类线缆链路要求 T 不超过 548ns。

13. 线对间传播时延差

以同一缆线中信号传播时延最小的线对的时延值作为参考，其余线对相对参考线对时延差值不得超过 45ns。若线对间时延差超过该值，在链路高速传输数据的情况下，4 个线对同时并行传输数据信号将造成数据帧结构严重破坏。

14. 回波损耗

回波损耗由线缆特性阻抗和链路接插件偏离标准值导致功率反射引起，用 RL 表示。RL 为输入信号幅度和由链路反射回来的信号幅度的差值。

8.4 网络测试方法

网络测试是了解网络性能的手段，目前网络测试的方法有电缆测试、连通性测试、命令行测试、软件测试等。

8.4.1 电缆的两种测试

LAN 的安装是从电缆开始的。电缆是网络最基础的部分，从最早期的同轴电缆，到现在的双绞线和光缆，都负着传输数据的任务。每一个网络的数据，都需要通过电缆，所以电缆的健康对网络的影响很大。

据统计，大约 50%的网络故障与电缆有关。所以，电缆本身的质量以及电缆安装质量的好坏都直接影响网络能否健康地运行。此外，很多布线系统是在建筑施工中进行的，电缆通过管道、地板或地毯敷设到各个房间。当网络运行时若发现故障是由电缆引起的，此时就很难或根本不可能再对电缆进行修复，即使修复其代价也相当昂贵。所以，最好的办法就是把电缆故障消除在安装施工阶段中。目前，使用最广泛的电缆是同轴电缆和 UTP。根据所能传送信号的速度，UTP 又分为 3、4、5 类。当前绝大部分用户出于将来升级到高速网络的考虑(如 100MHz 以太网、ATM 等)，大多安装 UTP 5 类线。那么，如何检测安装的电缆是否合格，它能否支持将来的高速网络，用户的投资是否能得到保护就成为关键问题，这也是电缆测试的重要性所在。电缆测试一般可分为两个部分，即电缆的验证测试和电缆的认证测试。

1. 电缆的验证测试

电缆的验证测试是测试电缆的基本安装情况。例如，电缆有无开路或短路，UTP 电缆的两端是否按照有关规定正确连接，同轴电缆的终端匹配电阻是否连接良好，电缆的走向如何等。这里要特别指出的一个特殊错误是串绕。串绕是指将原来的两对线对分别拆开而又重新组成新的线对。因为这种故障的端与端连通性是好的，所以用万用表是查不出来的。只有用专线的电缆测试仪(如 Fluke 的 620/DSP100)才能检查出来。串绕故障不易发现，是因为当网络低速运行或流量很低时其表现不明显，而当网络繁忙或高速运行时其影响极大。这是因为串绕会引起很大的近端串扰。电缆的验证测试要求测试仪器使用方便、快速，如 Fluke 620，它在不需要远端单元时就可完成多种测试，所以它为用户提供了极大的方便。

2. 电缆的认证测试

电缆的认证测试是指电缆除了正确的连接以外，还要满足有关的标准，即安装好的电缆的电气参数(如衰减、NEXT 等)是否达到有关规定所要求的指标。这类标准有 TIA、IEC 等。

关于 UTP 5 类线的现场测试指标已于 1995 年 10 月正式公布，即 TIA 568A 和 TSB67 标准。该标准对 UTP 5 类线的现场连接和具体指标都做了规定，同时对现场使用的测试器也做了相应的规定。网络用户、网络安装公司或电缆安装公司都应对安装的电缆进行测试，

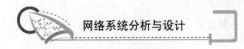

并出具可供认证的测试报告。

8.4.2 利用 LED 指示灯判断网络连通性

1. 判断网卡的连通性

1) 10/100Mb/s 网卡

10/100Mb/s 网卡通常都有 3 个 LED 指示灯，但是不同品牌的网卡，其指示灯所表示的意义有所不同。例如，Accton 1027D 分别表示当前的连接速率(LINK/10Mb/s 或 LINK/100Mb/s 指示灯)和是否正在通信(ACT 指示灯)，而 D-Link 530TX 则表示连接速率(100M 指示灯)，是否在通信(LINK 指示灯)和全双工状态(FULL 指示灯)，D-Link 530TX 的外形如图 8.4 所示。当相应的指示灯亮时，即表示处于该状态下。

图 8.4　D-Link 530TX

如果计算机与 10/100Mb/s 交换机端口正常连接，那么，D-Link 530TX 的 FULL 和 100M 指示灯应当呈绿色，LINK 指示灯则不断闪烁；Accton 1207D 的 LINK/100Mb/s 指示灯呈绿色，而 ACT 指示灯则不断闪烁。如果计算机与交换机未能正常连接，那么所有指示灯均应熄灭。因此，当网卡没有指示灯被点亮时，表明计算机与网络设备之间没有建立正常连接，物理链路发生了故障。需要注意的是，无论网卡是否安装了驱动程序，无论交换机是否设置了 VLAN 或其他功能，只要网卡与交换机之间的链路是畅通的，那么相应的指示灯就应当被点亮。否则，可以简单地判断为网络出现连通性故障，应当使用专用的工具对链路进行测试。

随着计算机网络的不断普及，为了进一步提高计算机的性能价格比，现在越来越多的主板集成了 Intel Pro/100 网卡。通常情况下，集成网卡只有两个指示灯，黄色指示灯用于表明连接是否正常，绿色指示灯则表示计算机主板是否已经供电，是否正处于待机状态。因此，当计算机正常连接至交换机时，即使计算机处于待机状态(绿色灯被点亮)，黄色指示灯也应当被点亮，否则就表示发生了连通性故障。

2) 10/100/1000Mb/s 网卡

Intel Pro 1000MT 网卡(见图 8.5)指示灯通常有 4 个，分别用于表示连接状态(Link 指示灯)、数据传输状态(ACT 指示灯)和连接速率。当正常连接时，Link 指示灯呈绿色；有数据传输时，ACT 指示灯不断闪烁。连接速率为 10Mb/s 时，速率指示灯熄灭；连接速率为 100Mb/s 时，速率指示灯熄灭；连接速率为 100Mb/s 时，速率指示灯呈绿色；连接速率为 1000Mb/s 时，速率指示灯呈黄色。如果 Link 指示灯未被点亮，表示连接有故障。

图 8.5 Intel Pro 1000MT

D-Link 550T 网卡指示灯多达 6 个，分别用于表示连接速率(10 Link、100 Link 和 1000 Link 指示灯)、全双工工作模式(FDX 指示灯)、碰撞冲突(COS 指示灯)和数据传输状态(ACT 指示灯)。当网卡分别与不同速率端口的交换机连接时，相应的 10 Link、100 Link 和 1000 Link 指示灯会被点亮；处于全双工工作模式时，FDX 指示灯会被点亮；当有数据传输时，ACT 指示灯会闪烁。如果所有表明连接速率的指示灯均未被点亮，表示连接有故障。

3) 1000BASE-SX 网卡

(1) 3Com。3Com 只有 Link 1000 和 ACT 两个 LED 指示灯。其中，Link 1000 指示灯用于指示链接是否正常，当连通性完好时，该指示灯会被点亮；ACT 指示灯用于指示是否有数据在传输，在正常情况下，该指示灯应当闪烁。

(2) D-Link 550SX。D-Link 550SX 拥有 Pwr、Link 和 FULL3 个指示灯。其中，Pwr 指示主板是否有电源供电，当计算机连接到电源上时，该指示灯应当被点亮。Link 指示网卡是否正常连接，当连通性完好时，该指示灯被点亮。FULL 指示网卡是否工作于全双工状态，当网卡工作于全双工模式时，该指示灯被点亮。

2. 判断网络设备的连通性

无论是集线器还是交换机，无论是 SC 光纤端口还是 RJ-45 端口，每个端口都有一个 LED 指示灯用于指示该端口是否处于工作状态，即连接至该端口的计算机或网络设备是否处于工作状态、连通性是否完好。当该端口所连接的设备处于关机状态，或者链路的连通性出现问题时，相应端口的 LED 指示灯都会熄灭。只有该端口所连接的设备处于开机状态，并且链路连通性完好的情况下，指示灯才会被点亮。

下面以 Cisco Catalyst 2950/3550 系列交换机为例，详细介绍一下各种 LED 指示灯的含义，各指示灯含义如表 8-3 所示。

表 8-3 不同模式下不同颜色的 LED 指示灯的含义

端 口 模 式	LED 模式	含 义
STATUS(端口状态)	灭	未连接，或连接设备未打开电源
	绿色	端口正常连接
	闪烁绿色	端口正在发送或接收数据
	琥珀色与绿色交替	连接失败。错误帧影响连通性，该连接监视到过多的碰撞冲突、CRC 校验错误、队列错误
	琥珀色	端口被生成树协议(spanning tree protocol, STP)阻塞，不能转发数据。当数据被重新设置时，端口 LED 将保持琥珀色 30s 以上，STP 将检查交换机以防止拓扑环发生
	闪烁琥珀色	端口被 STP 阻塞，正在发送或接收数据包
UTIL(利用)	绿色	背板利用率在合理范围内
	琥珀色	最后 24h 的背板利用率达到最高值
DUPLX(双工模式)	灭	端口运行于半双工模式
	绿	端口运行于全双工模式
SPEED(连接速率)	10/100Mb/s 和 10/100/1000Mb/s 端口	
	灭	10Mb/s 端口
		100Mb/s 端口
		1000Mb/s 端口
	GBIC 端口	
	灭	端口未运行，未连接或连接设备未打开电源
	闪烁绿色	1000Mb/s 端口

8.4.3 利用网络测试命令测试

了解和掌握下面几个命令将会更快地检测到网络通信的质量和效率，从而节省时间，提高工作效率。

1. ping

ping 命令是测试网络连接状况以及信息包发送和接收状况非常有用的工具，是网络测试最常用的命令。通过 ping 命令向目标主机发送一个回送请求数据包，要求目标主机收到请求后给予答复，从而判断网络的响应时间以及本机是否与目标主机连通。

如果显示如图 8.6 所示的测试消息，则表明连接正常，所有发送的数据包均被成功接收，丢包率为 0；如果显示如图 8.7 所示的测试消息，则表明连接不正常，所有发送的数据包均未被成功接收，丢包率为 100%，目标主机不可达。

如果执行 ping 命令不成功，则可以预测故障出现在以下几个方面：网线故障，网络适配器配置不正确，IP 地址不正确。如果执行 ping 命令成功而网络仍无法使用，那么问题很可能出在网络系统的软件配置方面，执行 ping 命令成功只能保证本机与目标主机间存在一条连通的物理路径。

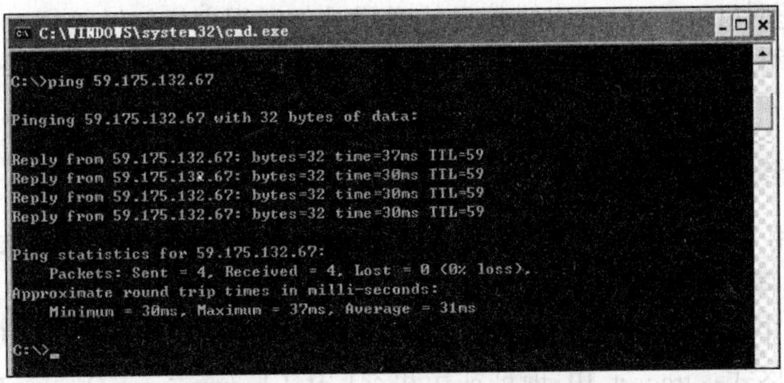

图 8.6 执行 ping 命令成功时的输出

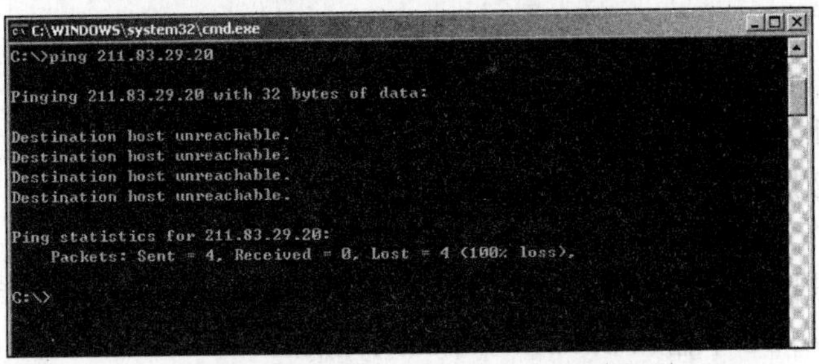

图 8.7 执行 ping 命令不成功的输出

1) ping 命令格式

ping 命令格式：ping IP 地址或主机名[-t] [-a] [-n count] [-l size]

参数含义：

-t 不停地向目标主机发送数据；

-a 以 IP 地址格式来显示目标主机的网络地址；

-n count 指定要检测多少次，具体次数由 count 来指定；

-l size 指定发送到目标主机的数据包的大小。

例如，当用户的主机不能访问 Internet，首先要确认是否是本地 LAN 的故障。假设 LAN 的代理服务器 IP 地址为 202.168.0.1，用户可以使用 ping 202.168.0.1 命令查看本机是否和代理服务器连通。又如，测试本机的网卡是否正确安装的常用命令是 ping 127.0.0.1。

2) 常见出错信息

常见出错信息通常分为以下 4 种情况。

① 不知名主机。不知名主机(unknown host)出错信息的意思是该远程主机的名称不能被域名服务器转换为 IP 地址。故障原因可能是域名服务器有问题，其名称不正确，或者网站管理员的系统与远程主机之间的通信线路有故障。

② 网络不可达。网络不可达(network unreachable)出错信息的意思是本地系统没有到达远程系统的路由，可用 netstat-r 命令检查路由表从确定路由配置情况。

③ 无响应。无响应(No Answer)出错信息的意思是远程系统没有响应。这种故障说明本地系统有一条到达远程主机的路由，但却接收不到它发给该远程主机的任何分组报文。故障原因可能是远程主机没有工作，本地或远程主机网络配置不正确，本地或远程的路由器没有工作，通信线路有故障，或者远程主机存在路由选择问题。

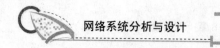

④ 超时。超时(Timed Out)出错信息的意思是与远程主机的链接超时，数据包全部丢失。故障原因可能是到路由器的连接出现问题，路由器不能通过，也可能是远程主机已经停止工作。

2. tracert 命令

tracert 命令用来显示数据包到达目标主机所经过的路径，并显示到达每个结点的时间。命令功能同 ping 类似，但它所获得的信息要比 ping 命令详细得多，它把数据包所走的全部路径、结点的 IP 地址以及花费的时间都显示出来。该命令比较适用于大型网络。

tracert 命令格式：tracert IP 地址或主机名[-d] [-h maximum hops] [-j host_list] [-w timeout]。

参数含义：

-d 不解析目标主机的名称；

-h maximum_hops 指定搜索到目标地址的最大跳跃数；

-j host_list 按照主机列表中的地址释放源路由；

-w timeout 指定超时时间间隔，程序默认的时间单位是 ms。

例如，用户想要了解自己的计算机与目标主机 www.cce.com.cn 之间详细的传输路径信息，可以在 MS-DOS 下输入 tracert www.cce.com.cn。

如果用户在 tracert 命令后面加上一些参数，还可以检测到其他更详细的信息，如使用参数-d，可以指定程序在跟踪主机的路径信息时，同时也解析目标主机的域名。

3. netstat 命令

netstat 命令可以帮助网络管理员了解网络的整体使用情况。它可以显示当前正在活动的网络连接的详细信息，如显示网络连接、路由表和网络接口信息，可以统计目前总共有哪些网络连接正在运行。

利用命令参数，可以显示所有协议的使用状态，这些协议包括 TCP、UDP 以及 IP 协议等，另外还可以选择特定的协议并查看其具体信息，还能显示所有主机的端口号以及当前主机的详细路由信息。

命令格式：netstat [-r] [-s] [-n] [-a]。

参数含义：

-r 显示本机路由表的内容；

-s 显示每个协议的使用状态 (包括 TCP、UDP、IP 协议等)；

-n 以数字表格形式显示地址和端口；

-a 显示所有主机的端口号。

4. winipcfg 命令

winipcfg 命令以窗口的形式显示 IP 协议的具体配置信息，可以显示网络适配器的物理地址、主机的 IP 地址、子网掩码以及默认网关等，还可以查看主机名、DNS 服务器、结点类型等相关信息。其中，网络适配器的物理地址在检测网络错误时非常有用。

命令格式：winipcfg [/?] [/all]。

参数含义：

/all　显示所有的有关 IP 地址的配置信息；

/batch [file]　将命令结果写入指定文件；

/renew_ all　重试所有网络适配器；

/release_all　释放所有网络适配器；

/renew N　复位网络适配器 N；

/release N　释放网络适配器 N。

5. 利用 FrameScope 350 网络综合分析仪

FrameScope 350 网络综合分析仪(见图 8.8)提供网络测试和线缆测试两大功能。其中，网络测试功能包括以下 5 方面。

(1) 处理网络问题及布线认证测试。

(2) 测试网络关键资源的性能。

(3) 可通过网络浏览器进行操作。

(4) 扩展的工具箱可用于公共网络故障处理。

(5) 易于使用的故障探测器用于线缆的故障处理。

图 8.8　FrameScope 350 网络综合分析仪

实例： 运营商带宽检测。目前用户上网通常采用运营商提供的 2Mb/s 或 10Mb/s 等带宽接入 WAN。往往非运营商客户对于他们现在的对外端口是否真的有相应的带宽并不确定，但是一直都没有一个很好的办法来验证。

方法一：利用流量发生器验证。用流量发生器向运营商端的 IP 发流量，如果能在对方测到响应的网络流量就可以确认带宽了。

方法二：使用两台 FrameScope 进行 RFC 2544 吞吐量测试带宽，效果更明显。

用仪表的流量发生器向运营商一端结点发送流量，如果发送流量不到 10MB，就已经占满带宽导致个人计算机端的 ping 命令数据包过不去，就证明带宽不够 10Mb/s。个人计算机和仪表都能利用 ping 命令接通 DNS，然后才开始测试。结果流量达到 6MB 的时候还是正常，一增加到 7MB 就会增加时延。有时利用 ping 命令接不通 DNS，越增加流量，丢包率就越高，时延也越大，当流量增加到 10MB 的时候，丢包率就更高了，但还没有完全中断。

线缆测试指标如图 8.9 所示。

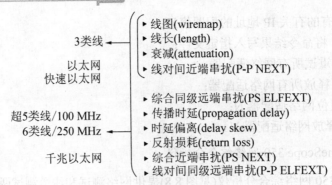

图 8.9　FrameScope 350 线缆测试指标

8.4.4　利用第三方测试软件测试

1. QCheck

QCheck 是 NetIQ 公司的一款简单免费的网络传输效率测试软件，被 NetIQ 称为"ping 命令的扩展版本"，可以简单测试网络的响应时间和数据传输率。QCheck 界面如图 8.10 所示。

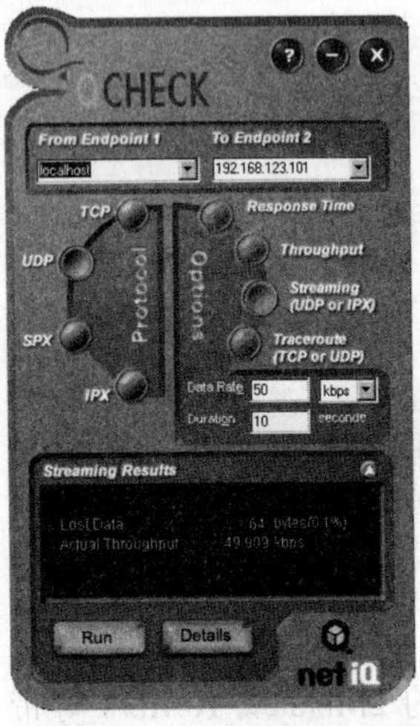

测试使用两台计算机，分别连接至不同的 VLAN，测试 VLAN 间的传输效率，从而反映整个网络的传输性能。当然，两台计算机也可连接至同一个 VLAN，测试 VLAN 内的传输效率，或者在一台服务器上安装 QCheck，从而测试对服务器的访问效率。其中，TCP/UDP 传输率测试表明路由器的吞吐量。需要注意的是，测试用的计算机应当具有较高的性能，并且硬盘传输速率应当足够高。

在测试中，从一个客户端向另一个客户端发送文件，测试发送文件所消耗的时间，并且计算出传输速率，测试结果越高越好，100Mb/s 端口的速率理论值最高为 94Mb/s。需要注意的是，一般应当在防火墙关闭的情况下得出吞吐量测试数据。除测试 128B 的数据包外，还应当测试 64B 的小数据包，以取得更为真实的参数。另外，TCP/UDP 响应时间用于测试接收并返回信息之间的时间，测试结果越低越好。对于游戏、语音或者视频应用，测试结果在 10ms 以下才能良好地工作。UDP Stream 用于测试设备处理持续数据流的能力，如在收听网络音频和观看网络视频的时候，都要持续不断地传输数据，测试结果越高，表示用户在进行这类应用时，遇到间断的可能性就越小。

图 8.10　QCheck 界面

2. OptiView

福禄克网络的分布式分析仪的 OptiView 网络分析解决方案是硬件和软件的集成式解决方案，可以给用户提供对整个企业网络的便携式或分布式的透视能力。只有 OptiView 集协议分析、流量分析和网络搜索 3 大功能于一身，提供了全新的快速、易用、深层透视、有助于优化 WAN、LAN 和 WLAN 性能的网络分析解决方案。

使用 OptiView 控制台(OptiView console)软件以及 OptiView 协议专家(OptiView protocol expert，PE)软件来控制分布式协议分析仪，可以在个人计算机上监测和分析 10/100/1000Mb/s 以太网。分布式分析仪可以放置在本地网络或者远程网络，从而可以分析和故障诊断整个企业级网络，其操作界面如图 8.11 所示。下面简要介绍其功能及特点。

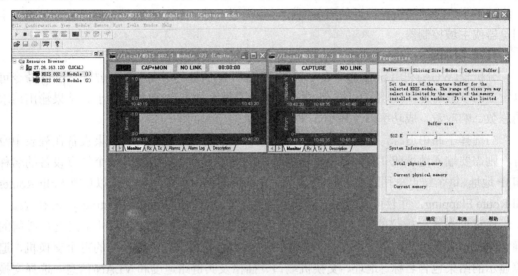

图 8.11　OptiView 操作界面

1) 全面的网络查找

测试的初始界面迅速地给出非常丰富的网络信息，其显示简捷并且一目了然。用户可以非常方便地单击每个感兴趣的目标完成深入的测试。

当分析仪接入 10BASE-T 或 100BASE-TX，分析仪(WGA)会自动测试电缆，检测出任何电缆的问题并测试出电缆连接至端口的长度。然后高级的搜寻系统开始工作并立即提供各种信息，如利用率、网络问题、协议统计、网络设备以及各种网络信息。搜寻系统将网络站点、交换机、路由器、服务器、打印机以及 SNMP 设备区分开来。分析仪还可以显示 IP 子网、IPX、NetBIOS 以及 Apple Talk 网络。

图形视窗显示交换机的端口或接口的统计信息，可以按照平均流量、平均错误或端口/接口号来排序显示。用户可以选择任何一个端口或接口来查看更详细的信息。如果设备支持 RMON，通过额外的历史记录按钮可以查看设备采集到的历史数据。

2) SNMP 设备分析

分布式分析仪可以提供所选设备的非常有价值的信息。设备的详细信息包括名字、地址、协议、NetBIOS、提供的服务、路由器、打印机，以及设备所支持的远程监测能力。其中，名字可以是 DNS、SNMP、IPX 以及 NetBIOS 名称；地址可以是 IP、IPX 以及 MAC 地址。如果选择的是路由器，分析仪会报告路由协议。如果设备支持远程监测，分析仪提供的信息可以为 SNMP、RMON 或 RMON2。通过下拉菜单可以链接并启动 Telnet、Web Browser、Terminal Emulation、MB Browsing 等。所选设备的类型决定了显示域菜单中的链接类型。

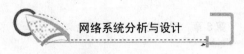

3) 网络搜寻

网络搜寻功能可以将用户的网络按照网络的类型来分类显示。通过流量的监测以及主动地查询站点来搜寻网络以及相应的设备。进一步选择网络类型就可以提供所有本地网络的详细的综合信息。对于 IP 网络，界面可以显示子网、范围、掩码、广播地址。对于 IPX 网络，界面将显示网络号最近的服务器和封装类型。对于 NetBIOS 域，界面显示域名、主浏览器或主域控制器。

4) 检测和路由追踪

分析仪(WGA)利用 ping 命令自动检测(IP 或 IPX)所选的设备并报告结果。ping 命令可以设置的参数有速率(每秒 10 次、5 次、1 次，或每 5 秒 1 次)和数据大小。结果输出请求的总数、响应数、成功率以及最小、平均和最大响应时间。

当选择了路由追踪，分析仪将对所选的设备自动进行路由追踪。如果设备在列表中没有，则需要输入地址或 DNS 名称。路由追踪的结果有结点的数量、每个结点设备的名称和 IP 地址、每个结点总往返响应时间。此外,分析仪的路由追踪功能还可以识别 Split Routes 和 Route Flapping，并且可以用来查看所有路由器的 System Group、Routing 和 ARP 表。

通过分布式分析仪的交换机追踪功能可以了解两个设备通过交换机连接进行通信的确切路径。交换机从给定的源地址开始追踪直至目标设备。对于路径中的每个交换机，追踪显示的结果包含名称、地址、交换机端口、插槽及其链路速度和 VLAN 信息。选择交换机追踪路径中的任何设备名称并单击站点详细信息，可以获得该设备的网络设置信息。

5) 信息包捕捉

对于那些更复杂的问题，分布式分析仪(WGA)集成了全面的信息包捕捉功能。分布式分析仪具有全线速率的信息包捕捉能力。通过 Capture/Generate 菜单项就可以立即开始信息包的捕捉。使用关联的灵敏滤波功能可以实现对更详细的信息包的捕捉。在设备搜寻界面中选择设备，或从网络统计的交互界面选择设备，然后按滤波器菜单，捕捉引擎就自动装载，就可以选择源和(或)目标地址。如果需要更多的选择，用户还可以针对分析仪中特殊的协议的站点或交互进行选择。

和传统的协议分析仪一样，分布式分式仪(WGA)也可以设置捕捉缓冲器的大小、分区大小、缓冲器的设置以及其他一些参数。

6) 报告功能

在统计或搜寻设备时，可以按 Reports(报告)菜单来生成 HTML 形式的报告，报告内容包括协议、流量最多的站点、通信最多的站点、设备清单、网络信息以及问题和交换机接口信息。这些报告自动地存储到个人计算机的硬盘。

8.5 光 缆 测 试

光缆是网络系统发展中最为迅速，也是最有前途的传输介质。其高带宽和高抗干扰性是光缆的最主要优点，但其结构较为复杂，测试较为困难。本节主要通过其特性、结构和其他性能来讲解光缆的测试特点。

8.5.1　光纤特性

1．光是一种电磁波

可见光部分的波长范围是 390～770nm。大于 760nm 的是红外光，小于 390nm 的是紫外光。光纤中应用的是 850nm、1300nm 和 1550nm 3 种波长的光。

2．光的折射、反射和全反射

因为光在不同物质中的传播速度是不同的，所以光从一种物质射向另一种物质时，在两种物质的交界处会产生折射和反射现象。而且，折射光的角度会随入射光的角度变化而变化。当入射光的角度达到或超过某一个角度时，折射光会消失，入射光全部被反射回来，这就是光的全反射现象。不同的物质对相同波长光的折射角是不同的(即不同的物质有不同的折射率)，相同的物质对不同波长光的折射角也是不同的。光纤通信就是基于以上原理形成的。

8.5.2　光纤结构及种类

光纤是光导纤维的简称。光纤通信是以光波为载波、以光纤为传输媒介的一种通信方式。

1．光纤结构

光纤裸纤一般分为 3 层，中心为高折射率玻璃芯(芯径一般为 50μm 或 62.5μm)，中间为低折射率硅玻璃包层(直径一般为 125μm)，最外层是用于加强保护的树脂涂层。

2．数值孔径

入射到光纤端面的光并不能全部被光纤所传输，只有在某个角度范围内的入射光才可以被光纤传输。这个角度就称为光纤的数值孔径。光纤的数值孔径大些对于光纤的对接是有利的。不同厂家生产的光纤的数值孔径不同。

3．光纤的种类

按光在光纤中的传输模式划分，光纤可分为多模光纤和单模光纤。

1) 多模光纤

多模光纤的中心玻璃芯较粗(50μm 或 62.5μm)，可传输多种模式的光。但其模间色散较大，这就限制了传输数字信号的频率，而且随着距离的增加，这种限制会更加严重。例如，1km 的 600Mb/s 的光纤在 2km 时只有 300Mb/s 的带宽。因此，多模光纤传输的距离就比较近，一般只有几千米。

2) 单模光纤

单模光纤的中心玻璃芯较细(芯径一般为 9μm 或 10μm)，只能传输一种模式的光。因此，其模间色散很小，适用于远程通信，但其色度色散起主要作用，这样单模光纤对光源的谱宽和稳定性有较高的要求，即谱宽要窄，稳定性要好。

按最佳传输频率窗口划分，单模光纤可以分为常规型单模光纤和色散位移型单模光纤。

(1) 常规型单模光纤。光纤生产厂家将光纤传输频率最佳化在单一波长的光上，如 1300nm。

(2) 色散位移型单模光纤。光纤生产厂家将光纤传输频率最佳化在两个波长的光上，如 1300nm 和 1550nm。

按折射率分布情况划分，光纤可以分为突变型光纤和渐变型光纤。

1) 突变型光纤

突变型光纤的中心芯到玻璃包层的折射率是突变的。其成本低、模间色散高，适用于短途低速通信，如工业自动化控制。单模光纤由于模间色散很小，所以都采用突变型光纤。

2) 渐变型光纤

渐变型光纤的中心芯到玻璃层的折射率是逐渐变小的，可使高模光按正弦形式传播，这能减少模间色散，提高光纤带宽，增加传输距离，但成本较高。现在多模光纤多为渐变型光纤。

4. 常用光纤规格

(1) 单模：8/125μm、9/125μm、10/125μm.。

(2) 多模：50/125μm，欧洲标准；62.5/125μm，美国标准。

(3) 工业、医疗和低速网络：100/140μm 和 200/230μm。

(4) 塑料：98/1000μm，用于汽车控制。

8.5.3 光纤的衰减

造成光纤衰减的主要因素有本征、弯曲、压挤、杂质、不均匀对接等。

(1) 本征。本征是光纤的固有损耗，包括瑞利散射、固有吸收等。

(2) 弯曲。光纤弯曲时部分光纤内的光会因散射而损失掉，造成信号的损耗。

(3) 挤压。光纤受到挤压时产生微小的弯曲而造成信号的损耗。

(4) 杂质。光纤内杂质吸收和散射在光纤中传播的光，造成信号的损失。

(5) 不均匀对接。光纤对接时产生的损耗，如不同轴(单模光纤同轴度要求小于 0.8μm)、端面与轴心不垂直、端面不平、对接芯径不匹配和熔接质量差等。

8.5.4 光纤的优点

光纤具有以下优点。

(1) 传输频带宽，通信容量大。光载波频率为 5×10^{14}MHz，光纤的带宽为 1000Mb/s 甚至更高。

(2) 信号损耗低。目前的实用光纤均采用纯净度很高的石英(SiO_2)材料，在光波长为 1550nm 附近，衰减可降至 0.2dB/km，很接近理论极限。因此，它的中继距离可以很远。

(3) 不受电磁波干扰。因为光纤为非金属的介质材料，因此它不受电磁波的干扰。

(4) 由于光纤的直径很小，只有 0.1mm 左右，因此制成光缆后，直径要比电缆小，而且质量也比较轻，因此便于制造多芯光缆。

(5) 资源丰富。

(6) 使用环境温度范围宽。

(7) 耐化学腐蚀，使用寿命长。

8.5.5　光缆测试参数和测试方法

光缆布线系统安装完成之后，需要对链路传输特性进行测试，其中最主要的测试项目是链路的衰减特性、连接器的插入损耗、回波损耗等。下面就光缆布线的关键物理参数的测量及网络中的故障排除、维护等方面进行简单的介绍。

1．光缆链路的关键物理参数

1) 衰减

衰减是指光在沿光纤传输过程中光功率的减少。

与衰减有关的参数有光纤损耗(loss)和光纤损耗因子(α)。光纤损耗是指光纤输出端的功率(power out)与发射到光纤时的功率(power in)的比值。损耗同光纤的长度成正比的，所以总衰减不仅表明了光纤损耗本身，还反映了光纤的长度。光缆损耗因子是为反映光纤衰减特性而引进的概念。

因为光纤连接到光源和光功率计时不可避免地会引入额外的损耗，所以在现场测试衰减时就必须先对测试仪的测试参考点进行设置(即归零的设置)。设置测试参考点有多种方法，主要是根据所测试的链路对象来选择这些方法。在光缆布线系统中，由于光纤本身的长度通常不长，所以在选择测试方法时会更加注重连接器和测试跳线。

2) 回波损耗

回波损耗又称反射损耗，是指在光纤连接处，反向反射光相对入射光的比值的分贝数。回波损耗越大越好，以减少反射光对光源和系统的影响。改进回波损耗的有效办法是尽量选择将光纤端面加工成球面或斜球面。

3) 插入损耗

插入损耗是指光纤中的光信号通过活动连接器之后，其输出光功率相对输入光功率的比值，单位为 dB。插入损耗越小越好。插入损耗的测量方法与衰减的测量方法相同。

2．光纤测试仪

常用的光纤测试仪分为两种，一种是用于测量长距离(超过 1km)的光时域反射计(optical time domain reflectometer，OTDR)，另一种则是用于测量较短距离的光功率计，在 LAN 中应用比较普遍。下面主要介绍光时域反射仪的工作原理。

OTDR 是依靠光的菲涅耳尔反射和瑞利散射原理进行工作的，通过将一定波长的光信号注入被测光纤线路，然后接收和分析反射回来的背向散射光，经过相应的数据处理后，在 LCD 上显示出被测光纤线路的背向散射曲线，从而反映出被测光纤线路接头损耗和位置、长度、故障点、两点间的损耗、大衰减点、光纤的损耗系数，是检测光纤性能和故障的必备仪器。光纤自身的缺陷和掺杂成分的不均匀性使它们在光子的作用下产生散射，如果光纤中(或接头)有几何缺陷或断裂面，将产生菲涅耳反射。反射强弱与通过该点的光功率成正比，也反映了光纤各点的损耗大小，因散射是向四面八方发射的，反射光也将形成比较大的反射角，散射和反射光就是极少部分，它也能进入光纤的孔径角而反向传到输入端。假如光纤中断，即从该点以后的背向散射光功率降到 0，可以根据反向传输回来的散射光的情况来判断光纤的断点位置和光纤长度。这就是 OTDR 的基本工作原理。

1) 瑞利散射

当光脉冲输入到光纤中时，部分脉冲信号由于受到玻璃纤维中的微粒(即掺杂物)的阻碍而向各个方向散射，这种现象称为瑞利散射。一些光(大约占总光量的 0.0001%)沿着和脉冲方向相反的方向(逆着光源的方向)散射回来，这种现象称为反向散射。由于在生产过程中，光纤的残杂物被均匀地分布在整个光纤里，所以整根光纤都会有散射现象。

瑞利散射是光纤产生损耗的主要因素，波长较长的光产生的散射比波长较短的光小。光纤中微粒的密度越高，其散射便会越强，因此其每千米的衰减就会越高。OTDR 可以准确地测量反向散射的电平值，并可以根据这个值测量出光线在任何一点的特性的微小变化。

2) 菲涅尔反射

无论什么时候，光由一种物质进入另一种不同密度的物质(如空气)时，一部分光(最多占总光量的 4 %)会逆着光源的方向反射回来，而另一部分则会进入该物质中。在物质密度发生变化的地方，如在光纤的端头、光纤破裂处以及其接续点，都会发生反射。反射量取决于物质密度变化的大小(即折射系数，折射系数越大，说明光要进入的物质的密度越大)以及入射角的大小，这种反射现象便称为菲涅尔反射。OTDR 根据菲涅尔反射的原理，可以准确地对光纤的破裂处进行定位。

本 章 小 结

本章详细介绍了网络设计测试工具、有关标准以及线缆测试参数，重点描述了网络测试方法以及光缆测试的相关知识。

习 题

1. 介绍常用的网络测试工具。
2. 综述光纤的特点、结构、优点。
3. 简述错误类型的常用术语及其特征。
4. 简述网络测试方法。

第 **9** 章

网络系统安全解决方案

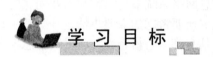

学习目标

- 掌握网络安全分析的概念及分析方法；
- 掌握网络安全需求的基本组成和拓扑结构；
- 了解网络安全方案设计原则及产品选型原则；
- 掌握网络安全整体解决方案及解决的特点和目标。

知识结构

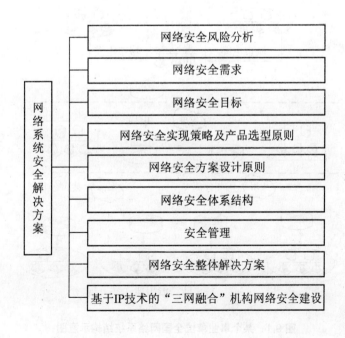

网络系统安全解决方案

- 网络安全风险分析
- 网络安全需求
- 网络安全目标
- 网络安全实现策略及产品选型原则
- 网络安全方案设计原则
- 网络安全体系结构
- 安全管理
- 网络安全整体解决方案
- 基于IP技术的"三网融合"机构网络安全建设

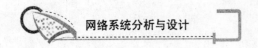

9.1　网络安全风险分析

随着计算机网络的不断发展，各种各样的来自网络的威胁越来越多。对网络安全风险进行分析是网络系统安全解决方案中不可缺少的内容。

9.1.1　概述

以网络为代表的全球性信息化浪潮日益深刻，信息网络技术的应用日益普及和广泛，应用层次正在深入，应用领域从传统的小型业务系统逐渐向大型的关键业务系统扩展，典型的系统如行政部门业务系统、金融业务系统、企业商务系统等。伴随网络的普及，安全日益成为影响网络效能的重要问题，而网络所具有的开放性、国际性和自由性在增加应用自由度的同时，对安全提出了更高的要求。如何使信息网络系统不受黑客和工业间谍的入侵已成为国家机构、军队、企事业单位信息化健康发展所要考虑的重要事情之一。其中有些单位从事的行业性质是跟国家紧密联系的，所涉及信息都具有机密性，所以其信息安全问题，如敏感信息的泄露、黑客的侵扰、网络资源的非法使用以及计算机病毒等都将对重要信息安全构成威胁。为保证网络系统的安全，有必要对其网络进行专门安全设计。

9.1.2　网络系统分析

1. 基本网络结构

如今随着网络的发展及普及，国家机构、军队、企事业单位也从原来单机、LAN 逐渐扩展到 WAN，把分布在全国各地的系统内单位通过网络互联起来，从整体上提高了办事效率。某个事业单位全国网络系统结构示意图如图 9.1 所示。

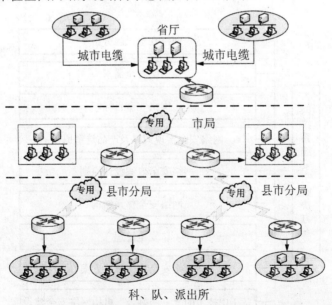

图 9.1　某个事业单位全国网络系统结构示意图

在图 9.1 中，网络一方面通过宽带网与总部直属单位互联，另一方面总部网络经电信公司的专网与各省厅单位网络互联；而各省厅单位又通过专网与其各自的下属地市局单位互联。本行业系统各 LAN 经广域线路互联构成一个全国性的行业网(Intranet)。

2. 网络应用

对于各级网络系统，通过本地 LAN，用户间可以共享网络资源(如文件服务器、打印机等)。对于各级用户之间，根据用户应用需要，通过 WAN，各级用户之间可以利用 E-mail 互相进行信息交流。而单位间通过网络互相提供浏览器访问方式对外部用户发布信息，提供游览、查询等服务，如发布一些政策、规划，以及网上报税等。

各级用户间还有行业数据需要通过网络进行交换，而这些数据大多都可能涉及秘密信息。各级单位通过网络召开电视电话会议，如要讨论一些国家政策性的内容，其内容在网上传输也需要保密。通过网络使用单位系统内部的 IP 电话可以保证信息的安全。

9.1.3 网络安全风险分析

网络应用给人们带来了无尽的好处，但随着网络应用的扩大，网络安全风险也变得更加严重和复杂。原来由单个计算机安全事故引起的损害可能传播到其他系统和主机，引起大范围的系统瘫痪和损失。另外，缺乏安全控制机制和对网络安全政策及防护意识的认识不足，这些风险正日益加重，而这些风险与网络系统结构和系统的应用等因素密切相关。下面从物理安全、链路安全、网络安全、系统安全、应用安全及管理安全等方面分别进行描述。

1. 物理安全风险分析

网络物理安全是整个网络系统安全的前提。物理安全的风险主要有以下几方面。
① 地震、水灾、火灾等环境事故造成整个系统毁灭。
② 电源故障造成设备断电以至操作系统引导失败或数据库信息丢失。
③ 设备被盗、被毁造成数据丢失或信息泄漏。
④ 电磁辐射可能造成数据信息被窃取或偷阅。
⑤ 报警系统的设计不足可能造成原本可以防止但实际发生了的事故。

2. 链路安全风险分析

网络安全不仅是入侵者对企业内部网进行攻击、窃取或其他破坏，他们完全有可能在传输线路上安装窃听装置，窃取用户在网上传输的重要数据，再通过一些技术读出数据信息，造成泄密或者做一些篡改来破坏数据的完整性。以上种种不安全因素都会对网络构成严重的安全威胁。因此，对于某些重要部门的带有重要信息传输的网络，在链路上传输的数据必须经过加密。并通过数字签名及认证技术来保证数据在网上传输的真实性、机密性、可靠性及完整性。

3. 网络安全风险分析

网络安全风险来自于公网互联的安全威胁。如果某些重要部门内部网与网络公网互

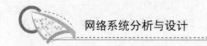

联，基于网络公网的开放性、国际性与自由性，内部网将面临更加严重的安全威胁。因为，每天都有入侵者试图闯入网络结点，假如我们的网络不保持警惕，可能不会察觉入侵者，甚至会成为入侵者入侵其他网络的"跳板"。行业内部网中其办公系统及个人主机上都有涉密信息。假如内部网的一台机器安全受损(被攻击或者被病毒感染)，就会同时影响同一个网络上的许多其他系统；透过网络传播，还会影响到与本系统网络有连接的外单位网络；影响所及，还可能涉及法律、金融等安全敏感领域。对于某些行业网络系统，国家也有规定不能与 Internet 直接或间接相连。

1) 内部网与系统外部网互联的安全威胁

如果系统内部网与系统外部网间没有采取一定的安全防护措施，内部网容易遭到来自外部网的入侵者的恶意攻击。例如，入侵者通过 Sniffer 等嗅探程序来探测扫描网络及操作系统存在的安全漏洞，如网络 IP 地址、应用操作系统的类型、开放的 TCP 端口号、系统保存用户名和口令等安全信息的关键文件等，并通过相应攻击程序对内部网进行攻击。入侵者通过网络监听等先进手段获得内部网用户的用户名、口令等信息，进而假冒内部网合法身份进行非法登录，窃取内部网重要信息。入侵者通过发送大量 ping 命令数据包对内部网重要服务器进行攻击，使得服务器超负荷工作以至拒绝服务，甚至系统瘫痪。

2) 内部 LAN 的安全威胁

据调查，在已有的网络安全攻击事件中约 70%是来自内部网的侵犯。例如，内部人员故意泄漏内部网的网络结构，安全管理员有意透露其用户名及口令，内部员工编写破坏程序在内部网上传播，或者内部人员通过各种方式盗取他人涉密信息并将其传播出去，种种因素都将网络对安全构成很大的威胁。

4. 系统安全风险分析

系统安全通常是指网络操作系统、应用系统的安全。目前的操作系统或应用系统无论是 Windows 还是其他任何商用 UNIX 操作系统以及其他厂商开发的应用系统，其开发厂商必然有其"后门(back-door)"。而且系统本身必定存在安全漏洞。这些"后门"或安全漏洞都将存在重大安全隐患。但是在实际应用上，系统的安全程度跟对其进行安全配置及系统的应用面有很大关系，操作系统如果没有采用相应的安全配置，则将漏洞百出，掌握一般攻击技术的人都可能入侵成功。操作系统如果采用了相应的安全配置，如填补安全漏洞、关闭一些不常用的服务、禁止开放一些不常用而又比较敏感的端口等，那么入侵者要成功入侵内部网是不容易，需要花费相当高的技术水平及相当长时间。因此，应正确估价网络风险并根据网络风险大小制定相应的安全解决方案。

5. 应用安全风险分析

应用系统的安全涉及很多方面。应用系统是动态的、不断变化的，应用的安全性也是动态的。这就需要对不同的应用，检测安全漏洞，采取相应的安全措施，降低应用的安全风险。

1) 资源共享

某些重要部门网络系统内部必有自动化办公系统，而办公网络应用通常用于实现共享网络资源，如文件共享、打印机共享等。由此就可能存在着各种风险因素，如员工有意、无意地把硬盘中重要信息目录共享，长期暴露在网络邻居上，可能被外部人员轻易窃取或被内部其他员工窃取并传播出去造成泄密(因为缺少必要的访问控制策略)。

2) E-mail 系统

E-mail 系统为网络系统用户提供 E-mail 应用。内部网用户可以通过拨号或其他方式进行 E-mail 发送和接收，这就存在被他人跟踪或收到一些木马病毒程序等。许多用户由于安全意识比较淡薄，对一些来历不明的 E-mail 没有警惕性，给入侵者提供机会，给系统带来不安全因素。

3) 病毒侵害

网络是病毒传播的最好、最快的途径之一。病毒程序可以通过网上下载、E-mail、使用盗版光盘或软盘、人为投放等传播途径潜入内部网。因此，病毒的危害的不可轻视。网络中一旦有一台主机被病毒感染，则病毒程序就完全可能在极短的时间内迅速扩散，传播到网络上的所有主机，可能造成信息泄漏、文件丢失、机器死机等不安全因素。

4) 数据信息

数据安全对于某些行业来说尤其重要，数据在 WAN 线路上传输，很难保证在传输过程中不被非法窃取和篡改。现今，网络入侵者或工业间谍会通过一些手段，设法在线路上做些手脚，获得在网上传输的数据信息，继而造成数据泄密。这对某些重要行业用户来说，是决不允许的。

6. 管理安全风险分析

内部管理人员或员工把内部网结构、管理员用户名和及口令以及系统的一些重要信息传播给外部人员带来信息泄漏风险。另外，任何人员都可以自由进出机房重地，存有恶意的入侵者便有机会得到入侵的条件。内部员工有的可能熟悉服务器、小程序、脚本和系统的弱点，利用网络制造安全风险，甚至破坏网络，如传出至关重要的信息、错误地进入数据库、删除数据等。这些都将对网络造成极大的安全风险。管理是保证网络安全的重要组成部分，是防止来自内部网入侵的必需部分。责权不明、管理混乱、安全管理制度不健全及缺乏可操作性等都可能引起管理安全的风险。因此，除了从技术上保障网络安全外，还得依靠安全管理来实现网络安全。

9.2　网络安全需求

通过对网络结构、网络安全风险分析，以及黑客、病毒等安全威胁日益严重，解决网络安全问题势在必行。针对不同的安全风险必须采用相应的安全措施来解决，使网络安全达到一定的安全目标。

9.2.1　物理安全需求

重要信息可能通过电磁辐射或线路干扰等泄漏。因此，需要对存放机密信息的机房进行必要的设计，如构建屏蔽室；采用辐射干扰机，防止电磁辐射泄漏机密信息；对重要的设备、重要系统进行备份等安全保护。

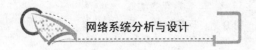

9.2.2 访问控制需求

1. 非法用户非法访问

非法用户非法访问即黑客或间谍的攻击行为。在没有任何防范措施的情况下，网络的安全主要是靠主机系统自身的安全，如用户名及口令字这些简单的控制。但对于用户名及口令的保护方式，对于有攻击目的的人而言，根本就不是一种障碍。他们可以通过对网络上的信息进行的监听，得到用户名及口令或者通过猜解得到用户名及口令，这都将不是难事，而且可以说只要花费很少的时间。因此，要采取一定的访问控制手段，防范来自非法用户的攻击，严格控制只有合法用户才能访问合法资源。

2. 合法用户非授权访问

合法用户非授权访问是指合法用户在没有得到许可的情况下访问了其本不该访问的资源。一般来说，每个成员的主机系统中有一部分信息是可以对外开放的，而有些信息是要求保密或具有一定的隐私性。外部用户(网络合法用户)允许正常访问一定的信息，但同时通过一些手段越权访问了别人不允许他访问的信息，因此而造成他人的信息泄密。所以，还需要加密访问控制的机制，对服务及访问权限进行严格控制。

3. 假冒合法用户非法访问

从管理上及实际需求上，合法用户可正常访问被许可的资源，那么入侵者便很可能会在用户下班或关机的情况下，假冒合法用户的 IP 地址或用户名等资源进行非法访问。因此，必须从访问控制上做到防止假冒而进行的非法访问。

9.2.3 加密机需求

加密传输是网络安全重要手段之一。信息的泄漏很多都是在链路上被搭线窃取，数据也可能因为在链路上被截获、被篡改后传输给对方，造成数据真实性、完整性得不到保证。如果利用加密设备对传输数据进行加密，使得在网上传输的数据以密文形式传输。因为数据是密文形式的，所以即使数据在传输过程中被截获，入侵者也读不懂。另外，加密机还能通过先进行技术手段，对数据传输过程中的完整性、真实性进行鉴别，可以保证数据的保密性、完整性及可靠性。因此，必须配备加密设备对数据进行传输加密。

9.2.4 入侵检测系统需求

也许有人认为，网络配了防火墙就安全了，就可以高枕无忧了。其实，这是一种错误的认识。网络安全是整体的、动态的，不是单一产品能够完全实现的。防火墙是实现网络安全最基本、最经济、最有效的措施之一。防火墙可以对所有的访问进行严格控制(允许、禁止、报警)，但防火墙不可能完全防止有些新的攻击或那些不经过防火墙的其他攻击。所以，确保网络更加安全必须配备入侵检测系统，对透过防火墙的攻击进行检测并做出相应反应(记录、报警、阻断)。

9.2.5　安全风险评估系统需求

网络系统存在安全漏洞(如安全配置不严密等)和操作系统安全漏洞等是黑客等入侵者攻击网络屡屡得手的重要因素。入侵者通常都是通过一些程序来探测网络系统中存在的一些安全漏洞，然后针对发现的安全漏洞，采取相应技术进行攻击，因此必须配备网络安全扫描系统和系统安全扫描系统检测网络中存在的安全漏洞，并采用相应的措施填补系统漏洞，对网络设备等存在的不安全配置重新进行安全配置。

9.2.6　防病毒系统需求

针对病毒危害性极大并且传播极为迅速的特点，必须配备从单机到服务器的整套防病毒软件，实现全网络的病毒安全防护。

9.2.7　安全管理体制

健全的安全意识可以通过安全常识培训来提高。员工行为的约束只能通过严格的管理体制，并利用法律手段来实现。

9.2.8　构建 CA 系统

由于网络系统必须采用加密措施，而加密系统通常都通过加密密钥来实现，而密钥的分发及管理的可靠性却存在安全问题，构建 CA 系统就是在这个基础上提出的。通过信任的第三方来确保通信双方互相交换信息。

9.2.9　网络安全目标

基于需求分析，网络系统可以实现以下安全目标。
① 保护网络系统的可用性。
② 保护网络系统服务的连续性。
③ 防范网络资源的非法访问及非授权访问。
④ 防范入侵者的恶意攻击与破坏。
⑤ 保证某些重要部门信息在网络传输过程中的机密性、完整性。
⑥ 防范病毒的侵害。
⑦ 实现网络的安全管理

9.3　网络安全实现策略及产品选型原则

网络安全防范是通过安全技术、安全产品集成及安全管理来实现。其中，安全产品集成便涉及网络安全产品的选择。在进行网络安全产品选型时，应该要求网络安全产品满足两方面的要求，一是安全产品必须符合国家有关安全管理部门的政策要求；二是安全产品的功能与性能要满足相关要求。

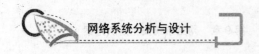

9.3.1 满足国家管理部门的政策性方面要求

针对相关的安全产品必须查看其是否得到相应的许可证,如密码产品满足国家密码管理委员会的要求;安全产品获得国家公安部颁发的销售许可证,获得中国信息安全产品测评认证中心的测评认证,获得总参谋部颁发的国防通信网设备器材进网许可证,符合国家保密局有关国际联网管理规定以及涉密网审批管理规定。

9.3.2 安全产品的选型原则

选择安全产品时必须考虑产品功能、性能、运行稳定性以及扩展性,并且还必须考查其产品自身的安全性。

9.4 网络安全方案设计原则

在进行网络系统安全方案设计、规划时,应遵循各方面的原则。

9.4.1 需求、风险、代价平衡分析的原则

对于任何网络而言,绝对的安全是很难达到的,也不一定是必要的。对一个网络要进行实际的研究(包括任务、性能、结构、可靠性、可维护性等),并对网络面临的威胁及可能承担的风险进行定性与定量相结合的分析,然后制定规范和措施,确定系统的安全策略。

9.4.2 综合性、整体性原则

应运用系统工程的观点、方法,分析网络的安全及具体措施。安全措施主要包括行政法律手段、各种管理制度(人员审查、工作流程、维护保障制度等)以及专业技术措施(访问控制、加密技术、认证技术、攻击检测技术、容错、防病毒等)。一个较好的安全措施往往是多种方法适当综合的应用结果。

计算机网络的各个环节,包括个人(使用、维护、管理)、设备(含设施)、软件(含应用系统)、数据等,在网络安全中的地位和影响作用,也只有从系统整体的角度去看待、分析,才可能得到有效、可行的措施。不同的安全措施,其代价、效果对不同网络并不完全相同。计算机网络安全应遵循整体安全性原则,根据确定的安全策略制定出合理的网络体系结构及网络安全体系结构。

9.4.3 其他原则

1. 一致性原则

一致性原则主要是指网络安全问题应与整个网络的工作周期(或生命周期)同时存在,制定的安全体系结构必须与网络的安全需求相一致。安全的网络系统设计(包括初步或详细设计)。实施计划、网络验证、验收、运行等,都要有安全的内容及措施。实际上,在网络建设的开始就考虑网络安全对策比在网络建设好后再考虑安全措施容易,且花费要少得多。

2. 易操作性原则

安全措施需要人去完成，如果其过于复杂，对人的要求过高，本身就降低了安全性。另外，措施的采用不能影响系统的正常运行。

3. 适应性及灵活性原则

安全措施必须能随着网络性能及安全需求的变化而变化，要容易适应、容易修改和升级。

4. 多重保护原则

任何安全措施都不是绝对安全的，都可能被攻破。建立一个多重保护系统，各层保护相互补充，当一层保护被攻破时，其他层保护仍可保护信息的安全。

5. 可评价性原则

如何预先评价一个安全设计并验证其网络的安全性，这需要通过国家有关网络信息安全测评认证机构的评估来实现。

网络安全是整体的、动态的。网络安全的整体性是指一个安全系统的建立，即包括采用相应的安全设备，又包括相应的管理手段。安全设备不是指单一的某种安全设备，而是指几种安全设备的综合。网络安全的动态性是指网络安全是随着环境、时间的变化而变化的，在一定环境下是安全的系统，环境发生变化了(如更换了某个机器)，原来安全的系统就变得不安全了；在一段时间里安全的系统，时间发生变化了(如今天是安全的系统，可能因为黑客发现了某种系统的漏洞，明天就会变的不安全了)，原来的系统就会变的不安全。所以，建立网络安全系统不是一劳永逸的事情。

针对安全体系的特性，可以采用"统一规划、分步实施"的原则。具体而言，可以先对网络做一个比较全面的安全体系规划，然后根据网络的实际应用状况，先建立一个基础的安全防护体系，保证基本的、应有的安全性。随着今后应用的种类和复杂程度的增加，再在原来基础防护体系之上，建立增强的安全防护体系。

对于某些重要部门行业网络安全体系的建立，建议采取以上的原则，先对整个网络进行整体的安全规划，然后根据实际状况建立一个防护—检测—响应的基础的安全防护体系，提高整个网络基础的安全性，保证应用系统的安全性。

9.5　网络安全体系结构

通过对网络应用的全面了解，按照安全风险、需求分析、安全策略以及网络的安全目标，具体的安全控制系统可以从物理安全、系统安全、网络安全、应用安全等方面分述。

9.5.1　物理安全

保证计算机信息系统各种设备的物理安全是保障整个网络系统安全的前提。物理安全是保护计算机网络设备、设施以及其他媒体免遭地震、水灾、火灾等环境事故以及人为操

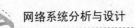

作失误或错误及各种计算机犯罪行为导致的破坏过程。物理主要包括以下 3 个方面。

1. 环境安全

对系统所在环境的安全保护，如区域保护和灾难保护(参见 GB 50173—1993《电子计算机机房设计规范》、GB 2887—1989《计算站场地技术条件》、GB 9361—1988《计算站场地安全要求》)。

2. 设备安全

设备安全主要包括设备的防盗、防毁、防电磁信息辐射泄漏、防止线路截获、抗电磁干扰及电源保护等以及设备冗余备份。设备安全可以通过严格管理及提高员工的整体安全意识来实现。

3. 媒体安全

媒体安全包括媒体数据的安全及媒体本身的安全。显然，为保证信息网络系统的物理安全，除在网络规划和场地、环境等要求之外，还要防止系统信息在空间的扩散。计算机系统通过电磁辐射使信息被截获而失密的案例已经很多，在理论和技术支持下的验证工作也证实这种截取距离在几百甚至可达千米的复原显示技术给计算机系统信息的保密工作带来了极大的危害。为了防止系统中的信息在空间上的扩散，通常是在物理上采取一定的防护措施，来减少或干扰扩散出去的空间信号。这对重要的政策、军队、金融机构在兴建信息中心时都将成为首要设置的条件。

正常的防范措施主要包括以下 3 个方面。

(1) 对主机房及重要信息存储、收发部门进行屏蔽处理，即建设一个具有高效屏蔽效能的屏蔽室，用它来安装运行主要设备，以防止磁鼓、磁带与高辐射设备等的信号外泄。为提高屏蔽室的效能，在屏蔽室与外界的各项联系、连接中均要采取相应的隔离措施和设计，如信号线、电话线、空调、消防控制线，以及通风、波导、门的关起等。

(2) 对本地网、LAN 传输线路传导辐射的抑制。由于电缆传输辐射信息的不可避免性，现均采光缆传输的方式，大多数均由 modem 连接的设备用光电转换接口，用光缆接出屏蔽室外进行传输。

(3) 对终端设备辐射的防范。终端机尤其是 CRT 显示器，由于上万伏高压电子流的作用，辐射有极强的信号外泄，但又因终端分散使用不宜集中采用屏蔽室的办法来防止，故现在的要求除在订购设备上尽量选取低辐射产品外，目前主要采取主动式的干扰设备(如干扰机)来破坏对应信息的窃取，个别重要的主机或集中的终端也可考虑采用有窗子的装饰性屏蔽室，这种方法虽降低了部分屏蔽效能，但可大大改善工作环境，使人感到在普通机房内一样工作。

9.5.2 系统安全

1. 网络结构安全

网络结构的安全主要指网络拓扑结构是否合理，线路是否有冗余，路由是否冗余，防止单点失败等。

2. 操作系统安全

对于操作系统的安全防范可以采取如下策略。

(1) 尽量采用安全性较高的网络操作系统并进行必要的安全配置。

(2) 关闭一些起不常用却存在安全隐患的应用。

(3) 对一些保存有用户信息及其口令的关键文件(如 UNIX 下的/.rhost、etc/host、passwd、shadow、group 等，Windows NT 下的 LMHOST、SAM 等)使用权限进行严格限制。

(4) 加强口令字的使用(增加口令复杂程度、不要使用与用户身份有关的、容易猜测的信息作为口令)，并及时给系统打补丁，不对外公开系统内部的相互调用。

通过配备操作系统安全扫描系统对操作系统进行安全性扫描，发现其中存在的安全漏洞，并有针对性地对网络设备进行重新配置或升级。

3. 应用系统安全

在应用系统安全上，应用服务器尽量不要开放一些没有经常用的协议及协议端口号。例如，文件服务、E-mail 服务器等应用系统，可以关闭服务器上如 HTTP、FTP、TELNET、RLOGIN 等服务。另外，加强登录身份认证，确保用户使用的合法性；严格限制登录者的操作权限，将其完成的操作限制在最小的范围内；充分利用操作系统和应用系统本身的日志功能，对用户所访问的信息做记录，为事后审查提供依据。

9.5.3　网络安全

网络安全是整个安全解决方案的关键，下面从访问控制、通信保密、入侵检测、网络安全扫描系统、防病毒等几方面分别进行描述。

1. 隔离与访问控制

1) 制定严格的管理制度

可制定的制度有《用户授权实施细则》、《口令字及账户管理规范》、《权限管理制度》、《安全责任制度》等。

2) 划分 VLAN

内部办公自动化网络根据不同用户安全级别或者根据不同部门的安全需求，利用 3 层交换机来划分 VLAN。在没有配置路由的情况下，不同 VLAN 间是不能够互相访问的。通过 VLAN 的划分，用户能够实现较粗粒的访问控制。

3) 配备防火墙

防火墙是实现网络安全最基本、最经济、最有效的安全措施之一。防火墙通过制定严格的安全策略实现内外网或内部网不同信任域之间的隔离与访问控制，并且可以实现单向或双向控制，对一些高层协议实现较细粒的访问控制。

2. 通信保密

数据的机密性与完整性是指为了保护在网络上传输的涉及企业秘密的信息，经过配备加密设备，使得在网络上传输送的数据是密文形式，而不是明文形式。通信保密可以选择

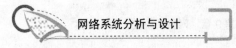

以两几种方式。

1) 链路层加密

连接各涉密网结点的 WAN 线路,根据线路种类不同可以采用相应的链路级加密设备,以保证各结点涉密网之间交换的数据都是加密传送,以防止非授权用户读懂、篡改传输的数据。

链路加密机用户链路级,采用点对点的加密机制,即在有相互访问需求并且要求加密传输的各网点的每条外线线路上都得配备一台链路加密机,如图 9.2 所示。通过两端加密机的协商配合实现加密、解密过程。

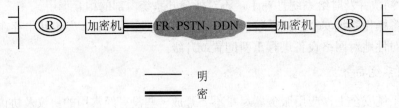

明
密

图 9.2 链路密码机配备示意图

2) 网络层加密

网络分布较广,网点较多,而且可能采用 DDN、FR 等多种通信线路。如果采用多种链路加密设备的设计方案,则增加了系统投资费用,同时为系统维护、升级、扩展也带来了相应困难。因此,在这种情况下建议采用网络层加密设备(VPN 加密机)。VPN 加密机用于实现端端的加密,即一个网点只需配备一台 VPN 加密机,根据具体策略来保护内部敏感信息和企业秘密的机密性、真实性及完整性。

IPSec 是在 TCP/IP 体系中实现网络安全服务的重要措施,而 VPN 设备正是一种符合 IPSec 标准的 IP 协议加密设备。它通过利用跨越不安全的公共网络的线路建立 IP 安全隧道,能够保护子网间传输信息的机密性、完整性和真实性。经过对 VPN 设备的配置,可以让网络内的某些主机通过加密隧道,让另一些主机仍以明文方式传输,以达到安全、传输效率的最佳平衡。一般来说,VPN 设备可以一对一和一对多地运行,并具有对数据完整性的保证功能,它安装在被保护网络和路由器之间的位置。目前全球大部分厂商的网络安全产品都支持 IPsec 标准。

由于 VPN 设备不依赖于底层的具体传输链路,它一方面可以降低网络安全设备的投资,而另一方面可以为上层的各种应用提供统一的网络层安全基础设施和可选的虚拟专用网服务平台。对某些重要部门行业网络系统的大型网络,VPN 设备可以使网络在升级提速时具有很好的扩展性。鉴于 VPN 设备的突出优点,企业应根据具体需求,在各个网络结点与公共网络相连接的进出口处安装配备 VPN 设备。

3. 入侵检测

利用防火墙并经过严格配置,可以阻止各种不安全访问通过防火墙,从而降低安全风险。但是,网络安全不可能完全依靠防火墙单一产品来实现,网络安全是整体的,必须配备相应的安全产品作为防火墙的必要补充。入侵检测系统就是最好的安全产品,它是根据已有的、最新的攻击手段的信息代码对进出网段的所有操作行为进行实时监控、记录,并按制定的策略实行响应(阻断、报警、发送 E-mail),从而防止针对网络的攻击与犯罪行为。入侵检测系统一般包括控制台和探测器(网络引擎)。控制台用作制定及管理所有探测器。探测器用于监听进出网络的访问行为,并根据控制台的指令执行相应行为。由于探测器采取的是监听不是过滤数据包因此,入侵检测系统的应用不会对网络系统性能造成很大影响。

4. 扫描系统

网络扫描系统可以对网络中所有部件(Web 站点、防火墙、路由器、TCP/IP 及相关协议服务)进行攻击性扫描、分析和评估,发现并报告系统存在的弱点和漏洞,评估安全风险,建议补救措施。

系统扫描系统可以对网络系统中的所有操作系统进行安全性扫描,检测操作系统存在的安全漏洞,并产生报表以供分析,还会针对具体安全漏洞提出补救措施。

5. 病毒防护

在网络环境下,计算机病毒有不可估量的威胁性和破坏力。某些重要部门网络系统中使用的操作系统一般均为 Windows 系统,比较容易感染病毒。因此,计算机病毒的防范也是网络安全建设中应该考虑的重要环节之一。

反病毒技术包括预防病毒、检测病毒和杀毒 3 种技术。

1) 预防病毒技术

预防病毒技术通过自身常驻系统内存,优先获得系统的控制权,监视和判断系统中是否有病毒存在,进而阻止计算机病毒进入计算机系统和对系统进行破坏。这类技术包括加密可执行程序、引导区保护、系统监控与读写控制(如防病毒卡等)。

2) 检测病毒技术

检测病毒技术是通过对计算机病毒的特征来进行判断的技术(如自身校验、关键字、文件长度的变化等)来确定病毒的类型。

3) 杀毒技术

杀毒技术通过对计算机病毒代码的分析,开发出具有删除病毒程序并恢复原文件的软件。反病毒技术的具体实现方法包括对网络中服务器及工作站中的文件和 E-mail 等进行频繁地扫描和监测。一旦发现与病毒代码库中相匹配的病毒代码,反病毒程序会采取相应处理措施(清除、更名或删除),防止病毒进入网络进行传播扩散。

9.5.4　应用安全

1. 内部 OA 系统中资源共享

严格控制内部员工对网络共享资源的使用。在内部子网中一般不要轻易开放共享目录,否则较容易因为疏忽而在与员工间交换信息时泄漏重要信息。对于有经常交换信息需求的用户,在共享时也必须加上必要的口令认证机制,即只有通过口令的认证才允许访问数据。虽然用户名和口令的机制不是很安全,但对一般用户而言,还是起到一定的安全防护,即使有刻意破解者,只要口令设得复杂些,也得花费相当长的时间。

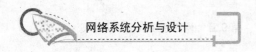

2. 信息存储

对有涉及企业秘密信息的用户主机，使用者在应用过程中应该做到尽量少开放一些不常用的网络服务。对数据库服务器中的数据库必须做安全备份。通过网络备份系统，可以对数据库进行远程备份存储。

9.5.5 构建 CA 体系

目前针对信息的安全性、完整性、正确性和不可否认性等问题，国际上先进的方法是信息加密技术、数字签名技术。具体实现的办法是使用数字证书。通过数字证书，把证书持有者的公开密钥(public key)与用户的身份信息紧密安全地结合起来，以实现身份确认和不可否认性。签发数字证书的机构即数字证书 CA，数字证书 CA 为用户签发数字证书，为用户身份确认提供各种相应的服务。在数字证书中有证书拥有者的甄别名称(distinguish name，DN)，并且还有其公开密钥。对应于该公开密钥的私有密钥由证书的拥有者持有，这对密钥的作用是用来进行数字签名和验证签名，这样就能够保证通信双方的真实身份，同时采用数字签名技术还很好地解决了不可否认性的问题。根据机构本身的特点，可以考虑先构建一个本系统内部的 CA 系统，即所有的证书只能限定在本系统内部使用有效。随着不断发展及需求情况下，可以对 CA 系统进行扩充与国家级 CA 系统互联，实现不同企业间的交叉认证。

9.6 安 全 管 理

安全管理是指监视、审查和控制用户对网络的访问，并产生日志，以保证合法用户对网络系统的访问。

9.6.1 制定健全的安全管理体制

制定健全的安全管理体制将是网络安全得以实现的重要保证。各重要部门机关单位可以根据自身的实际情况，制定如安全操作流程、安全事故的奖罚制度以及对任命安全管理人员的考查等。

9.6.2 构建安全管理平台

构建安全管理平台将会降低很多因为无意的人为因素而造成的风险。从技术角度来讲，构建安全管理平台包括组成安全管理子网，安装集中统一的安全管理软件(病毒软件管理系统、网络设备管理系统以及网络安全设备统管理软件)。通过安全管理平台可以实现全网络的安全管理。

9.6.3 增强人员的安全防范意识

某些重要部门、机关单位应该经常对单位员工进行网络安全防范意识的培训，全面提高员工的整体网络安全防范意识。

9.7　网络安全整体解决方案

网络安全是一项动态的、整体的系统工程。从技术上来说，网络安全由安全的操作系统、应用系统、防病毒、防火墙、入侵检测、网络监控、信息审计、通信加密、灾难恢复、安全扫描等多个安全组件组成，一个单独的组件无法确保信息网络的安全性。

方案将重点针对一些普遍性问题和所应采用的相应安全技术及相关产品做简要介绍，主要内容包括以下几方面。

① 应用防病毒技术，建立全面的网络防病毒体系。

② 应用防火墙技术，控制访问权限，实现网络安全集中管理。

③ 应用入侵检测技术保护主机资源，防止内外网攻击。

④ 应用安全漏洞扫描技术主动探测网络安全漏洞，进行定期网络安全评估与安全加固。

⑤ 应用网站实时监控与恢复系统，实现网站安全可靠的运行。

⑥ 应用网络安全紧急响应体系，防范安全突发事件。

9.7.1　防病毒方面

应用防病毒技术，建立全面的网络防病毒体系。

随着 Internet 的不断发展，信息技术已成为促进经济发展、社会进步的巨大推动力。当今社会高度的信息化资源对于任何人无论在任何时候、任何地方都变得极有价值。不管是存储在工作站中、服务器里还是流通于 Internet 上的信息都已转变成为一个关系事业成败关键的策略点，这就使保证信息的安全变得格外重要。2001 年是计算机病毒疯狂肆虐的一年，红色代码病毒、尼姆达病毒、求职病毒触动了信息网络脆弱的安全神经，更使部分信息网络用户一度陷入通信瘫痪的尴尬局面……

基于以上情况，可以认为系统可能会受到来自于多方面的病毒威胁，为了免受病毒所造成的损失，建议采用多层的病毒防卫体系。多层病毒防卫体系是指在每台个人计算机上安装单机版反病毒软件，在服务器上安装基于服务器的反病毒软件，在网关上安装基于网关的反病毒软件。防止病毒的攻击是每个人的责任，人人都要做到使自己使用的台式计算机不受病毒的感染，从而保证整个网络不受病毒的感染。

考虑到病毒在网络中存储、传播、感染的方式各异且途径多种多样，故相应地在构建网络防病毒系统时，应利用全方位的企业防毒产品，实施层层设防、集中控制、以防为主、防杀结合的策略。具体而言，就是针对网络中所有可能的病毒攻击设置对应的防毒软件，通过全方位、多层次的防毒系统配置，使网络没有薄弱环节成为病毒入侵的缺口。

目前，大多数单机及网络版的防毒软件融合了本土的关键技术及大量的本土病毒特征代码，产品的主要优势及性能如下。

1. 更优化

支付一个平台的价格，免费赠送其他平台产品，并提供 Internet 的全面防毒功能及对

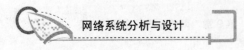

各邮件系统的支持。

2. 更全面

监控所有病毒入口，如 Internet、E-mail、光盘、网络等，并对宏病毒、特洛伊木马、黑客程序或有害软件全面进行实时监控。

3. 更快速

每日更新病毒特征文件，全球每日达 100 种病毒；全球 24h 技术支持、国内 12h 技术支持；对任何新病毒进行全球 24h、国内 36h 封杀。

4. 更强大

全面结合国内外病毒样本库，查杀能力直达黑客程序及有害软件；查杀 10 种以上压缩文件，及多重压缩文件；在单机版中无缝结合 Internet 的防病毒能力。

5. 更智能

无须手工干预的全自动每日智能更新、升级；预置的智能病毒扫描及启发式扫描能自动工作。

6. 更全面

全面支持各平台，如 Windows9x、Windows3x、DOs、OS/2、Windows NT Workstation、Windows 2000、Microsoft Proxy Server、Firewall、Lotus Notes/Domino Servers，是目前唯一在 Winsock 层上查杀病毒的反病毒软件、全面支持 FTP、HTTP、SMTP、POP3、NNTP、MS-Exchange、Outlook Express 以及 Outlook 邮件系统。

7. 更紧密

与 Windows 98/2000/Me 完全集成，深入操作系统内核，对各种文件只需右击即可扫描。

8. 更方便

完全解放网络管理员，首度采用零管理安全(zero administration security，ZAS)技术，能通过网上任一台工作站在几分钟内完成对整个网络的软件分发、安装。

9. 更灵活

可以选择自动、立即、计划、Internet 等多种扫描方式，可以选择智能更新、升级或手动下载升级文件或程序。

10. 更经济

系统占用率、内存及硬盘占用率是同类产品中最低的，对网络系统的数据实时流量几乎没有任何影响。

9.7.2 防黑客方面

网络安全体系的构建不但要依靠合理的安全策略和有效的管理，同样要依靠好的安全产品。"黑盾"防火墙与"黑盾"网络入侵检测系统能共同构筑一个强大的黑客防范解决方案，如图 9.3 所示。它能够满足各种规模企业的需求，确保用户的网络更安全。"黑盾"防火墙的强大访问控制功能与抗攻击功能的结合，共同构筑网络安全大门，保护用户的网络免受黑客、非法访问的侵扰，以及其他无孔不入的数据安全威胁。"黑盾"网络入侵检测系统则以其全面的入侵检测手法规则库和实时准确的报警/阻断功能，成为网络安全的实时监控卫士，成为网络管理人员最佳安全管理助手。

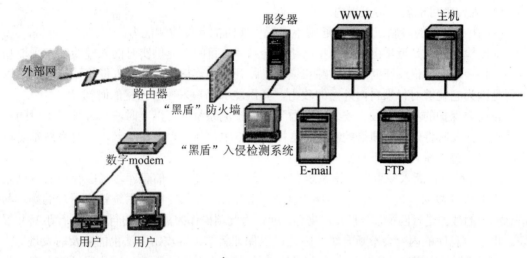

图 9.3　网络拓扑

应用防火墙技术，可以控制访问权限，实现网络安全集中管理。防火墙技术是近年发展起来的重要网络安全技术，其主要作用是在网络入口处检查网络通信，根据客户设定的安全规则，在保护内部网安全的前提下，保障内外网通信。

在网络出口处安装的防火墙对内部网与外部网进行了有效的隔离，所有来自外部网的访问请求都要通过防火墙的检查，从而使内部网的安全有了很大的提高。防火墙可以完成以下具体任务。

(1) 通过源地址过滤，拒绝外部非法 IP 地址，有效地避免了外部网上与业务无关的主机的越权访问。

(2) 防火墙可以只保留有用的服务，将其他不需要的服务关闭，这样做可以将系统受攻击的可能性降低到最小限度，使黑客无机可乘。

(3) 防火墙可以制定访问策略，只有被授权的外部主机可以访问内部网的有限 IP 地址，保证外部网只能访问内部网中的必要资源，与业务无关的操作将被拒绝。

(4) 由于外部网对内部网的所有访问都要经过防火墙，所以防火墙可以全面监视外部网对内部网络的访问活动，并进行详细的记录，通过分析可以得出可疑的攻击行为。

(5) 由于安装了防火墙后，网络的安全策略由防火墙集中管理，因此黑客无法通过更改某一台主机的安全策略来达到控制其他资源访问权限的目的，而直接攻击防火墙几乎是不可能的。

(6) 防火墙可以进行地址转换工作，使外部网用户不能看到内部网的结构，使黑客攻

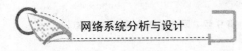

击失去目标。

应用入侵检测技术，可以保护网络与主机资源，防止内外网攻击。

应用防火墙技术，经过细致的系统配置，通常能够在内外网之间提供安全的网络保护，降低网络的安全风险。但是，仅仅通过使用防火墙来保证网络安全还远远不够。原因有以下几点。

(1) 入侵者可能寻找到防火墙背后敞开的"后门"。

(2) 入侵者可能就在防火墙内。

(3) 由于性能的限制，防火墙通常不能提供实时的入侵检测能力。

入侵检测系统是近年出现的新型网络安全技术，目的是提供实时的入侵检测及采取相应的防护手段，如记录证据用于跟踪和恢复、断开网络连接等。实时入侵检测能力之所以重要是因为它能够对付来自内外网的攻击，其次能够缩短入侵者入侵的时间。

在需要保护的主机网段上安装"黑盾"入侵检测系统，可以实时监视各种对主机的访问请求，并及时将信息反馈给控制台，这样全网络中任何一台主机受到攻击时系统都可以及时发现。该系统具备如下特点。

(1) 可精确判断入侵事件。该系统有一个完整的黑客攻击信息库，其中存放着各种攻击行为的特征数据。每当用户在网络上操作时，"黑盾"入侵检测系统就将用户的操作与信息库中的数据进行匹配，一旦发现吻合，就认为此项操作为黑客攻击行为，进行阻断并报警。由于信息库的内容会不断升级，因此可以保证新的黑客攻击方法也能被及时发现。

(2) 可判断应用层的入侵事件。与防火墙不同，该系统是通过分析数据包的内容来识别黑客入侵行为的。因此，"黑盾"入侵检测系统可以判断出应用层的入侵事件，这样就极大的提高了判别黑客攻击行为的准确程度。

(3) 对入侵事件可以立即进行反应。该系统以进程的方式运行在监控机上，为网络系统提供实时的黑客攻击侦测保护。一旦发现黑客攻击行为，"黑盾"入侵检测系统可以立即做出相应。响应的方法有多种形式，其中包括报警(如屏幕显示报警、声音报警)、必要时关闭服务直至切断链路。与此同时，"黑盾"入侵检测系统会对攻击的过程进行详细记录，为以后的调查取证工作提供线索。

(4) 全方位的监控与保护。防火墙只能隔离来自本网段以外的攻击行为，而该系统监控的是所有网络的操作，因此它可以识别来自本网段内、其他网段以及外部网的全部攻击行为。这样就有效地解决了来自防火墙后由于用户误操作或内部人员恶意攻击所带来的安全威胁。

(5) 针对不同操作系统特点。网络上运行着各种应用程序，服务器的操作系统平台也是多种多样。"黑盾"入侵检测系统可根据系统平台的不同而进行针对性的检验，从而提高了工作效率及侦测的准确性。

网络系统安装了"黑盾"入侵检测系统后，有效地解决了来自网络安全 4 个层面上的非法攻击问题。它的使用既可以避免来自外部网的恶意攻击，同时也可以加强内部网的安全管理，保证主机资源不受来自内部网的安全威胁，防范防火墙后面的安全漏洞。

应用安全扫描技术，可以主动探测网络安全漏洞，进行网络安全评估与安全加固。

安全扫描技术是一类重要的网络安全技术。安全扫描技术与防火墙、入侵检测系统互相配合，能够有效提高网络的安全性。

通过对网络的扫描，网络管理员可以了解网络的安全配置和运行的应用服务，及时发现安全漏洞，客观评估网络风险等级。网络管理员可以根据扫描的结果更正网络安全漏洞和系统中的错误配置，在黑客攻击前进行防范。如果说防火墙和网络监控系统是被动的防御手段，那么安全扫描就是一种主动的防范措施，可以有效避免黑客攻击行为，做到防患于未然。

安全扫描工具源于黑客在入侵网络系统时所采用的工具，商品化的安全扫描工具为网络安全漏洞的发现提供了强大的支持。

"火眼"网络安全分析评估系统是一套用于网络安全扫描的软件工具。它提供了综合的审计功能，能够及时发现网络环境中的安全漏洞，保证网络安全的完整性，并能有效评估企业内部网、服务器、防火墙、路由器中可被黑客利用的网络薄弱环节。该系统可产生丰富的报表，如 HTML、TEXT、QRP，做到了 100%的简单易用。它可以发现大众化的安全漏洞和非大众化的漏洞，不但可以利用系统预制的上千种方案进行网络探测，而且还允许用户用自己定制的数据包检测网络，使用非常灵活。"火眼"网络安全分析评估系统可以 Spoofing 和攻击模拟，并可被用来检查各种混合配置。

应用网站实时监控与恢复系统，可以实现网站安全可靠的运行。

Web 服务系统是个让外界了解用户的窗口，它的正常运行将关系到用户的形象。由于网站服务器系统在安全检测中存在严重的安全漏洞，也是黑客入侵的极大目标，故推荐使用"磐石"网站监控与自动恢复系统，保护网站服务器的安全。

"磐石"网站监控与自动恢复系统采用几乎无法伪造的数字签名算法(MD5)，对备份文件进行加密及排序处理，可同机监控，也可异机监控；并采用相互授权认证措施，由服务器对连接上来的客户端进行身份验证，确定其访问权限，然后再由客户端对服务器进行身份确认，使得未经授权的用户无法登录使用该系统；对 Web 静态文件和重要的系统文件进行双机备份和监控，即使 Web 服务器瘫痪也能在数分钟内将之全面恢复；该系统对 Web 网站管理员是透明的，管理员可以通过 FTP 客户端程序上传文件，而几乎感觉不到监控系统的存在，FTP 客户端使远程用户可以在不中断实时监控的情况下进行安全的文件上传，全面保障系统的安全和正常运行。

应用网络安全紧急响应体系，可以防范安全突发事件。网络安全作为一项动态工程，意味着其安全程度会随着时间的变化而发生改变。在信息技术日新月异的今天，网络安全策略总难免会随着时间的推进和环境的变化而变化。因此，用户需要随着时间和网络环境的变化或技术的发展而不断调整自身的安全策略，并及时组建网络安全紧急响应体系，并由专人负责，以防范安全突发事件。

9.7.3　紧急响应的目标

1. 故障定位及排除

目前依靠 WAN 的响应时间过长，而一般的网络系统涉及系统、设备、应用等多个层面，因此如何将性能或故障等方面的问题准确定位在涉及(线路、设备、服务器、操作系统、

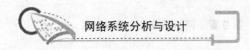

E-mail)的具体位置，是本响应体系提供的基本功能。

2. 预防问题

通过 WAN 对网络设备和网络流量的实施监控和分析，预防问题的发生；在系统出现性能抖动时，能予以及时发现，并建议系统管理员采用及时的处理。

3. 优化性能

通过对线路和其他系统进行透视化管理，利用管理系统提供的专家功能对系统的性能进行优化。

4. 提供整体网络运行的健康以及趋势分析

对网络系统整体的运行情况做出长期的健康和趋势报告，分析系统的使用情况，为新系统的规划打下坚实的基础。

9.8　基于 IP 技术的"三网合一"架构网络安全建设

作为维护国家安全、维护社会稳定、保障百姓生命财产安全的重要部门也面临着信息化带来的挑战，我国某些重要部门更清楚地看到信息化道路在自己工作中的重要性，不断强化自身建设是这些重要部门确保完成自身使命的必由之路。早在 20 世纪 80 年代，我国某些重要部门就开始了信息化建设工作，建成投入使用的系统有线通信、无线通信、卫星通信等内部通信以及犯罪信息中心等系统已经在打击犯罪、维护社会政治稳定、保卫国家安全和抢险救灾等方面发挥了重要作用。

信息化建设工程是某些重要部门根据自身发展需求制定的切实的网络建设工程，实质上就是通信网络与计算机信息系统建设工程。按照规划，我国这些重要部门统将建成全国范围内的综合业务通信网、信息中心 CCIC、全国指挥调系统、全国公共网络安全监控中心等。随着工程的实施，全国综合业务网将逐步开通，为各地在开展业务查询时提供方便。召开全国性行业会议、提供速程教学功能的全国性行业电视会议，完成 LAN 互联，部内各 LAN 之间实现查询共享各种信息资源和各 LAN 之间协调工作的桌面会议都将成为现实。

覆盖全省的综合信息网正是在这种大背景下进行的。建设支持全省范围行业工作 WAN 是该网的建设宗旨。建成后的网络将是一个高宽带、高性能、综合多种业务的数据通信网，可承载多种网络应用，完善内部网建设，实现日常办公自动化。

9.8.1　"三网合一"架构为系统助力

鉴于某些重要部门的工作特性，综合信息网所需要的是一个融合语音、数据、视频于一身的"三网合一"的计算机网络。虽然目前 IP 技术、ATM 技术、帧中继技术都可应用于该领域，但是从技术发展角度来看，ATM、帧中继技术存在互操作性差、可升级性差、管理维护麻烦等缺点，它们并不能真正满足该领域中政府部门计算机专网的应用需求。

相比之下，IP 技术具有其他通信协议所不具备的优异特性，不仅可保证不同网络体系之间的互联，而且在寻址体系、网络可扩展性以及模块化结构等方面独树一帜，特别适合于 E-mail、Web 及数据库信息检索等报文通信系统。

IP 技术支持多种应用，容易增加新业务。目前绝大多数应用基于 TCP/IP 的实际情况，更使得 IP 技术逐渐成为网络技术发展的大势所趋。语音、视频等多媒体业务在 IP 技术上的成熟应用，以及 IP over SDH、IP over WDM、IP over Optical 等宽带 IP 技术的发展，更为 IP 技术带来了蓬勃发展的生机。

综合上述方案论证，结合信息化发展的实际情况，经过严格的测试和挑选，选择 IP 技术作为其"三网合一"网络的总体解决方案，该方案可帮助实现多种业务应用，包括多等级 QoS 数据业务、分组话音业务、分组传真业务、会议电视系统、VPN 业务、Internet/Intranet/Extranet 承载传输业务等业务内容。除了 OA、指纹识别系统等多种数据业务的实现外，大量基于 IP 技术的业务也将随着实际应用的需求逐步开展起来，此类业务全部采用 IP 数据包进行传输，通过基于 IP 技术的多种协议如 TCP、UDP 完成传输。

9.8.2 IP 技术确保系统的高安全性

综合信息网建设分为主干网络建设和各 LAN 建设两部分，系统安全是信息网络的重点。某些重要部门工作的特殊情况决定了网络必须具有良好的安全性和健壮性，能够防止内外部破坏，保障信息的完整性、加密性，对信息访问实行严格控制，对访问权限进行身份认证。在确保安全、可靠、持续运行的前提下，尽量为网络应用提供方便，实行全网络的身份认证和基于角色的访问控制。此外，该网络还要具有提供良好容灾、容错能力。

采用 Cisco 的产品和技术可方便的构建整个网络的安全体系。网络级的安全管理功能、应用系统进行多级别的数据安全管理功能，以及 IOS 的防火墙特性，为内部网提供了安全保障，有效地阻止了非法入侵。在此基础上，内部网使用的 VLAN 技术，进一步保证了网络安全。某些重要部门领域的机要文件传输，如传真等都实现了加密传输，有效防止了传输中的偷窥的行为。

Cisco 在网络设备设计中采用容错技术，保证应用系统的高可靠运行，同时采用高可靠性和扩充性好的产品设计方案，以保证网络长期正常的工作。设计上考虑采用设备冗余、线路拨号备份、路由冗余等方案，确保了网络的可靠性。

考虑到将来全系统的进一步扩大发展，以及将来新的网络应用需求，Cisco 在系统设计上充分考虑网络扩展能力，Cisco 基于 IP 技术的解决方案保证了将来综合信息网的平滑升级和扩建能力，真正做到适应未来发展的需要。

采用基于 CiscoIP 技术的"三网合一"架构建设的综合信息网投入使用后，成功实现了多业务接入，其中包括数据业务、语音业务、视频业务，以及业界最新、最流行的技术，如千兆以太技术、Voice over IP、Video over IP 等都成功地被应用于该网络。中心交换机、中心路由器、主机都已实现 1000Mb/s 的连接速率，同时网络拥有良好的 QoS 保证和拥塞管理控制能力。

本 章 小 结

本章介绍了网络系统安全解决方案，通过对网络安全风险分析、网络安全需求、网络安全目标、网络安全实现策略及产品选型原则、网络安全方案设计原则、网络安全体系结构、安全管理、网络安全整体解决方案、基于 IP 技术的"三网合一"架构网络安全建设的陈述，主要讲述了以下内容。

(1) 网络安全分析包括网络系统分析、网络安全风险分析。

(2) 网络安全需求包括物理上安全需求、访问控制需求、机密机需求、入侵检测系统需求、安全风险评估系统需求、防病毒系统需求、安全管理体制和构建 CA 系统。

(3) 网络安全方案设计原则主要包括需求、风险、代价平衡分析的原则，综合性、整体性原则。

(4) 网络安全体系结构主要包括物理安全、系统安全、网络安全、应用安全以及构建 CA 体系。

(5) 网络安全整体解决方案主要包括防病毒方面、防黑客方面、紧急响应的目标。

习　　题

1. 在网络安全需求分析阶段，需要做到哪些工作？
2. 简述网络安全方案设计原则。
3. 简述网络安全整体解决方案。
4. 简述网路安全体系结构。
5. 如何提高网络安全的管理？
6. 在网络方案规划设计中，设备选型要遵循什么原则？

第 **10** 章
网络系统工程项目管理

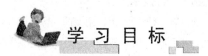

学 习 目 标

- 掌握网络系统集成项目管理过程及所需注意的事项;
- 掌握建立高效项目管理的组织结构;
- 掌握并学会用挣值分析法评审项目;
- 了解网络管理与安全评估。

知 识 结 构

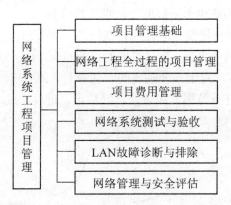

任何工程技术项目的实施都离不开管理。系统集成是一种占用资金较多、工程周期较长的经营行为,尤其离不开优秀的管理。本章将讲述如何实施网络工程全过程的项目管理,以及如何进行网络工程测试与验收。

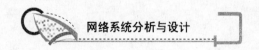

10.1　项目管理基础

网络系统项目管理是指集成化网络系统设计的全过程。对工程项目来说，管理不仅需要理论支撑，还需要项目的实际数据为实例。项目管理对网络系统工程十分重要。建立高效的项目管理组织结构，使用合适的分析，是评价项目管理的关键。

10.1.1　项目管理概述

1.　项目管理概念

项目管理是一种科学的管理方式。在领导方式上，它强调个人责任，实行项目经理负责制；在管理机构上，它采用临时性动态组织形式——项目小组；在管理目标上，它坚持效益最优原则下的目标管理；在管理手段上，它有比较完整的技术方法。

对企业来说，项目管理思想可以指导其大部分生产经营活动。例如，市场调查与研究、市场策划与推广、新产品开发、新技术引进和评价、人力资源培训、劳资关系改善、设备改造或技术改造、融资或投资、网络信息系统建设等，都可以被看成是一个具体项目，能采用项目小组的方式完成。

2.　项目管理的精髓：多快好省

通俗地讲，项目就是在一定的资源约束下完成既定目标的一次性任务。这一定义包含3层意思，即一定资源约束、一定目标、一次性任务。这里的资源包括时间资源、经费资源、人力资源和物质资源。

如果把时间从资源中单列出来，并将它称为"进度"，而其他资源都看作可以通过采购获得并表现为费用或成本，那么可以如此定义项目：在一定的进度和成本约束下，为实现既定的目标并达到一定的质量所进行的一次性工作任务。

一般来讲，目标、成本与进度三者是互相制约的，其关系如图 10.1 所示。其中，目标可以分为任务范围和质量两个方面。项目管理的目的是谋求(任务)多、(进度)快、(质量)好、(成本)省的有机统一。通常，对于一个确定的合同项目，其任务的范围是确定的，此时项目管理就演变为在一定的任务范围下如何处理好质量、进度、成本三者的关系。

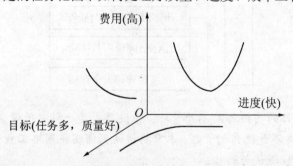

图 10.1　目标、成本、进度三者的关系

3. 项目管理对网络系统集成工程建设的意义

网络系统建设构成一类项目，因此必须采用项目管理的思想和方法来予以指导。网络系统集成项目的失败不是没有技术方面的问题，但在绝大多数情况下往往最终会表现为费用超支和进度拖延。不能保证有项目管理，网络系统建设就一定能成功，但项目管理不当或根本就没有项目管理意识，网络系统建设必然会失败。显然，项目管理是网络系统集成成功的必要条件，而非充要条件。

尽管项目管理失误造成网络系统建设失败的现象时有发生，但在相当一段时期内却并未受到重视。其原因在于，IT 行业平均利润率尚高于传统行业，即使内部存在很大的问题，却仍能赢利，从而造成众多企业忽视了项目管理的作用。

例如，某家知名企业的市场部接到一个老客户的项目，由该客户支付上亿元开发软件项目。承接任务时计算出的理论利润相当高，但当项目结束后进行财务结算时，却发现该项目居然亏损。追究原因时，公司财务部对该项目进行了严格的审查，结果发现亏损的主要原因是客户多次更改需求，而项目小组始终认为还有足够的利润，因而并未对客户提出的变更收取相应的更改费用，同时客户部花费了大量资金用于宴请或赠送礼品以维系客户关系，结果导致费用超支。这个例子反映出该企业在项目管理上存在着严重的问题：在项目确定期间，没有明确客户的需求，缺乏规范的项目费用管理，未对项目进行严格的费用估测、费用预算及费用控制；在项目进行当中，对客户的需求变更没有及时做出反应并按相应程序重新计算成本。可以说，项目管理上的疏忽注定了该项目失败。

4. 网络系统集成项目的特殊性

网络系统集成作为一类项目，具有 3 个鲜明特点。

(1) 目标不精确、任务边界模糊、质量要求主要是由项目团队定义。在网络系统集成中，客户常常在项目开始时只有一些初步的功能要求，没有明确的想法，也提不出确切的需求，因此网络系统项目的任务范围很大程度上取决于项目组所做的系统规划和需求分析。由于客户方对信息技术的各种性能指标并不熟悉，所以网络系统项目所应达到的质量要求也更多地由项目组定义，客户则担负起审查任务。为了更好地定义或审查网络系统项目的任务范围和质量要求，客户方可以聘请网络系统项目监理或咨询机构来监督项目的实施情况。

(2) 客户需求随项目进展而变，导致项目进度、费用等不断变更。尽管已经根据最初的需求分析报告做好了网络设计方案，签订了较明确的工程项目合同，然而随着网络系统实施的进展，客户的需求不断地被激发，尤其是网络应用系统软件，导致程序、界面以及相关文档需要经常修改，而且在修改过程中又可能产生新的问题，这些问题很可能经过相当长的时间后才会被发现，这就要求项目经理不断监控和调整项目的计划执行情况。

(3) 网络系统集成项目是智力密集、劳动密集型项目，受人力资源影响最大，项目成员的结构、责任心、能力和稳定性对网络系统项目的质量以及是否成功有决定性的影响。网络系统项目工作的技术性很强，需要大量高强度的脑力劳动，项目施工阶段仍然需要大量的手工或体力劳动。这些劳动十分细致、复杂并且容易出错，因而网络系统项目既是智力密集型项目，又是劳动密集型项目。另外，网络系统集成渗透了人的因素，带有较强的个人风格。为高质量地完成项目，必须充分发掘项目成员的智力才能和创造精神，不仅要求他们具有一定的技术水平和工作经验，而且还要求他们具有良好的心理素质和责任心。与其他行业相比，在网络系统开发中，人力资源的作用更为突出，必须在人才激励和团队管理方面上给予足够的重视。由此可见，网络系统项目与其他项目一样，在范围管理、时间管理、成本管理、质量管理、人力资源管理、沟通管理、采购管理、风险管理和综合管理这 9 个领域都需要加强，特别是要突出人力资源管理的重要性。

10.1.2　网络系统集成项目管理过程

网络工程是一项投资较大的计算机工程，必须有严格的工程管理规划，才能保证工程进度和工程质量。在网络系统建设过程中，应当组织有效的机构层次，明确职责和任务，编制详细可行的质量管理手册，科学有效地进行工程管理和质量保证活动。目的在于实施网络工程系统规定的各种必要的质量保证措施，以保证整个网络工程高效、优质、按期完成，确保整个网络系统能满足各单位的需求，确保网络集成商可获得自己应有的利润。

系统集成商应逐步形成一整套独特而高效的工程项目管理规范及实施的方法和手段，主要体现在工程实施管理的体系结构、文档管理与控制、方案设计与规范、设备验收与控制、工程实施的准备与组织、工程实施过程的控制、工程实施的验证、标示和可追溯性、存储和发放、不合格的控制、审核与评审、经验与交接、质量控制，以及人员与培训等方面。

10.2　网络工程全过程的项目管理

网络工程全过程的项目管理对于网络系统的总体实现至关重要。下面以网络系统集成项目中主要几个环节的进程为主线，详细介绍全面实施网络系统集成的项目管理。

10.2.1　建立高效的项目管理组织结构

在充分明确工程目标的基础上，深入细致而全面地调查与工程相关的所有工程人员的实际情况、与施工有关的一切现场条件，及施工材料设备的采购供应状况，以顺利完成工程目标为目的，组织以项目经理为首的若干个强有力、高效率的项目管理小组，包括工程决策、工程管理、工程监督、工程实施和工程验收等在内的一整套管理机构，形成一个相对完善和独立的有机整体，全面服务于系统集成工程，切实保障工程的各个具体目标的实现。

下面分别介绍组织结构中几个主要机构的任务和责任。

1.　领导决策组

确定工程实施过程中的重大决策性问题，如确定工期、总体施工规范、质量管理规范及甲乙双方的协调等。

2.　总体质量监督组

建立由集成商、用户、项目监理单位三方参与的工程项目实施质量监督管理小组。其任务是协助和监督工程管理组把好质量关，管理上直接对决策组负责，要保证在人员配备上坚持专家原则、多方原则和最高决策原则；定期召开质量评审会、措施落实会，切实使工程的全过程得到有力的监督和明确、有效的指导。

3. 系统集成执行组

根据工程的实际情况，对工程内容进行分类，划分若干工程小组。每个小组的工作内容应具有一定的相关性，这样有利于形成高效的施工方式。在施工过程中，必须坚持进度和质量保证的双重规范。

4. 对外协调组

对外协调组负责工程的具体实施管理，全面完成决策组的各项决策目标。其任务包括资金、人员和设备的具体调配，控制整个工程的质量和进度，及时向决策组反馈工程运作的具体情况。

为了全面做好整个工程的材料设备采购供应工作，一方面要事先做好采购供应计划，更重要的是要有极强的适应性，根据工程实施的具体情况随时调整供应计划，确保工程的顺利进行。

5. 工程管理与评审鉴定小组

工程管理与评审鉴定小组负责工程项目进度控制，技术文档的收集、编写、管理，项目进度评估，验收鉴定的组织和管理等。

10.2.2　工程实施的文档资料管理

结合国际 S090CM 工程管理规范，在工程的实施过程中，文档资料的管理是整个工程项目管理的一个重要组成部分，必须根据相关的文档资料管理规范进行规范化管理。网络系统集成文档目前在国际上还没有一个统一的标准，国内各大网络公司提供的文档内容也不一样。但网络文档是绝对重要的，它既要作为工程设计实施的技术依据，更要成为工程竣工后的历史资料文档，又要作为整个系统的未来维护、扩展、故障处理工作的客观依据。

根据近几年从事网络工程的实际经验，系统集成项目的文档资料主要包括 4 个方面的内容，即网络方案设计文档、网络管理文档、网络布线文档和网络系统文档。如果工程项目中包括软件开发项目，还应包括网络应用软件文档。

(1) 网络方案设计文档包括网络系统需求分析报告、网络系统集成项目投标书、网络系统的设计方案、网络设备配置图、网络系统拓扑结构图、光纤主干网敷设路由平面图，以及各个建筑物的站点分布图。

(2) 网络管理文档包括网络设备到货验收报告、网络设备初步测试报告、网络设备配置登记表、IP 地址分配方案、VLAN 划分方案、设备调试日志、网络系统初步验收报告、网络试运行报告、网络最终验收报告，以及系统软件设置参数表。

(3) 网络布线文档包括网络布线工程图(物理图)、综合布线系统各类测试报告、综合布线系统标示记录资料(配线架与信息插座对照表、配线架与集线器接口对照表、集线器与设备间的连接表、光纤配线表)、综合布线系统技术管理方案、PDS 的总体验收评审资料，

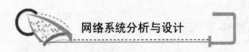

以及测试报告(提供每个结点的接线图、长度、衰减、近端串扰和光纤测试数据)。

(4) 网络系统文档包括服务器文档(服务器硬件文档和服务器软件文档)和网络设备文档。网络设备是指工作站、服务器、中继器、集线器、路由器、交换器、网桥、网卡等。在写文档时，必须有设备名称、购买公司、制造公司、购买时间、使用用户、维护期、技术支持电话等。另外，网络系统文档还应包括用户使用权限表。

(5) 网络应用软件文档包括应用系统需求分析报告、应用系统设计书、应用系统使用手册，以及应用系统维护手册。

10.3　项目费用管理

10.3.1　挣值分析法

挣值分析法又称为赢得值法或偏差分析法。挣值分析法是在工程项目实施中使用较多的一种方法，是对项目进度和费用进行综合控制的一种有效方法。

1967 年，美国 DoD 开发了挣值分析法并成功地将其应用于国防工程中，使其逐步获得广泛应用。

挣值分析法的核心是将项目在任一时间的计划指标、完成状况和资源耗费综合度量。将进度转化为货币、人工时、工程量，如钢材、水泥、管道或文件的具体数量。

挣值分析法的价值在于将项目的进度和费用综合度量，从而能准确描述项目的进展状态。挣值分析法的另一个重要优点是可以预测项目可能发生的工期滞后量和费用超支量，从而及时采取纠正措施，为项目管理和控制提供了有效手段。

1. 挣值分析法的基本参数

(1) 计划工作量的预算费用(budgeted cost for work scheduled，BCWS)。BCWS 是指项目实施过程中某阶段计划要求完成的工作量所需的预算费用。其计算公式为

$$BCWS = 计划工作量 \times 预算定额$$

BCWS 主要反映进度计划应当完成的工作量(用费用表示)。

BCWS 是与时间相联系的，当考虑资金累计曲线时，是在项目预算 s 曲线上的某一点的值。当考虑某一项作业或某一时间段时，如某一月份，BCWS 是该作业或该月份包含作业的预算费用。

(2) 已完成工作量的实际费用(actual cost for work performed，ACWP)。ACWP，又称实际值，是指项目实施过程中某阶段实际完成的工作量所消耗的工时(或费用)。ACWP 主要反映项目执行的实际消耗指标。

BCWP 的实质内容是将已完成的工作量用预算费用来度量。

2. 挣值分析法的 4 个评价指标

(1) 费用偏差(cost variance，CV)。CV 是指检查期间 BCWP 与 ACWP 之间的差异。其计算公式为

$$CV = BCWP - ACWP$$

当 CV 为负值时，表示执行效果不佳，即实际消费费用超过预算值即超支；当 CV 为正值时，表示实际消耗费用低于预算值，表示有盈余或效率高；若 CV＝0，表示项目按计划执行。

(2) 进度偏差(schedule variance，SV)。SV 是指检查日期 BCWP 与 BCWS 之间的差异。其计算公式为

$$SV＝BCWP－BCWS$$

当 SV 为正值时，表示进度提前；当 SV 为负值时，表示进度延误；当 SV＝0 时，表明进度按计划执行。

(3) 费用执行指标(cost performed index，CPI)。CPI 是指 BCWP 与 ACWP 之比，即

$$CPI＝BCWP/ACWP$$

当 CPI＞1 时，表示低于预算；当 CPI＜1 时，表示超出预算；当 CPI＝1 时，表示 BCWP 与 ACWP 吻合，即项目费用按计划进行。

(4) 进度执行指标(schedule performed index，SPI)。SPI 是指项目挣得值与计划值之比，即

$$SPI＝BCWP/BCWS$$

当 SPI＞1 时，表示进度提前；当 SPI＜1 时，表示进度延误；当 SPI＝1 时，表示实际进度等于计划进度。

3. 费用预测

费用预测(estimate at completion，EAC)指按照项目完成情况估计在目前状态下完成项目所需费用。EAC 满足如下关系式。

$$EAC＝实际支出＋按目前情况对剩余预算所做的修改$$
$$EAC＝实际支出＋对未来剩余工作的重新估算$$
$$EAC＝实际支出＋剩余的预算$$

4. 挣值分析法的评价方法

挣值分析法评价曲线如图 10.2 所示，其横坐标表示时间，纵坐标表示费用。BCWS 曲线表示项目投入的费用随时间的推移在不断积累，直至项目结束达到它的最大值，所以曲线呈 S 形状，也称为 S 曲线。ACWP 同样是进度的时间参数，随项目推进而不断增加的，所以 ACWP 曲线也是呈 S 形状的曲线。利用挣值分析法评价曲线可进行费用进度评价，如图 10.2 中所示的项目 CV＜0，SV＜0，表示项目执行效果不佳，即费用超支，进度延误，应采取相应的补救措施。

尽管挣值分析法的计算关系相对简单，准确度量作业的 BCWP 却是不容易的，并成为成功应用挣值分析法的关键。原因有两点，一方面，项目的作业内容是多种多样的，BCWP 的度量应根据作业的内容精心设计；另一方面，与项目相关的人员已习惯于通常的费用、日程度量概念和方法，改变了人们的固有概念，需要耐心的培训和讲解。下面是几种度量 BCWP 的方法。

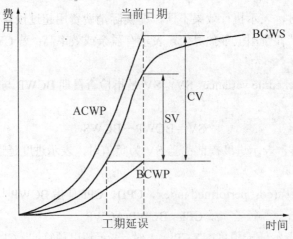

图 10.2　挣值分析法评价曲线

(1) 线性增长计量：费用按比例平均分配给整个工期，完成量百分比计入 BCWP。

(2) 50-50 规则：作业开始计入 50%费用，作业结束计入剩余的 50%。该规则适用于作业具有多个子作业的情况。

(3) 工程量计量：例如，全部桩基为 300 根，150 万元。每完成一根，BCWP 为挣值 0.5 万元。

(4) 结点计量：将工程分为多个进度结点并赋以挣值，每完成一个结点计入该节点 BCWP，定制设备可用此方法。

5. 挣值分析应用

实例 1　某土方工程挣值分析。

某土方工程总挖方量为 4000m³，预算单价为 45 元/m³，预算总费用为 180000 元，该挖方工程计划用 10 天完成，每天 400m³。

开工后第七天早晨刚上班时，业主项目管理人员前去测量，取得了两个数据：已完成挖方 2000m³，支付给承包单位的工程进度款累计已达 120000 元。

首先，项目管理人员计算已完工作预算费用，得 BCWP=45 元/m³×2000m³=90000(元)。

然后，项目管理人员查看项目计划。计划表明，开工后第六天结束时，承包单位应得到的工程进度款累计额为 BCWS=108000 元。

进一步计算得

成本偏差：CV＝BCWP－ACWP＝90000－120000＝－30000(元)，表明承包单位已经超支。

进度偏差：SV＝BCWP－BCWS＝90000－108000＝－18000(元)，表明承包单位进度已经拖延，项目进度落后，较预算还有相当于价值 18000 元的工作量没有做。落后进度为 18000/400×45＝1 天的工作量，所以承包单位的进度已经落后 1 天。

另外，还可以使用费用实施指数 CPI 和进度实施指数 SPI 测量工作是否按照计划进行。

CPI＝BCWP/ACWP＝90000/120000＝0.75。

SPI＝BCWP/BCWS＝90000/108000＝0.83。

CPI 和 SPI 都小于 1，表明该项目未按照计划进行。

实例 2　网络项目挣值分析。

项目计划：

选择软件：2 月 1 日到 3 月 1 日，计划 10000 元；

选择硬件：2 月 15 日到 3 月 1 日，计划 8000 元。

团队报告：3 月 1 日完成了硬件选择，软件选择工作完成了 80%。

财务报告：截至 3 月 1 日，该项目支出了 17000 元。

请分析该项目的绩效与偏差。

根据分析得，BCWS＝18000，ACWP＝17000，BCWP＝16000。

成本偏差：CV＝BCWP－ACWP＝16000－17000＝－1000(元)。

进度偏差：SV＝BCWP－BCWS＝16000－18000＝－2000(元)。

成本执行指数：CPI＝BCWP/ACWP＝16000/17000＝0.941。

进度执行指数：SPI＝BCWP/BCWS＝16000/18000＝0.889。

状况：进度延迟、成本超支，需要改进。

预计：按照此情况，项目可能延期完成，费用超支，需要严格控制。

10.3.2　计划评审技术

计划评审技术(program evaluation and review technique，PERT)是安排项目进度的方法，在安排和表示进度的形式方面与关键路线法有相似之处，但基础资料收集的难度及处理这些资料的复杂程度要比关键路线法复杂许多。所以，计划评审技术多用于一些难于控制，缺乏经验、不确定性因素多而复杂的项目中。这类项目往往需要反复研究和反复认识，具体到某一个工作环节，事先不能估计其需要时间，而只能推测一个大致的完成时间的范围。如果用关键路线法安排进度，每一个工作环节都用肯定的估计时间，制定的进度计划就没有实际价值了。利用 PERT，可以把每个工作环节的不确定性及对完成该工作环节的信心因素加入其中，从而给出更有价值的信息。

PERT 对各个项目活动的完成时间按 3 种不同情况估计，即乐观时间(a)、悲观时间(b)、最可能时间(m)。

乐观时间是指任何事情都顺利的情况，完成某项工作的时间。

悲观时间是指任何事情都不顺利的情况下，完成某项工作的时间。

最可能时间是指正常情况下，完成某项工作的时间。

相关计算公式如下。

平均差 $\delta＝(b-a)/6$

方差 $\delta＝(b-a)^2/6$

PERT 平均值 $t＝(a+4m+b)/6$

关键路径 $T_e＝\Sigma t$

偏差 $Z＝\dfrac{D-T_e}{\sqrt{\Sigma\sigma_{cp}^2}}$

例如，根据表 10-1 中的数据和图 10.3 中点的路径关系，得出 67 天完成的概率。

表 10-1　数据关系表

活　　动	最　乐　观	最　可　能	悲观时间	PERT 值
1—2	17	29	47	30
2—3	6	12	24	13
2—4	16	19	28	20
3—5	13	16	19	16
4—5	2	5	14	6
5—6	2	5	8	5

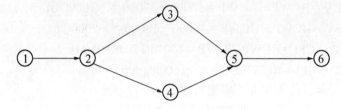

图 10.3　点的路径关系

由 PERT 公式关系得出以下值，如表 10-2 所示。

表 10-2　结果

活　　动	最　乐　观	最　可　能	悲观时间	PERT 值	方　　差
1—2	17	29	47	30	25
2—3	6	12	24	13	9
2—4	16	19	28	20	4
3—5	13	16	19	16	1
4—5	2	5	14	6	4
5—6	2	5	8	5	1

关键路径为 1—2—3—5—6。

所以，T_e=64，Z=0.5，P=0.69，关键路径方差和为 36。

10.4　网络系统测试与验收

在工程实施过程中，严格执行分段测试计划，以国际规范为标准，在一个阶段的施工完成后，采用专用测试设备进行严格测试；真实、详细、全面地写出分段测试报告及总体质量检测评价报告，及时反馈给工程决策组，作为工程的实时控制依据和工程完工后的原始备查资料。

10.4.1　网络系统测试

1. 测试范围

根据被测试对象的不同，网络测试可以分为两个方面，即网络设备测试和网络系统测试。网络设备测试指对网络设备(如路由器、交换机、服务器、负载均衡器、防火墙、无线网桥、设备等)的各项技术指标和功能进行测试,主要在产品的研制、质量检查和安装调试阶段进行。设备测试基本上是协议测试,它依据协议标准来控制观察被测协议实现的外部行为,对被测协议进行测试。测试内容主要有 5 种,即功能测试、一致性测试、互操作性测试、性能测试和健壮性测试。网络系统测试指对综合布线系统及数据网络系统的各个网段以及网络的总体性能进行测试,主要在网络业务开放前和开放后的维护阶段进行。在这个阶段并不侧重于单个网络设备的功能验证,而主要对跨网络的端到端结点的性能指标(如两个远端结点的误码率、数据包单向和双向时延、时延抖动、丢包率、吞吐量、带宽等)进行测试。

2. 测试分类

网络测试分类的研究涵盖了性能测试、功能测试、稳定性测试、安全性测试和网络连通性测试等方面。

1) 性能测试

性能测试即获知被测对象的性能参数。在网络中,常见的性能参数包括最大单向吞吐量、最大双向吞吐量、最大设备吞吐量、网络时延、网络丢包率和缓冲能力等。

2) 功能测试

功能测试即验证被测对象是否具备某项功能。例如,NAT 功能测试、QoS 功能测试、防病毒功能测试、防垃圾邮件功能测试、Web 内容过滤功能测试和入侵检测功能测试等。

3) 稳定性测试

稳定性测试即检验被测对象的稳定性。由于稳定性与被测对象所处的物理环境相关,因此在测试时推荐采用真实应用环境进行。在稳定性测试中,有一个与之相关的术语,即MTBF。MTBF 主要考虑的是产品中每个器件的失效率。关于 MTBF 值的计算方法,目前最通用的权威性标准是 MIL-HDBK-217、GJB/Z 299B 和 Bellcore。

4) 安全性测试

安全性测试即检验被测设备是否有"后门"和安全缺陷。例如,测试设备的管理端口是否易被攻击,测试防火墙自身的抗攻击能力等。网络的安全性主要从终端的安全性做起,然后是防火墙,目前的路由器设备普遍集成了安全功能。当网络中的中转设备(至少要在各网络的入口设备上)具备安全功能时,安全问题才可能得到更好的解决。安全功能的转移给测试工作带来了很多新的课题。

5) 网络连通性测试

网络连通性测试即测试网络链路连通性、带宽、质量和稳定性等。在进行故障定位和排除时常用到本项测试。例如,某企业 WAN 链路测试、某故障点网络连通测试、某无线网络连通测试和 IPSec VPN 隧道测试等。

3. 常见测试方法

最常见的网络性能测试方法有两类,即主动测试和被动测试。这两种方法的作用和特点不同,可以相互作为补充。

1) 主动测试

主动测试是在选定的测试点上利用测试工具有目的地主动产生测试流量，注入网络，并根据测试数据流的传送情况分析网络的性能。主动测试的优点是对测试过程的可控性比较高，灵活、机动，易于进行端到端的性能测试；缺点是注入的测试流量会改变网络本身的运行情况，使得测试的结果与实际情况存在一定的偏差，而且测试流量还会增加网络负担。主动测试在性能参数的测试中的应用十分广泛，目前大多数测试系统都涉及到主动测试。

要对一个网络进行主动测试，需要一个测试系统，这种主动测试系统一般包括以下 4 个部分，即测试结点探针、中心服务器、中心数据库和分析服务器。由中心服务器对测试结点进行控制，由测试结点执行测试任务，测试数据由中心数据库保存，数据分析则由分析服务器完成。

2) 被动测试

被动测试是指在链路或设备如路由器、交换机等上利用测试设备对网络进行监测，而不需要产生多余流量的测试方法。被动测试的优点在于理论上它不产生多余流量，不会增加网络负担；其缺点在于被动测试基本上是基于对单个设备的监测，很难对网络端到端的性能进行分析，并且实时采集的数据量可能过大，另外还存在用户数据泄漏等安全性和隐私问题。

被动测试非常适合用来进行流量测试。主动测试与被动测试各有其优缺点，而且对于不同的性能参数来说，主动测试和被动测试也都有其各自的用途。因此，将主动测试与被动测试相结合将会给网络性能测试带来新的发展。

4. 测试流程和标准

网络测试标准提供了为了确定验收对象是否达到要求所需要的测试方法、工具和程序。网络测试的基本流程如图 10.4 所示。

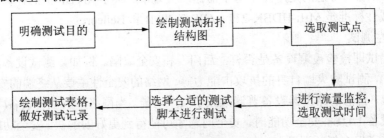

图 10.4　网络测试流程图

测试标准可以分为元件标准、网络标准和测试标准 3 类。元件标准定义电缆、连接器、硬件的性能和级别，如 ISO/IEC 11801《信息技术-用户综合布线》和 ANSI/TIA/EIA 568A。网络标准定义一个网络所需的所有元素的性能，如 IEEE 802.3an、RFC 2285/2544/2647 和 YD/T 1098—2001《路由器测试规范-低端路由器》。测试标准定义了测量的方法、工具以及过程，如 ASTM D 4566 和 TSB-67。

网络测试的目的在于全面评价网络的功能和性能。网络性能的评测需要有客观的指标，从量划的角度来看，网络测试的指标包括以下几个方面。

(1) 容忍率。容忍率指允许测试试连接丢失或错误的百分比，如容忍率为 0%。

(2) 学习帧频率。学习帧频率一般为 Every Trial。

(3) 吞吐量。吞吐量是指待测对象所能达到的最大数据传输速率。向待测端口以特定速率传输特定数目的帧，然后计算经过待测端口传输后的帧的数目。吞吐量指的就是当发送帧数目和经过待测端口传输后的帧的数目保持一致时的最快传输速率。吞吐量测试是对待测设备可靠性测试的最重要的一个项目。吞吐量的单位通常包括 Mb/s、%或帧/秒(f/s)。

(4) 时延。时延是由于存储和转发待测对象所造成的传输延迟。输入帧的最后一个比特到达输入口和输出帧的第一个比特到达输出口的时间差称为时延。对于很多的大客户来说，时延的测试是很重要的。时延的单位为微秒(µs)。

(5) 丢包率。由于资源不足导致的本应以连续稳定的速率通过网络设备传送的帧而没有被传送的百分比。测试方法如下：向待测端口以特定速率传输特定数目的帧，然后计算经过待测端口传输的帧的数目。丢包率计算公式为

$$丢包率＝发送帧数目－收到帧数目)×100\%/发送帧数目$$

特别应该注意，测试时帧尺寸应该使用不同的尺寸。

(6) 缓冲能力。可以认为缓冲能力是待测对象存储转发的能力。测试方法如下：向待测端口发送保持最小帧间隔的某一个迸发量的帧，当发送的帧数目和经待测端口传送的帧数目保持一致时，增大帧的迸发量。缓冲能力测试值就是指当帧迸发量最大，待测端口传送未出现帧丢失现象时帧的数目。缓冲能力测试单位是帧。

测试指标说明如表 10-3 所示，测试结果示例如表 10-4 所示。

表 10-3　测试指标说明

性 能 指 标	性能指标说明
吞吐量	在没有丢包情况下的数据转发能力。以所能达到线速的百分比表示，数值越大说明数据转发能力越强
时延	输入端最后一位比特进入后和输出端第一位比特离开之间的时间间隔。以 µs 为单位，数值越小表示数据的延迟越少
丢包率	稳定负载情况下应该转发而未能转发的报文百分比。数值越小表示丢包越少
缓冲能力	提供的缓冲容量。以报文的数量为单位，数值越大表示缓冲容量越大

表 10-4　测试结果示例

帧 长	吞 吐 量	延时 (10%负载)	丢包率 (100%负载)	缓冲能力 (10%负载)
64	33.8	54.5	88.375	148810
128	56.38	85.1	73.597	84460
256	99.46	153.4	0.145	45290
512	99.44	253.7	0.026	23490
1024	100.00	462.5	0.000	11970
1280	100.00	564.1	0.000	9610
1518	100.00	657.6	0.000	8120

注：以上数值仅做示例参考，不是真实测试值。

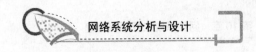

10.4.2 网络系统验收

项目验收的目的是确保实施的系统符合合同中的各项内容和指标，同时为今后的升级和维护提供详细的资料和说明。

验收项目时，按照测试清单所列出的内容，对验收产品及其附件进行核对，实物与清单内容应该完全相符，并对网络系统测试记录检验。

检查网络系统主要涉及施工各个环节的过程记录，内容包括环境试验(高温、低温、高湿)记录、整机检验记录、常温试验记录、电气性能测试记录、产品检验记录等。

设计施工单位应提供该批系统的检验和测试报告。

1. 环境试验

环境试验是抽检项目，每次只抽取系统批量的 5%进行；数量小于 20 的批量，每次抽检两个项目进行。当抽检在环境试验中出现故障时，再抽 10%进行，若再出现故障，则视整批设计施工项目不合格，拒收。

环境试验的内容包括以下几方面。

(1) 低温工作：常温情况下，以每分钟 1℃的速度下降到 0℃，保温 2h，开机工作 0.5h，正常工作。

(2) 高温工作：常温情况下，以每分钟 1℃的速度升至到 50℃，保温 2h，开机工作 2h，正常工作。

2. 不合格设计施工项目判断

在检验过程中，出现任何错误的设计施工项目均为不合格品。

3. 不合格设计施工项目处置

最终检验不合格设计施工项目总数小于等于本批设计施工项目总数的 10%时，将不合格设计施工项目做重新设计施工处理；若大于 10%时，拒绝接收本批设计施工项目，全部做重新设计施工处理。再次交付的设计施工项目，检验内容及要求仍按测试验收大纲执行。

10.4.3 网络系统的试运行、交接和维护

1. 网络系统的试运行

从最初验收结束时刻起，整体网络系统进入为期 3 个月的试运行阶段。整体网络系统在试运行期间不间断地连续运行时间不应少于两个月。试运行阶段由系统集成厂商代表负责，用户和设备厂商密切协调配合。在试运行期间要完成以下任务。

(1) 监视系统运行。

(2) 网络基本应用测试。

(3) 可靠性测试。

(4) 断电-重启测试。

(5) 冗余模块测试。

(6) 安全性测试。

(7) 网络负载能力测试。

(8) 系统最忙时访问能力测试。

2. 交接和维护

1) 网络系统交接

最终验收结束后开始交接过程。交接是一个逐步使用户熟悉系统，进而能够掌握、管理、维护系统的过程。交接包括技术资料交接和系统交接，系统交接一直延续到维护阶段。

技术资料交接包括在实施过程中所产生的全部文件和记录，至少要提交的资料有总体设计文档、工程实施设计、系统配置文档、各个测试报告、系统维护手册(设备随机文档)、系统操作手册(设备随机文档)和系统管理建议书等。

2) 网络系统维护

在交接技术资料之后，进入维护阶段。系统的维护工作贯穿系统的整个生命期。用户方的系统管理人员将要在此期间内逐步培养独立处理各种事件的能力。

在系统维护期间，系统如果出现任何故障，都应详细填写相应的故障报告，并报告相应的人员(系统集成商技术人员)处理。

在合同规定的无偿维护期之后，系统的维护工作原则上由用户自己完成，对系统的修改用户可以独立进行。为对系统的工作实施严格的质量保证，建议用户填写详细的系统运行记录和修改记录。

10.5　LAN 故障诊断与排除

网络故障诊断是保证网络系统可靠性的重要环节。通过判断故障类型，找到故障所在，排除故障，才能保证网络系统的正常运行。

10.5.1　故障测试与排除的一般方法

一些故障(如一个超载的处理器)会伴随大量的警告消息，但是也有一些故障(如硬盘控制器失败)会立即中断网络的运行，所以应该定期检测网络。当然，即使是检测工作做得最好的网络，有时也会出现意想不到的故障，如一个设备公司为它的电缆挖沟时不小心切断了 Internet 专线。在这种情况下，原本正常工作的网络立刻就变得一团糟。下面将介绍如何使用各种工具合乎逻辑地、一步一步地诊断并解决网络问题。

成功的网络排障是有章有法的。本节主要介绍基本排障方法，以及进行一系列解决问题的通用步骤。也许用户在网络环境中取得的经验可能会按照不同的顺序进行这些步骤，或者跳过一些步骤。例如，如果已经知道网络中的某段电缆特别差，就可以先替换这段电缆，这样在试图改变工作站网卡的物理和逻辑配置之前就能够解决该区域的连接问题。但是，一般来说，最好遵循所给定步骤的顺序。这样的合乎逻辑的方法可以节省时间和经费，如不必要的软件、硬件替换等。

1. 排除网络故障的步骤

(1) 认清症状。仔细记录从其他人或系统中学来的解决问题的方法，并把它放在手头。

(2) 验证用户权限。例如，确保用户正确输入了其口令。

(3) 限定问题的范围。弄清这个问题是否是全局性问题，即网上的所有用户是否总是会碰到这个问题，或者问题是否只发生在网络上某一地理区域，某一特定的工作组，某一特定的时间段。换句话说，这问题是属于地区性的，工作组性的，还是时间相关的。

(4) 重现故障，并且要保证能够可靠地重新产生这个错误。

(5) 验证网络物理连接(如网络连线、网卡的插槽、供电电源)的完整性。从受到影响的结点开始，向主干网延伸。

(6) 验证网络的软件连接问题(如地址、协议绑定、软件安装等)。

(7) 考虑最近的网络变更和可能因此导致的网络问题。

(8) 实施解决方案。

(9) 检验解决方案。

根据实际情况，可以从排除网络故障步骤中的一步跳到另一步，减少所执行的检查步骤。例如，如果检测到一个网卡在工作站系统板上的安装不正确，就可以直接跳到步骤(8)(在本例中，就是重新安装网卡)，而不用分析网络的最近变化情况。

如图 10.5 所示，排除网络故障的流程图说明了这些步骤是怎样相互联系的。

2. 故障诊断

在网络中，一方面，单一故障的表现可能是用户不能访问网络驱动器、发送 E-mail，或者使用指定的打印机打印。引起故障的原因很多，包括网卡故障、网线故障、集线器故障、路由器故障、不正确的客户端软件配置、服务器故障以及用户错误。另一方面，用户也可能会遇到电源故障、打印机故障、Internet 连接故障、E-mail 服务器故障以及其他问题。下面提出的一些问题将有助于对网络故障进行诊断。

① 网络访问受到影响吗？

② 网络性能受到影响吗？

③ 数据或程序受影响吗？或者两者都受影响呢？

④ 仅是某些网络设备(如打印机)受到影响吗？

⑤ 若程序受影响，这问题发生在一个本地设备，还是连接网络的设备或者是多个连接网络的设备上？

⑥ 用户报告了什么样的错误消息？

⑦ 一个用户或者是多个用户受到了影响？

⑧ 症状经常自发出现吗？

解决技术问题的一个误区在于不针对症状进行诊断就直接得出结论。例如，某天早上管理员已登记了用户那里的 12 个有关无法驱动设备部网络打印机的问题。管理员可能已经发现这是由于打印机地址冲突造成的，并且准备解决这个问题。几分钟后，当第 13 个人打电话说自己的打印问题时，管理员立刻就断定，他是设备部的员工，他不能打印的原因是同一个打印机的地址出错了。实际上，他可能是管理部的，如果他也不能打印就意味着出现了一个大的网络问题。所以，一定要花些时间留意用户、系统和网络的状况，以及任何出错信息，并且认为每一个症状都是独立的(但可能是相关的)，这样就可以避免忽略一些问题。

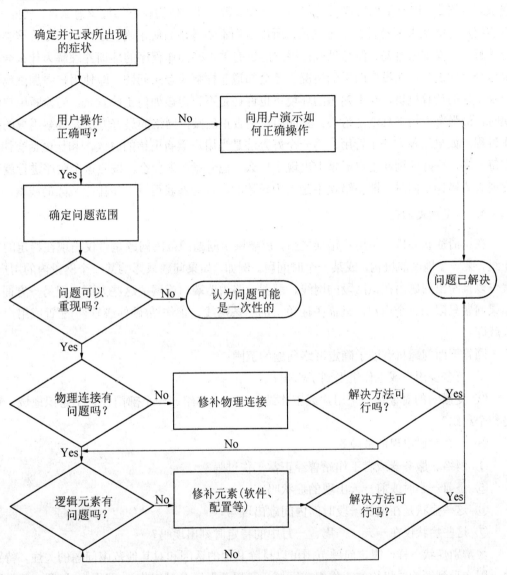

图 10.5　一个简单的排除网络故障的流程图

3. 验证用户权限

用户可能都有这样的经历，和计算机交互时，确信所做的每一步都是正确的，但就是不能访问网络、保存文件或者接收 E-mail。例如，在没有意识到大写锁定(Caps Lock)功能已启动的情况下输入大小写敏感的密码，甚至确定输入了正确的密码，但每次仍得到了一个"密码错误"报错消息。当出现这类问题时,对于故障排除人员而言,首先就要确保不要出现这种人为错误,这将会节省很多时间和精力。实际上,人为的故障是容易排除的。例如,和诊断文件服务器相比较,帮助用户重新设置网络驱动是非常简捷容易的。通常,用户无法登录网络都源于用户自己的错误。用户已经非常习惯于每天早上输入他们的密码登录到网络上,以至于如果登录过程中一些设置改变了,他们就不知道该怎么做。实际上,有的用户可能从来都没有退出过登录,所以他们不知道该如何正确登录进入。尽管这类问题的解决方案非常容易,但是只有在用户经过有关正确操作程序的培训并理解为什么会出现这个问题之后,在没有助手的情况下才会知道怎样解决登录问题。即使用户参加过包括登录培训的计算机班,在不熟悉的环境下也许还是不记得该如何正确登录。当诊断用户错误时,最强有力的工具就是耐心。验证用户是否正确操作网络的最好方法是观察用户的操作过程。如果这种方法不管用,另一个好办法是当用户重新出错的时候,和他电话交谈。在每一步,冷静地询问用户屏幕上出现了什么,他究竟在干什么,按照这个顺序进行就会发现人为错误。同时,即使错误不是人为导致的,也能够获得进一步排除故障的线索。

4. 限定问题的范围

在认清症状并排除了用户错误之后,就要限定问题的范围问题是否仅出现在特定的工作组、某一个地区的机构,或某一个时间段。例如,如果问题只影响某一个网段内的用户,就可以推断出问题出在该网段的网线、配置、路由器端口或网关这些方面。但另一方面,如果问题只限于一个用户,只需关注单一的一条网线、工作站(硬件或软件)配置或用户个人就即可。

回答下面问题将有助于确定网络问题的范围:

① 有多少用户或工作组受到了影响?

② 受影响的对象是一个用户或工作站、一个工作组、一个部门、一个组织地域,还是整个组织?

③ 什么时候出现的故障?

④ 网络、服务器或者工作站曾经正常工作过吗?

⑤ 是前一小时或前一天出现的症状吗?

⑥ 这些症状是在很长一段时间内间歇出现吗?

⑦ 这些症状仅在一天、一周、一月中的特定时刻出现吗?

像辨别症状一样,限定问题范围可以排除其他的诱因和对其他范围问题的关注。特别地,限定受到影响的机构的工作组或区域,可以帮助区分是工作站(或用户)问题,还是网络问题。如果故障只影响到机构的一个部门或者一个楼层,如可能需要检测该网段,其路由器接口、网线,或者为那些用户提供服务的工作站。如果故障影响到一个远程的用户,就应该检测 WAN 连接,或者 WAN 路由器接口。如果故障影响到所有部门和所有位置的所有用户,肯定是已经发生了一个灾难性故障,这时就应该检查关键部件,如中心交换机和主干网连接。

通常情况下，网络故障不是灾难性的，通过询问具体问题限定它们的范围，只用很少一点时间就可以排除故障。

如图 10.6 和图 10.7 所示，一些线索可以从限定地域和时域得到。注意到这些流程图都是以进一步的故障排除为结束的。

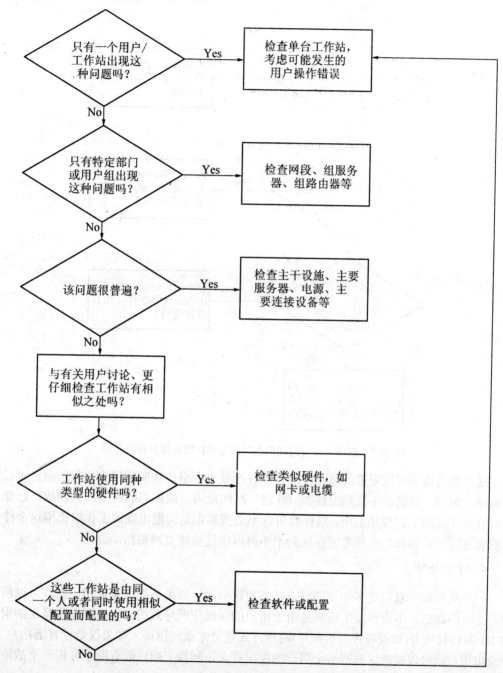

图 10.6　在标定故障范围时采取的排除故障过程流程图

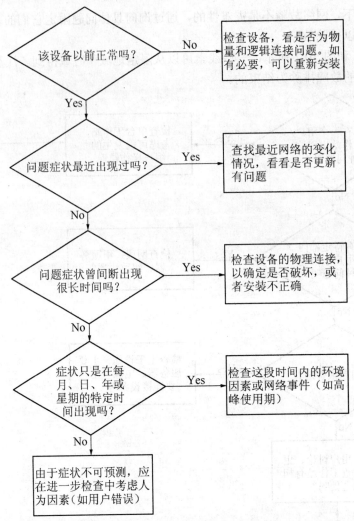

图 10.7　在确认故障时间范围时采取的排除故障过程流程图

这些靠地域和时域限定问题范围的步骤并不要求严格地按照顺序去执行，而是可以同时实施。例如，只是在午夜到凌晨 2：00 这一时间段内，软件部的网络频繁断线。已知此时只有软件部的工程师在工作，这样就可以不必按照限定问题出现的工作组范围这个排错流程来进行了。相反，就要考虑在这两个小时内就能够恢复网络活动。

5.　重现故障

一个从故障中获得更多知识的好方法是再现症状。如果不能再现症状，也许可以假设问题是一闪即过，不会再发生或者是由于用户的误操作所导致的。应该以报告错误的用户的 ID 和特权账号(如设备管理员账号)两种方式登录来重现错误。如果仅是以普通用户 ID 登录出错，就可以推断这与网络上用户的权限有关，回答下列问题有助于分析一个故障症状能否被重现，或能够重现的程度。

①　每次都能使症状重现吗？

② 偶然才能使症状重现吗？

③ 在特定环境下症状才能出现吗？例如，以不同的 ID 登录或从其他机器上进行相同的操作，症状还出现吗？

④ 当用户重复操作时，症状曾经出现过吗？

重现症状时，应该严格按照发现问题人的操作步骤进行。众所周知，许多计算机的功能可以用不同的方式来实现，如在一个查询处理程序中，可以利用菜单存储文件，也可以用组合键，或者单击工具栏中的某个按钮，这 3 种方法的结果是一样的。同样地，可以以命令行方式登录，或者从一个包括批处理文件的预备脚本登录，或者从客户软件提供的窗口中登录。如果试图以不同于用户的方式重现症状，也许不能发现被报告的症状，而以为是用户人为所导致的错误。事实上，这样就错过了一个解决该故障的有力线索。为可靠地重现一个故障，要仔细想想在事发之前做过什么。

6. 验证物理连接

重现故障后，应该检查网络连接中最直接的潜在的缺陷——物理连接。物理连接包括从服务器或工作站到数据接口的电缆线、从数据接口到信息插座模块、从信息插座模块到信息插头模块、从信息插头模块到集线器或交换机的各条连接。它可能包括设备的正确物理安装(如网卡、集线器、路由器、服务器和交换机)。如前所述，先检查显而易见的东西会节省大量时间，物理连接问题很容易发现并且修复起来也相当容易。

回答下面问题，将有助于确认物理连接是否有故障。

① 设备启动了吗？

② 网卡被正确安装了吗？

③ 设备的电缆线与网卡或墙上的插座连接正确(不松动)吗？

④ 网线接头是否正确地连接信息插座模块和信息插头模块，以及信息插头模块和集线器或交换机了吗？

⑤ 集线器、路由器，或者交换机正确地连接到主干网了吗？

⑥ 所有的电缆线都处在良好的状态吗(无老化和损坏)？

⑦ 所有的接头(如 RJ-45)都处在完好状态且正确安装了吗？

⑧ 所有工作组的距离都符合 IEEE 802 规范吗？

通常，物理连接故障意味着经常地或偶然地无法连接网络或实施网络相关功能。物理连接问题通常都不(但有时也会)表现为应用异常、不能够使用单个应用、网络性能欠佳、协议错误、软件许可证错误(licensing errors)，或者软件使用错误，但是一些软件错误能够表明物理连接出了问题。

除了检验设备之间的连接，还必须检验用于硬件的连接是否健全。一个健全的连接意味着电缆线结实地插入端口、网卡和墙上的插座里，网卡牢固地插入系统板，连接器没损坏，电缆线没有损坏。损坏的或不正确安装的连接器件会导致偶然(然而难以排除)的错误。

其他的物理设备(如网卡、集线器、其他设备端口)也可能有问题，可以经常对它们实施检测以确保其能正常工作，大多数网卡供应商配备了一个检测程序附在网卡的软盘上。在某些情况下，需要重整(或删除)一部分。最后，如果症状看起来像是物理连接问题，但是还没有发现松动或没接上以及电缆线坏损现象，问题可能就是某一段网络的长度超过了

IEEE 802 的标准规定的最大段长度。不同类型的网络必须限定在最大允许长度范围内。例如，10BASE-T 的电缆段连接设备到结点的全长不能超过 100m。如果某电缆段比这个距离长，电缆段末端的设备就会发生偶尔中断连接或者传输延时现象。如果已经超过了最长电缆段的限定，最好重新布线使那个电缆段中的设备更加靠近相连的设备。检测物理连接的合理步骤如图 10.8 所示，它可以帮用户解决网络问题。这些步骤来自一个典型用户无法登录网络的故障，他们假设已经排出了用户人为错误的可能性，并且使用用户 ID 有可能重现错误。

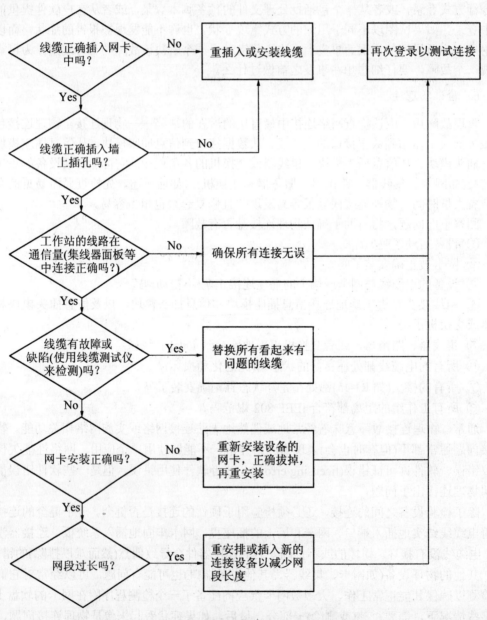

图 10.8　排除物理连接故障的流程图

注意，如图 10.8 所示，物理连接上的错误经常回溯到网络上的最近变动，如更换集线器或移动一个服务器。如果怀疑存在一个物理连接错误，就要查看一下网络最近是否有变动。网络连接的变化所导致的潜在后果在本节后面将有详细论述。大多数流行的网卡都有用来指示网卡状态的一个绿色或橙色的 LED 指示灯。尽管这些管子的含义和多少因网卡类型而异，但静态的绿灯通常都表示网卡成功地连接到了网络。当网卡寻找或发现连接时 LED 指示灯会闪烁。静态的橙色灯通常表示网卡不能实现连接。

7. 验证逻辑连接

当检验过物理连接之后，就必须检查软件、硬件的配置、设置、安装和权限。依靠症状的类型，需要查看联网设备、网络操作系统、硬件配置，如网卡中断类型设置。所有这些都属于逻辑连接。

回答下列问题有助于诊断逻辑连接错误。

① 报错信息表明发现损坏的或找不到的文件、设备驱动程序吗？
② 报错信息表明是资源(如内存)不正常或不足够吗？
③ 最近操作系统、配置、设备改动过吗？
④ 故障只出现在一个设备上还是多个相似的设备上？
⑤ 故障经常出现吗？
⑥ 故障只影响一个人还是一个工作组？

因为逻辑问题更复杂，所以它们比物理问题更难于分离和解决。像某些物理连接问题一样，逻辑故障源于网络设备的某些变动。

8. 参考最近网络设备的变化

可以认为最近的网络变化不是一个独立的步骤，但是它是排除故障中一个需要经常考虑并且相互关联的步骤。开始排错时，应该清楚网络最近经历了什么样的变动，网络上的变动将包括、包含于其他事件中，如添加新设备(电缆、连接设备、服务器等)、修复已有设备、卸载已有设备、在已有设备上安装新元件、在网络上安装新服务或应用程序、设备移动、地址或协议改变、服务器连接设备或工作站上软件配置改变、工作组或用户的改变。所有这些可能想象得到的改变，如果不是仔细计划和实施就会出现问题。为了确知发生了什么样的变化，用户应该保留网络变更的完备记录。除了保留完备的记录，还必须对所有可能需要参考它们的其他员工开放这一记录。例如，用户想记录下文件服务器上某一个扩展名文件的变化，然后用基于 Web 的格式从扩展名文件中去恢复和提取信息。那么，无论网络工程师在系统中的哪一个地方，他都有可能从浏览 Web 的服务器上获得信息。与此同时，还应该在工作室用一个小黑板提示这一变化。网络经常发生意想不到的问题。例如，管理员已经圈定了连接问题发生在市场部的一个拥有 6 名用户的工作组，并参考了网络变更记录，发现市场部电信机柜里的一个集线器由一头移到了另一头。查阅这个记录将有助于管理员更快地指出集线器有可能是故障的原因，也许集线器没有被正确地接入主干网，或者它被损坏了或者丢失了配置。

下面的问题将有助于找出网络变更所导致的故障。

① 服务器、工作站或连接设备上的操作系统或配置改动过吗？

② 服务器、工作站或连接设备上添加了新器件吗？

③ 从服务器、工作站或连接设备上移走了旧的器件吗？

④ 服务器、工作站或连接设备由从前的位置移到了新位置吗？

⑤ 服务器、工作站或连接设备上安装了新软件吗？

⑥ 从服务器、工作站或连接设备上删除了旧软件吗？

如果怀疑网络的变动引起了问题，就可以用两种方法解决问题，即可以改正由于变更引起的错误，或者撤销变更，使软、硬件恢复原状。这两种方法都要冒一定的风险。在两者中，恢复原状也许是一种风险较小并且节省时间的解决办法，但是也有例外。例如，假如用户怀疑的那个与变更有关的故障可以很容易地被修复，这种处理方法就比恢复原状更快。在某些情况下，想恢复软件或硬件的配置几乎是不可能的，必须学会解决这种由于变更而导致的问题的方法。注意，在改变网络配置和设备之前，一定要制订计划并收集一定的资源信息以防情况变坏时可以取消操作。例如，如果想改变服务器上的存储模式，就应该保留旧的存储模式，以防新的存储模式有缺陷。在其他条件下，应该备份设备或应用程序的配置，也许需要复制保存目标配置的那个目录。

9. 实施解决方案

找到问题后，就可以实施解决方案了。这一步可能是一个比较简单的过程(如改正用户登录窗口的缺省服务器设置)，也有可能是一个耗时的事(如更换服务器的硬盘)。在任何情况下，都应该保留所进行处理的记录，如一个帮助信息数据库。

实施解决方案需要远见和耐心，无论它仅仅是告诉用户改变 E-mail 程序设置还是重新配置路由器。在发现问题的过程中，解决方案的系统性越强并且逻辑性越高，纠正错误就越有效。如果一个问题引起了全局瘫痪，就要使解决方案尽可能实用。

下面的步骤将有助于实现一个安全而可行的解决方案。

(1) 收集从调查中总结出的有关症状的所有文档，当解决问题时把它放在首要位置。

(2) 如果要在一台设备上重新安装软件，对该设备现有软件进行备份。如果要改变设备的硬件，就把旧的放在手边，以防万一方案无效时重新使用。如果改变程序或设备的配置，花点时间打印出程序或设备现有的配置，即使改变看起来很小，也要做好原始记录。例如，假若试图向特权组添加一个用户，使他能访问账户表时，先记下他现在所在的工作组。

(3) 执行认为可以解决问题的改变、替换、移动、增加，仔细记录相关操作，这样以后可以把它添加到数据库中。

(4) 检验方案实施的结果。

(5) 在离开正在工作的区域时，清理干净工作区域。例如，假如为机房做了一段新的连接电缆，把绕在电缆上的碎片清理干净。

(6) 如果方案解决了故障，要把收集到症状、故障、解决方案的细节，记录在机构能够访问的数据库中。

(7) 如果解决方案解决了一个大改变或标注了一个大问题(影响了大多数新用户的问题)，一两天后再查看问题是否还存在，并且看它有没有引起其他的问题。

10.　检验解决方案

实施了解决方案后，必须验证系统是否工作正常。显然，实施检测的方法依赖于具体方案。例如，如果替换了连接集线器端口和信息插头模块的电缆线，验证它的快捷方案是看这根电缆能否连通网络。如果设备不能成功地连接到网络，还要再检验另外的电缆线，并考虑问题的根源是否来自物理、逻辑连接或其他的原因。假设替换了机构中为 4 个部门提供服务的交换机，为了检测解决方案，不仅要检测不同部门工作站间的连接，还要用网络分析仪验证数据能否被交换机正确处理。帮助在测试解决方案中报告问题的用户通常是个好主意。这种措施可以确保得到解决方案客观的评价。按解决方案实施了很长时间以致忘记了最初的故障，这是极有可能发生的。另外，让用户去检验解决方案，有助于防止把设备置于实施人员熟悉而用户不熟悉的状态。

在实施了解决方案后，可能没机会马上验证它。在某种情况下，实施人员不得不等上几天或几个星期之后才能弄清楚网络是不是已经正常工作了。例如，实施人员发现一个服务器有时在处理用户的数据库查询时，其处理器不堪重负，导致用户无法忍受回应时间。为了解决这个问题，可能就要给它多增添两个处理器并把它配置成均衡多处理模式，但是数据库被使用的时间是不定的。所以就必须等到有一定数量的用户进行数据库操作并使服务器达到了使用高峰时，才知道添加的处理器是否奏效。

10.5.2　故障实例排除

通过实践和对网络及其特殊性的全面理解及训练过程的练习，提高用户的排除故障水平，可以从一些排除故障的实用性的小节和措施入手，这些实例包括一些网络故障的真实问题，而不是专为讲解排除故障方法而简单设置的。

1.　卷入网络故障的员工

许多员工对网络故障负有责任。一般职责的划分是正规的，在用户遇到问题时帮助桌面应该是用户第一个求助对象。帮助桌面专门协助桌面分析，对基本的工作站和网络故障(但不是高级的)可以处理。大型机构一般将其按经验分为几组，如一个为用户提供文档处理、扩展性电子表格、工程规划、进度安排等软件的公司将安排不同的技术支持解决不同设备出现的问题。

帮助桌面被认为是第一级技术支持，因为他们解决第一级的故障。当用户遇到问题时，帮助桌面一般记录下故障并试图诊断问题。帮助桌面通过电话向用户解释一些东西，在几分钟内就可以处理一般问题。在另外一些条件下，遇到的问题是少有的或复杂的，在这种情况下，第一级技术支持将向第二级技术支持汇报，第二级技术支持是在网络的某一个方面或多方面具有专业知识的人士。例如，如果用户抱怨不能登录服务器，第一级技术支持分析得出的结论为文件服务器有问题，第一级助理将把问题反映给第二级助理。第一级技术支持通常都待在帮助桌面，而第二级技术支持则到处移动为用户解决问题。除了拥有第一级、第二级技术支持，帮助桌面还有一名调度人员。调度人员保证各个技术支持有正确的分工，轮流值日，并制定保证工作质量的规章制度。

许多大公司还有一个操作规程管理员(operations manager)，他的职别比帮助桌面高。

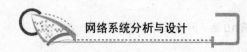

他不关心每日帮助桌面的活动，但是和助理调度一起决定如何改进对顾客的服务和保证帮助桌面的工作。例如，操作管理员控制供帮助桌面办公的场所、经费预算、必备软件、电话分配系统及其他进行工作所需的条件。

2. 调查故障的实例

下面的情景说明了怎样定位故障的原因。注意，并不是所有的提问适合所有的场合，需要根据实际情况确定，哪些问题适合于具体的条件，哪些能够解释你得到的回答。

情景 1：不能登录网络。

也许作为一名网络排障员，最经常遇到的故障是无法登录网络。这个问题可能来自各种失误(包括软件、硬件)和具体条件(如用户名错误或在网络上结构的改变)。如果排障员是从用户得到的网络故障报告而不是从网络的实时监控系统或者一个计算机专业人士那里获得的，则初始报告信息将不会有太大帮助。

网络排障员和用户之间的谈话类似如下。

用户：我不能登录网络。

网络排障员：什么时候开始的？

用户：今天早上，我一开始工作就不能登录，我得马上填写我的发货单，因为我的老板上午 10 点要它。

网络排障员：据你所知，在你的办公区就你一个人遇到了这个问题吗？

用户：我想是的。

网络排障员：在你试图登录时，出现了什么样的错误信息？

用户：网络不可用。

网络排障员：让我们看看你的网线是不是意外地拔出来了或是松动了。

用户：我已经看过了，它确实没问题。

网络排障员：好的，再劳驾一下，我得先排除连接问题，有时候当清洁工们清扫地板时会使接口震动变松。

用户：好的(根据你的指导检查了接口)，没事儿，它们插得紧紧的。

网络排障员：好吧，谢谢你的检查，最近你的网络上有什么变化吗？例如，你添加了程序或者一个微机工程师动过你的机器吗？

用户：噢，有人昨天晚上想让我的声卡工作。

网络排障员：让我们看一下声卡的配置。

进行了这一系列的对话，网络排障员发现出问题的只是一个工作站，验证了物理连接正常，发现了工作站上的一个配置改变可能是问题的原因，此时，网络排障员可能推断那个动过用户声卡的人造成了声卡和网卡的冲突，使网卡不能连接到网络上，如果网络排障员觉得和用户讨论设备设置还方便，则可以继续进展；如果不是，则可以去工作站解决那个问题。

情景 2：网络打印机不正常。

和工作站一样，网络打印机经常出问题(尽管其不像服务器那样挑剔)。通常，网络打印机的故障影响到每一个想使用它的人。尽管用户提供的陈述将有助于解决打印机问题，但亲自去检查打印机会更快地得到更多的信息。

下面是为了对付打印机故障而采取的合理步骤。

(1) 尽量限定故障发生的范围，查看一下是经常使用打印机的所有用户都遇到问题，还是单独的一个用户或几个用户。

(2) 亲自体验以下错误。首先从自己的机器上打印(它已经连接到网络上，安装了适合打印机的驱动程序)，查看一下故障是不是出在工作站设置上。如果遇到了一个错误，记录错误信息的确切含义。如果没遇到错误，症状不是网络范围的，故障可能出在用户名错误，或者一个工作组打印机的配置错误。

(3) 如果在自己的机子上不能重现故障，到有故障的工作站上去重现这个问题。

(4) 如果故障只出现在一台工作站上，那么问题可能来自于工作站相关的物理连接或逻辑连接。查看那个工作站的网线和网卡，再查看打印机驱动程序和设置，如果有必要重装打印机驱动程序。

(5) 如果故障出在几台工作站上，故障肯定和打印机本身有关。查看打印机的物理和逻辑连接，确保打印机启动，确认打印机已经连接到网络，同时确保打印机已准备好，也就是它是可用的，没有内部故障。

(6) 如果打印机已经连接好，且准备好，打印一张测试页查看其的配置。从测试页可以看出打印机是否正确地连接到了服务器，接受协议是否正确，以及网络环境设置是否正确(如它是以太网上，使用 IPX/SPX 协议，确保它有正确的打印设置)。

这些逻辑步骤可以确保查出问题的可能原因，一旦发觉多个工作站都出现了打印问题，可重现故障，若驱动程序在每个工作站上都安装正确，打印机物理连接到了网络，可以把注意力转移到打印机的网络设置，通过删减判别步骤，可知配置问题可能是故障的根源。

情景 3：不能连接到 Internet。

如果公司依赖 E-mail 或者与 Internet 相关的服务，如 Web 数据库或电子商务。如果不能访问 Internet，很快就会阻碍公司生产经营并影响其的利润，至少会造成访问 Internet 不方便。不能连接 Internet，像其他的网络问题一样，可能是由网络上许多的结点造成的。在下边的场景中，众多的用户受 Internet 连接的影响，下边的步骤提供了排除故障的一种方法。

(1) 一个用户电话反映他不能发送 E-mail，同时在公司部门中的其他两个网络管理员也打来了同样的电话，当比较记录时，会发现打电话来的都是公司财务部的人。

(2) 打电话给帮助桌面并告诉第一级技术支持，财务部不能访问 Internet，并询问技术支持，其他部门有无相同报告。

(3) 从自己的工作站上试图重现这一个故障。

(4) 如果也不能连接上 Internet，就要用检测工具看是否能连上 TCP/IP 网关。

(5) 在这个例子中，假设自己可以连接到 Internet，则知道这个问题必须和其他部门的问题分开考虑。

(6) 在自己的计算机上，试着使用财务部的缺省网关地址，一个可靠的响应表明到那个网关的物理连接是好的，一个不可靠的响应表明物理连接故障或者其他的不兼容问题。

(7) 如果从缺省 ping 网关接收到了一个可靠的响应，下一步是到财务部的工作站去试着检测在另一个子网上(或者是自己的工作站，因为已知它的 TCP/IP 资源是起作用的)的宿主，这个测试的可靠响应说明该工作站可以和财务部的网关互联，这样财务部的网关是正常的，但的确是网络上的设备(如从路由器到主干网电缆线)出了问题。

(8) 在这个例子中，假设从缺省 ping 网关接收到了一个不可靠的响应，这表明从那个结点开始的工作站或者子网出了连接问题，下一步就是试着检测后续的地址，如果能通过 ping 命令连接上后续地址，表明工作站的 TCP/IP 服务被安装了，工作正常，这样可以把问题缩小到包括财务部的子网。

(9) 一个帮助桌面提供消息说人事部和财务部也出现了同样的问题，已知这些部门和财务部同属于一个子网。通过收集到的这些信息，可以知道服务于 3 个部门的子网的某个地方出现了 TCP/IP 连接失败，那么就可以排除财务部，开始分析网络的问题是不是出现在子网的路由器或电缆线上。

3. 更换设备

如果怀疑故障出现在网络的设备上，最简单的一种检测方法就是用一个能正常工作的设备来替换它。这种替换很快就能解决问题，所以在排除故障时应该及时使用这一策略。当然它并不总是能够奏效，但是随着经验的积累，就能够知道什么样的问题是由哪些设备故障引起的。例如，如果用户不能登录到网络，就像在场景 1 一样，即使输入了正确的用户 ID 和口令，还是不能登录网络。这时就要考虑是否需要用一段可靠的网线来代替用户用于上网的那一段。网线必须符合特定的标准才能正常工作，如果有一段损坏了(如被经常辗过它的椅子所损坏)，它就会导致用户上不了网。用一段新电缆替换旧电缆是一种能够省掉很多麻烦并且能够进一步快速排除故障的好办法。

除了更换网线，可能还需要更换从集线器或交换机的一个端口到另一个端口，或者从一个数据接口到另一个数据接口的跳接线缆。端口和数据接口可能时好时坏。另外，还可能需要交换两台机器的网卡，或者重新安装网卡，同时一定要保证网卡和从前的是同一型号和模式。更换交换机和路由器就比较困难，因为这些设备为许多结点提供服务，而这些结点可能需要一些重要的配置；如果是网络连接有问题，那么应用这种排除故障方法要比排除有毛病设备的故障快得多。

注意，比更换部件更好的一种方案是使网络具备冗余能力。例如，为服务器提供两块网卡。当其中一块网卡坏掉时，就用另一块网卡替换它。如果安装和配置正确，这种管理方法能够节省很多时间。相反，如果更换器件至少会使设备瘫痪几分钟，如更换的是路由器，瘫痪时间则要持续几个小时则，则不建议采用此方案。

注意，在更换网络部件之前，要确保新设备和原设备的规格一致。如果更换了和原有设备不匹配的部件，所有的努力都可能失败，因为在这种环境下新更换的部件根本就不工作。甚至可能会因为安装了不配套的部件损坏现有设备。

4. 利用供应商的信息

一些网络工程师非常自豪，他们能在不阅读操作指导的情况下安装、配置、排除设备故障，或者至少是在阅读手册之前一定要试完所有可能的情况。尽管一些生产商的文档比其他人的更清楚，除非没有时间，不然不应该错过手册上的任何东西，因为手册可以提供很多真正有用的信息，如网卡上的跳线、路由器的配置命令和它们的要求、一些解决网络操作系统故障的技巧。

除了随网络部件附带的小册子，大多数网络软件、硬件供应商还提供在线排障信息。例如，Microsoft 和 Novell 公司提供可查寻的数据库，只需输入出错信息或故障描述信息，就会列出可能的解决方案还提供了高级的 Web 界面，用以解决他们的设备故障。如果找不到网络部件的资料，就可以到 Web 上去查找这些信息。

著名的网络提供商的技术支持 Web 站点(注意，这些站点在编写本书时是经过验证的，可能现在已经改变了)如表 10-5 所示。

表 10-5　提供排障咨询的 Web 站点

经　销　商	技术支持 Web 站点地址
3Com	http://support.3com.com
Cisco	http://www.cisco.com/univercd/home/home.htm
Compaq/Digital	http://www.service.digital.com
Dell	http://www.dell.com/support/index.htm
Hewlett-Packard	http://www.hp.com/ghp/services.html
IBM	http://app-01.www.ibm.com/support
Intel	http://www.-cs.intel.com
Microsoft	http://support.microsoft.com
Nottel/Bay	http://www.nortel.com/home/training.html
Novell	http://support.novell.com
Oracle	http://www.oracle.com/support
SMC	http://www.smc.com/Support_Index.html
Sun	http://does.sun.com：80/ab2

5. 排障的后续工作

1) 文档的问题和解决方案

不论是单人网络支持小组还是公司的众多网络工程师中的一个，都应该记录下故障的症状和自己的解决方案，将遇到的各种故障汇编成册，否则要回忆起每次故障的情况几乎是不可能的。另外，网络管理员经常变换工作，这样做也能使每个网络管理员都会从清楚完整的文档中受益匪浅。一个存放文档的好办法是把它放在网络中每个人都可以在线访问的中心处理数据库中。

一些公司利用一种软件来处理文档，该软件被称为追忆系统(call tracking system)(也称为帮助桌面软件)。Clientele、Expert Advisor、Professional Help Desk、Remedy，以及 Vantive 都是追忆系统的例子。这种程序为用户提供友好的图形界面，帮助用户生成问题的每个细节；为每个问题设立了唯一的标示号码，除此之外，还标示了提问者、问题的特征、解决问题所需的时间，以及解决问题的关键。

大多数的追忆系统具有很高的可定制性，这样就可以把表单域定制成某一个具体的计算环境。例如，如果为一家炼油厂工作，就可以使用工厂的流量控制软件添加一个域来标示某些问题。另外，许多的追忆系统还允许在空白表中填入故障发生的原因和解决办法，还有一些甚至提供了基于 Web 的界面。像在前边讨论过的一样，许多公司都设立了帮助桌面，他们只有解决基本网络故障的经验，负责记录由用户提出的故障。为了尽快地解决网络故障，公司的帮助桌面必须为网络技术支持保持准确、及时的记录。部门应该有责任提供一个受支持服务的清单供网络支持作为参考。一个受支持服务清单是一个用列表说明公司受支持的服务和软件包的文档，包括这些服务和软件的第一、二级技术支持承包商的名字。加强支持信息交流和可用性，就可以加速故障排除过程。

除了要和同事交流故障和解决方案，在有人报告网络故障后，排障员应该立刻采取行动。让客户明白为什么和怎样出现问题，要怎么做才能解决问题，以及故障再出现和谁联系，这种提示不但帮助用户明白他需要的支持和训练，而且会提高他们对自己所在部门的理解和信任。

2) 把变动通知给其他人

解决了一个特别棘手的问题后，不仅要在追忆系统中做记录，而且还要通知其他人自己的解决方案和那些为了排除故障需要改变的地方，这种记录有两个目的。

(1) 通报其他人故障和解决办法。

(2) 通知其他人自己在网络上的改动，防止他们影响其他服务。记录变动的重要性怎么说都不过分，假设一个网络工程师，维护着一个包括 3 个办公室 150 个用户的 WAN。一天公司的 CEO 带着一个重要的客户从管理中心到下属办公室开会。在下属办公室，他需要打印一个财物报表，但是遇到了问题：网络工程师发现他没有那个房间打印机的使用权限，因为 WAN 用户没有在其他房间打印机的使用权限，网络工程师立刻通过开放所有 WAN 用户对所有打印机的权限来解决问题，这一变动意味着什么？如果工程师不把此变动告诉给别人，最好的情况是用户错误地从 A 办公室将打印发到了 B 的打印机上，更糟糕的情况下，一个 Guest 用户就可能得到对网络打印机操作的权限，使网络上产生一个潜在的安全漏洞。大公司经常安装变化管理系统来有系统地跟踪网络上的变化，一个变化管理系统是一个过程或程序，它向技术支持提供有关网络变动的文档。在小公司，变化管理系统可能简单到只是一个网络文档。网络管理员经常添加条目来标志它们的改变。在大的公司，它可能包括一个完整的数据库包，有图形界面和适合于计算机环境的特定字段。不论是什么组成了变化管理系统，最重要就是及时记录。如果网络管理员不记录它们的改变，即使是最尖端的软件也是毫无用处的。

网络管理员在变化管理系统中应该记录的改变类型包括以下几种。

① 在网络服务器上或其他设备上添加或升级了软件。

② 在网络服务器上或其他设备上添加了或升级了硬件。

③ 在网络上添加了新硬件(如一个新服务器)。

④ 改变了网络设备的网络属性(如改变了 IP 地址或服务器的 NetBIOS 名字)。

⑤ 增加或注销一组用户的权限。

⑥ 物理地移动了网络设备。

⑦ 把用户的 ID 和他们的文件/目录从一个服务器移动到另一个服务器。

⑧ 在过程中做的改变(如一个新的备份计划或一个申请 DNS 支持的联系)。

⑨ 对提供商政策或关系的改变(如一个新硬盘提供商)。

小的改变不必做记录，如改变用户的口令、建立一组新用户、建立新目录、为方便用户而改变网络驱动器。每个公司都有独特的网络变化管理系统要求，记录改变信息的网络管理员应该清楚地理解这些需求。

3) 防止未来故障

回顾在本章开始所列出来的问题和故障，其中的一些网络问题是可以避免的。通过网络维护、文档管理、安全保密或升级，尽管不是所有的网络问题都可以阻止，但其中大部分问题是可以避免的，就像人体的健康，最好的网络健康的药方是预防。例如，为了避免用户对网络资源权限引发的问题，网络管理员应该评估用户的需求，为工作组设立权限，利用多个组，并告诉维护网络的人为什么会有这些组。为防止网络超载，网络管理员应该经常进行网络健康检查，甚至连续的网络监视，并且确保在利用率达到高峰之前有重新分配流量或增加带宽的手段。有经验的网络管理员可以提出更多阻止网络故障的建议，当设计和升级网络时，应该考虑一个好的设计和合理的权限以防止未来的故障。

10.6　网络管理与安全评估

在网络系统工程项目管理中，网络管理及其安全评估十分重要。网络管理是指对网络设备及其运行的管理，随着网络管理自身的发展和用户需求的提高，网络管理包含了规划、监督、设计和控制网络资源的使用和网络的各种活动，以使网络的性能能达到最优。

10.6.1　网络管理

计算机网络为人们的工作和生活带来很多的方便，可以帮助人们高效地完成工作，方便人们的生活，并将社会各方面的信息提供给人们。

计算机网络的建立、维护、扩展、优化及故障检修都需要网络工程师进行大量的工作。在计算机网络建立后，必须对它进行有效的管理，以最大地发挥它的潜力。如果仅由网络管理者进行这些工作，不仅不能取得很好的效果，而且在许多情况下几乎是不可能的。因此，需要使用网络管理技术帮助管理者工作。

网络管理就是通过某种规程和技术对网络进行管理，以协调和组织网络资源，使其得到更加有效的利用；维护网络的正常运行，在网络出现故障时及时报告并且进行有效处理；帮助网络管理人员完成网络的规划和通信活动的组织等。通常这些任务的软硬件集合称为网络管理系统。

网络管理涉及网络资源和活动的规划、组织、监视、计费和控制。不同组织的着眼点有所区别。ISO 在相关标准和建议中定义了失效管理、配置管理、安全管理、性能管理和计费管理等 5 种网络管理的功能。一个完整的网络管理系统还应包含网络规划、资产和人员的管理。

在网络管理中，一般采用管理者-代理模型。

1. 失效管理

失效管理又称故障管理，是对计算机网络中的问题或故障进行定位的过程。失效管理包含 3 个步骤：发现问题；分离问题，找出失效的原因；修复问题(若有可能)。

失效管理的主要活动有故障检测，故障诊断，故障修复和故障记录。

网络管理者使用失效管理技术，可以更快地定位和解决问题。例如，在一个典型的设置中，一个用户正在通过若干个网络设备登录到一个远程系统，突然出现了连接中断的情况。用户将这个问题报告网络管理者，网络管理者就要着手分离这个问题，找出原因。

在没有有效的失效管理工具的情况下处理问题时，首先，需要知道这个问题是否是由用户的错误引起的(如用户执行了一个非法的命令或试图访问一个不可到达的系统)。如果没有发现用户错误操作，则必须检查用户和远程系统之间的每个设备。一般从靠近用户的设备开始。假设发现第一个设备没有连通，这时必须到该设备所在的位置进行检查。如果发现该设备的所有指示灯都关闭着，进一步检查发现，该设备的插头没有插在墙上电源插座内。由此可以推论，一定是某人意外地将插头从墙上拔了下来。重新将插头插上，再检查该设备，发现它可以正常运行了。

如果有失效管理工具，就可以更快地发现和分离出这个问题。实际上，可能在用户报告它之前就已经发现和修复了。

失效管理的最主要的作用是帮助网络管理者快速地检查问题，启动恢复过程的工具，使网络的可靠性得到增强。这一点是非常重要的，因为在网络如此普及的今天，很多人就像依赖电话一样依赖网络，用户通常希望网络一直都能使用。但是，期望它不出故障或不停地运行是不现实的。当计算机网络中断时，网络管理者就要马上对其进行维修。

不幸的是，许多网络管理者花费太多的时间在"救火"上，刚解决了一个问题又出现了一个问题。用这种方法管理的网络，其寿命必然会受到影响，因为没有时间系统彻底地解决问题。失效管理提供了各种各样的工具，提供有关当前网络状态的必要信息。在理想情况下，当问题出现时这些工具可以及时指出其位置，且将此信息迅速地传递给网络管理者。网络管理者可以开始着手解决出现的故障，甚至在用户还未觉察到问题的时候就解决了；利用失效管理打破一个又一个的灾难性问题的循环，可使网络的效率得到提高。

2. 配置管理

配置管理是网络管理的最基本的功能之一，主要包括对网络资源配置、业务提供，以及相互关系的管理。配置一个网络需要正式地、明确地说明所有的网络组成部分、具体系结构、功能和组成部分。配置管理就是对网络的各种配置参数进行确定、设置、修改、存储和统计等操作所组成的集合。

配置管理主要有3个系统管理功能，即对象管理功能(object managing function，OMF)、状态管理功能(status managing function，SMF)、关系管理功能(relation managing function，RMF)。

配置管理包括3个方面的内容：获得关于当前网络配置的信息；提供远程修改设备配置的手段；存储数据，维护一个最新的设备清单并据此产生报告。

假设在一个 LAN 中，交换机的 A 版本软件有一些异常的表现，正在引起网络性能下降。为了修复，交换机制造商发布了软件升级版本 B。相应地，管理员制定了分阶段在所有交换机上安装版本 B 的计划。首先，管理员需要确定在每台交换机上当前安装的软件版本。为了完成这一工作，如果没有一个有效的配置管理工具，管理员将不得不手工检查每台交换机。配置管理工具可以提供一个所有交换机的列表，可以让管理员看到每台交换机上目前的软件版本。这样，管理员就可以很容易地确定哪些交换机需要新的软件。

配置管理最主要的作用是增强网络管理者对网络配置的控制。这是通过对设备的配置数据提供快速的访问实现的。在比较复杂的系统中，配置管理可使管理者将正在使用的配置数据与存储在系统中的数据进行比较，并且根据需要方便地修改配置。

例如，配置数据通常包括每个网络设备的当前设置，这些信息对网络管理者是很有用的。假设管理员正在考虑为一个设备增加接口，他需要知道设备上已有的物理接口的数目和分配给这些接口的网络地址，这些数据将帮助他对设备上的软件进行配置。使用配置管理工具，可以很容易地找出这些信息。

在一些情况下，某个设备可能需要修改。例如，某个设备上的一个接口在一个 LAN 段上引起了错误，可以使用配置管理工具远程地对这个设备重新配置，使该接口处于非活动状态，然后检查该接口的配置。如果发现这个错误是由一个不正确的软件参数引起的，可以利用配置管理工具将这个不正确的参数改为正确设置，并且重新激活该接口。通过提供最新的网络单元清单，配置管理可为网络管理者提供进一步的帮助。该清单有很多的作用，如通过它确定有多少种特定类型的设备存在于当前网络中，也可利用该清单建立一个当前运行在网络中的设备上的操作系统的各种版本的报告。

配置管理的设备清单不仅局限于跟踪网络设备，管理员也可用它记录与厂商联系的信息、租用线路或网络备件。在该方面，包含丰富内容的设备清单的实用性是怎样强调都不过分的。例如，从厂商处购买设备，管理员就可以与厂商进行讨价还价，以取得大量的折扣；如果数据显示租用的线路在一个给定时间内只有 50%的时间可以使用，数据管理员利用设备清单可以检查从同一个厂商处购买的线路数目，管理员利用这些信息可以要求得到更好的客户服务。

网络设备清单应该注意保密。如果它被怀有恶意的人得到，可能会在许多方面对网络造成伤害。例如，某人知道某个设备中的软件存在一个故障(bug)，它可导致设备运行不正常，通过得到网络设置清单并且找出网络上有多少个这种设备，就可以在所有的设备上触发这个故障，从而导致严重的网络故障。

3. 安全管理

网络安全由信息数据安全和网络通信安全两部分组成。网络安全是采用加密、伪装业务流、数字签名、数据完整性、身份鉴别、访问控制、路由控制和第三方公证等安全机制，通过连接机密性服务、无连接机密性服务、选择字段机密性服务、业务流机密性服务、访问控制服务、数据源鉴别服务、对等实体鉴别服务、可恢复连接完整性服务、无恢复连接完整性服务、选择字段无连接完整性服务、来源不可否认服务和交付不可否认服务等安全服务实现的。

安全管理负责提供一个安全策略，据此确保只有授权的合法用户可以访问受限的网络资源。

安全管理的目的是利用某些功能来支持安全策略的应用，被些功能包括对安全服务与机制进行创建，删除与控制，分发与安全有关的信息，报告与安全有关的事件。

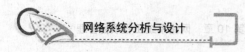

安全管理可以控制对计算机网络中的信息的访问。连接在网络上的计算机的一些信息，如有关公司新产品或客户数据库的情况等，可能不想让所有的用户看到，这些信息被称为敏感信息。

假设一个组织决定允许本单位的工程师通过拨号线和一个远程访问服务器访问自己的计算机。一旦他们连接到这个远程访问服务器上，他们就可以登录到自己的计算机，进行自己的工作。几个星期之后，一位负责财务的计算机管理员给网络管理者送来一份报告，显示大量使用远程访问服务器的工程师们的不成功的远程登录。由于财务计算机中数据的敏感性，因此在网络规划时就进行了限制——不允许通过远程访问服务器对财务计算机进行任何操作。这样，没有拨号用户能够获得对财务计算机的访问，但是有人正试图这么做的事实也是安全系统需要关注的问题。

为了找出谁正在试图获得对财务计算机的访问，在没有管理工具的情况下，只能定期地登录到远程访问服务器上并且记录下正在使用财务计算机的人，并将在某个时候不成功的远程登录与正在远程访问服务器上的使用者关联起来，以此发现问题。

安全管理可以提供一种方法，可以定期地监视在远程访问服务器上的访问点，并且记录哪些人正在使用该设备。安全管理也可提供审计跟踪和声音警报方法，提醒管理者预防潜在的安全性破坏。

将主机连接到计算机网络上，许多使用者所关心的主要事情是存储在主机中的敏感信息的安全性。为避免这个问题，一台拥有敏感信息的主机可将网络访问一并排除，并且通过可移动媒体(如磁带、光盘等)传送信息。通过这种方法，只有对主机有物理安全访问权的人才能获得敏感信息。然而，这种方式尽管安全却不实用。

正确地建立和维持安全管理，能够提供一种更为可行的选择，可以缓和用户的安全心态，提高他们对网络效果和安全的信心。这种信心的建立以及对敏感信息的实际保护是安全管理的主要作用。

在网络上没有安全管理的情况是很容易想象的。设想一个组织的私有计算机网络和一个公共计算机网络相联，进一步设想该组织网络中的一台含有财务信息的计算机也给任何使用者提供任何所需信息。可以想象，这种无限制访问的结果对该组织可能是灾难性的。

4. 性能管理

性能管理可以测量网络中硬件、软件和媒体的性能。测量的项目包括整体吞吐量、利用率、错误率和响应时间等。

运用性能管理信息，管理者可以保证网络具有足够的容量以满足用户的需要。假设有用户抱怨通过网络传递文件到某地的性能太差。如果没有性能管理工具，管理者需要查找网络故障。假设未发现故障，下一步就需要判断用户和目标主机之间的每一个连接和设备的性能；假设通过调查，发现网络上一个连接的平均利用率已接近了它的最大容量，那么这个问题的解决方法就是更新目前的连接或安装一个新的连接以增加其容量。

如果有性能管理工具，管理者就可及早发现这个连接已经接近它的最大容量，甚至在网络性能受到影响之前就能发现。

性能管理的最大作用是帮助网络管理者减少网络中过分拥挤和不可通行的现象，为用户提供一个水平稳定的服务。使用性能管理工具，管理者可以监控网络设备和连接的使用情况。收集的数据能够帮助管理者判定使用趋势和分离出性能问题，甚至在它们对网络性能产生有害影响之前予以解决。性能管理在容量计划方面也有帮助作用。

监视网络设备和连接的当前使用情况对性能管理是至关重要的。得到的数据不仅帮助管理者立即分离出计算机网络中正在大量使用的部分，更加重要的是可以找到某些潜在的问题答案。例如，可能多种原因使众多用户访问一个远程数据库服务器太慢。问题可能存在于从源地址到目标地址任何一处连接或设备。利用性能管理工具，管理者就可迅速判定在远方结点和数据库服务器之间的某处连接的利用率已经超过 80%，可能是引起访问缓慢的原因。

性能管理技术能够帮助管理者检查网络趋势。管理者使用关于趋势的数据可以预测网络使用的峰值，避免网络饱和可能带来的低性能。

性能管理技术还可以绘制相对于时间的网络使用率，判定使用率高的时间。知道了这一点，就可以把大量数据传送任务安排在避开高峰时刻的时间里。例如，在许多计算机网络上，用户会在预计网络使用率低的时间安排大量的数据传输。网络管理者在监视网络的使用情况后，就可指导他们在合适的时间传送。

5. 计费管理

计费管理可以跟踪每个个人和团体用户对网络资源的使用情况，以便对其收取合理的费用。这样做，一方面可以维持网络的运行和发展；另一方面，网络管理者也可根据情况更好地为用户提供所需的资源量，促使用户合理地使用网络资源。

假设由于部门文件服务器网络接口处理数据包的能力接近极限，需要对它进行更新。如果没有计费管理工具，网络管理者就不知道哪些用户访问了文件服务器，需要询问用户，看谁定期访问了文件服务器。经过调查，网络管理者发现文档组有许多人正在使用文件服务器上的桌面初版系统。经过初步分析得出结论，这个流量几乎导致文件服务器网络接口的一半负载。在这种情况下，网络管理者需要为这个文档组提供自己的实时服务器，以减少接口卡需要处理的大量网络流量，从而不需要升级接口卡且使部门其他部分保持不变。同时，网络管理者要将新的文件服务器置于与文档组相同的网络段，减少跨越部门的网络流量。

如果有了计费管理工具，网络管理者就可以更早地知道文档组有很多人定期地访问了文件服务器，可以更早地处理这种情况。

计费管理的主要作用是使网络管理者测量和报告基于个人或团体用户的计费信息，分配资源并且计算用户通过网络传输数据的费用，据此数据给用户开具账单。其附带作用是增加网络管理者对用户使用网络资源情况的了解，有助于创建一个更具生产力的网络。

对收回建立和维护计算机网络的费用而言，向用户收费显然是必须的。计费管理提供的不仅于此，而且结合计费政策，帮助提供这笔花费的公平分配方案，还有助于网络费用预算。

通过检查流量和定额，网络管理者可以确信每个用户都有充足的资源以完成所要求的任务，利用这些统计数据也可跟踪不同的接入网络的资源，如应用服务器、计算服务器、

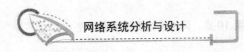

文件服务器和打印服务器等的使用情况。

设想一种情况，一个网络点由很多分布的个人计算机文件服务器组成。这些服务器提供网络上的多种功能，从打印假脱机系统到数据库服务器。某个文件服务器在一个数据库中包含着重要的股市信息。设想这台文件服务器的某个用户决定把自己的个人计算机上40MB 的磁盘备份到该服务器上。该用户开始备份后，离开办公室去休息。在备份过程结束后，服务器上只剩 1MB 的存储量。第二天一早，服务器执行一个程序搜集来自另一服务器的重要股市信息，然而当下载该数据时，服务器的磁盘马上满了，从而导致传输停止。几个小时后，当尝试检索重要股市信息时，他们接收到了一个错误信息。在调查问题的过程中，检查了服务器的计费管理统计数据，并且注意到一个用户在晚上下载了一大批文件，花去很长时间。现在可与该用户联系，也可以将通过计费管理得到的信息传给服务器的系统管理员，让其采取正确的行动。

计费管理技术也能帮助组织计算一个给定用户通过计算机网络发送数据的费用，使得用户了解为获得网络服务需要花多少钱，从而保证了运行和维护网络的相关费用的合理分配。

6. 标准网络管理系统

出现标准网络管理协议前，网络管理者不得不学习很多种监视和控制网络设备的方法。这些方法包括使用一个菜单驱动系统或记住一个网络设备特有的命令。网络界于是转向一般性的方法，如在 TCP/IP 网络中的 ping 命令，帮助获取用于网络管理的信息。但是，这些方案缺乏获取所需数据的功能和能力。

因此；需要能在多种设备上工作的方法，这就促进了标准协议的发展。LAB 提出了一个网络管理的发展计划。RFC 的文档记录了该计划及相关标准。

在 RFC 中，SMI 定义了信息是如何构成的，MIB 定义了哪些信息可以用网络管理协议管理。MIB 使用 ASN.1 语法。

SNMP 是第一个被广泛使用的网络管理协议。SNMP 代理和站点通过一个公共协议通信，在计算机网络获取和管理设备信息。但是根据定义，SNMP 将在基于 TCP/IP 的 Internet上实现。

OSI 网络管理协议簇——公共管理信息服务/公共管理信息协议(common management information service/protocol，CMIS/CMIP)提供了一个完整的网络管理方案必需的所有功能。然而，CMIS/CMIP 依赖于整个 OSI 协议簇的实现，而且还没有被广泛采用。

作为一个过渡性的解决方案，公共管理信息服务与协议(CMIS/CMIP over TCP/IP，CMOT)在 TCP/IP 协议栈上提供了 CMIS 的功能。CMOT 的主要缺点是许多生产商不想花费时间去实现过渡性的网络管理协议方案。目前，没有任何工作在 CMOT 进行。

IBM 和 3Com 提出了 LMMP，而不是制造另一个临时性的网络管理协议。LMMP 在IEEE 802 逻辑链路层之上直接实现 CMIS 服务。LMMP 消息被限制在单个 LAN 网段中。

1) SNMP

SNMP 是相关标准发展过程中的重要里程碑，起始点是 1987 年 11 月发布的简单网关监视协议(simple gateway monitoring protocol，SGMP)。SGMP 给出监视网关(OSI 第二层路由器)的直接手段。当需要定义一个更为通用的网络管理工具时，SGMP 就被当做基准。通过对 SGMP 的改造，于 1988 年 8 月首次发布 SNMP。SNMP 使用的管理信息结构(structure of management information，SMI)、管理信息库(management information base，MIB)提供监控网络元素的一组最小的，但功能强大的工具。SNMP 最初是作为一种可提供最小的网络管理功能的临时方法开发的。它具有两个优点：与 SNMP 相关的 SMl 以及 MIB 十分简单，能够简单快速地实现；SNMP 是建立在 SGMP 的基础上的，而对于 SGMP，人们已有大量的操作经验。

SNMP 的一个明显的缺陷是监视网络困难(这和监视网络上的结点相对应)。值得注意的是，通过定义 RMON/MIB 的标准化管理对象(1991 年 11 月首次发布)，SNMP 的功能得到了十分重要的增强。RMON 是第一次，也是最后一次对 SNMP 版本 1 主要功能的增强。

SNMP 的另一个缺陷是完全没有安全性设施。为了解决这一问题，一组被称为安全 SNMP(S-SNMP)的文档于 1992 年 7 月作为建议标准发布。在同一月里，提出简单管理协议(simple management protocol，SMP)。SMP 增强了 SNMP 的功能，且以微小的改动融合了 S-SNMP 的安全性功能。SMP 还吸收了 RMON 的某些概念，包括警告和事件的规格说明，以及使用一个状态列对象以便于行生成和行删除。SMP 被作为开发第二代 SNMP(即 SNMP 版本 2)的基准，而第一代 SNMP 被称为 SNMPvl。

一般地，SNMP 框架包含如下 4 个内容。

(1) 管理中心站(management stations)。管理中心站是一个专门的工作站，负责向被管元素发出询问(Queries)和命令(Commands)，接收和处理相应的响应。另外，管理中心站提供用户接口，常基于 Windows 系统或类似的窗口环境，以供网络管理员远程察看和监管被管理元素(managed elements)。

(2) 被管理元素。被管理元素是被管理中心站监视且有时部分控制的实体。这些实体通常可以是路由器、网关等中间设备，大型主机、桌面工作站和其他实体也可以不同程度作为被管理元素。在这些被管理元素上，有专门的代理为 SNMP 提供接口。

(3) MIB。MIB 是一组变量的集合，可由管理中心站通过代理进行检查和修改。MIB 变量可以是网络地址、字符串、计数值一类的统计值以及状态量等。它们可以分为不同的组，如系统组、接口组、IP 组、UDP 组和 TCP 组等。

(4) 管理协议(management protocol)。SNMP 作为一种基于 UDP 的应用层协议，目的就在于方便地实现管理中心站与代理之间的通信。SNMP 的设计十分简单，可以很容易地在配置很低的系统上实现。该协议在最初开始设计时，目标定为构建一个网络管理基础设施，而不过分影响网络性能。

2) CMIS/CMIP

许多人觉得最好地满足网络管理需要的协议簇是 OSI 网络管理协议簇——CMIS/CMIP。

CMIS 定义每个网络组成部分提供的网络管理服务。这些服务在本质上是一般的，而不是特有的。CMIP 是实现 CMIS 服务的协议。

OSI 网络协议意在为所有设备在 ISO 参考模型的每层提供一个公共网络结构。同样，CMIS/CMIP 意在提供一个用于所有网络设备的完整网络管理协议簇。

为了提供位于各种不同的网络机器和计算机结构之上所需的网络管理协议特征，

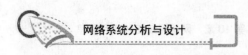

CMIS/ICMIP 的功能和结构大不同于 SNMP。SNMP 是按照简单和易于实现一个完整的网络管理方案所需功能的原则设计的。

OSI 网络管理协议簇的整体结构建立在假设使用了 ISO 参考模型的基础上，网络管理应用进程使用 ISO 参考模型中的应用层。在应用层，公共管理信息服务元素(common management information service element，CMISE)提供了应用程序使用 CMIP 的手段。应用层还包含两个 ISO 应用协议，即联系控制服务元素(association control service element，ACSE)和远程操作服务元素(remote operations service element，ROSE)。在 ISO 参考模型中，ACSE 用于 CMIS 的 CMIP 协议。ACSE 在应用程序之间建立和关闭联系；ROSE 处理应用之间的请求/应答交互。

这些协议及其应用构成了 ISO 网络管理方案的框架结构。除了这些定义在应用层的协议外，OSI 没有在低层特别为网络管理定义协议。

3) CMOT

CMOT 是在 TCP/IP 协议簇之上实现 CMIS 服务的。这是一种过渡性的解决方案，直到 OSI 协议栈被广泛采用。RFC 1189 定义了 CMOT 协议。

CMIS 使用的应用协议并没有随着 CMOT 的实现而改变。CMOT 依赖于 CMLSE、ACSE 和 ROSE 协议，这和前面描述的 CMIS 一样。然而，CMOT 不是等待 ISO 参考模型表示层协议的实现，而是要求在 ISO 参考模型的同一层使用另一个协议——轻型表示协议(lightweight presentation protocol，LPP)，如 RFC 1085 中定义的那样。该协议提供了和目前使用最普通的两种传输层协议，即 UDP 和 TCP(它们两个都使用 IP 进行网络传送)的接口。

遵从 CMOT 规范的系统必须具有和开放系统建立一种已被承认的联系．即事件、事件监视、监视/控制和完全的管理者/代理的功能。该系统还必须只支持适合于该系统的那种联系类型。例如，对于控制 modem 框架的软件实现完全的管理者/代理联系是毫无意义的。但是，对于该软件来说，用 M-EVENT-REPORT 消息汇报事件，回答来自 M-GET 消息的查询可能是合适的。可能该系统将只实现事件/监视联系。相反，一个完整的网络管理系统实现完全的管理/代理联系是可能的。

使用 CMOT 的一个潜在的问题是，许多网络管理生产商并不想花费时间实现另一个过渡性的方案。相反，许多生产商已经加入 SNMP 的潮流，且在其上花费了相当多的资源。事实上，虽然存在着 CMOT 的定义，但是该协议很长时间没有任何实质性发展了。

4) LMMP

IEEE 802.1b LAN 个人管理协议(LAN man management protocol，LMMP)试图为 LAN 环境提供一个网络管理方案。LMMP 以前被称为 IEEE 802 逻辑链路控制上的 CMOT。LAN 环境中的网络设备包括网桥、集线器及中继器。该协议由 3Com 和 IBM 公司开发，消除了 OSI 协议实现 CMIS 服务的需要。因为 LMMP 直接位于 IEEE 802 逻辑链路层之上，不依赖于任何特定的网络层协议(如 IP)进行网络传输。

由于不要求任何网络层协议，LMMP 比 CMIS/CMIP 或 CMOT 易于实现，然而没有网络层提供路由信息，LMMP 消息不能跨越路由器。但是，跨越 LAN 界限，传输 LMMP 信息的转换代理的实现可能解决这个问题。

7. Internet 安全管理

Internet 是全球范围内的一个开放的分布式互联网络系统。由于具有非常丰富的资源以及低廉的费用，Internet 作为一种信息交流方式已被国际社会接受。因此，在 Internet 上运行的多种复杂类型的计算机网络系统、信息处理系统以及各类数据库系统应该而且必须得到保护。然而，由于在 Internet 上信息传输的广域性和网络协议的开放性，导致它比现在任何一种网络系统具有更为严重的不安全因素。Internet 上所使用的 TCP/IP 通信协议，其 IP 地址空间的不足，安全性能差，网络管理机制薄弱是它的先天性的致命弱点。此外，Internet 是共享资源的，信息的存储与处理都需要传输，这就大大增加了网络受攻击的可能性。

综上所述，如何在这样一个全球化的开放分布环境中，保证信息安全和网络安全已成为 Internet 应用中最为关键的问题之一。

1) 应解决的安全问题

对 Internet 进行网络安全管理是一件难度很大的事，因为 Internet 安全问题所涉及的面很广，既有技术问题，又涉及信息安全管理机构与信息安全的策略、法律、技术、经济以及道德规范问题。网络安全是相对而言的，世上不存在绝对的安全，通常所称的安全是指一定程度上的网络安全，它是根据实际的需要和自身所具备的条件所能达到的安全程度而定的。安全要求越高，系统所具备的安全功能就越多，其安全程度也越高，同时对网络性能的影响也越大。因此，网络安全政策及其实施，对不良信息的过滤，防止黑客的入侵，防止外界有害信息的入侵与散布，防止病毒，保证电子交易的安全性，确认网上交易双方的身份，保证在交易过程不出现欺诈行为，并证明其合法性以及保证电子现金、支票、信用卡号码等机密数据在传输过程中不被窃取等都是急需解决的问题。

Internet 的安全问题是全世界各国政府与网络专家共同关注的。随着 Internet 在世界范围的迅速发展，各国政府都在制定各种法律、法规和采用各种技术措施以防止网络系统不安全因素的产生以减少损失。所以，加强法规建设，依法取缔网上有害信息，严格控制提供 Internet 的服务机构，打击各种利用 Internet 进行犯罪活动等也是面临的需要解决的安全问题。

2) 对 Internet 的安全管理措施

安全管理的目的是利用各种措施来支持安全政策的实施，这需从安全立法、加强管理和发展安全技术着手。

3) Internet 安全保密遵循的基本原则

维护 Internet 的安全，需要遵循的基本原则包括以下 3 方面。

(1) 根据所面临的安全问题，决定安全的策略。

(2) 根据实际需要综合考虑，适时地对现有策略进行适当的修改，每当有新的技术时就要补充相应的安全策略。

(3) 构造企业内部网，在 Intranet 和 Internet 之间设置防火墙以及相应的安全措施，如 IP 地址分配上使用双轨制。

4) 完善管理功能

加强管理，采用法律、法规和守法规范来有效防止计算机犯罪，为此建立和完善相应

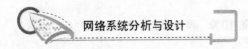

的法律和网络法规是必要的。此外，还须加强网络管理和网络监控能力，完善和加强 Internet 网络服务中心的工作，改善系统管理，将网络的不安全性降至最低等措施。

加强审计工作，把有关安全的信息记录下来，并对其跟踪，把从中所得到的信息进行分析并生成报告，从而防止威胁安全的潜在隐患发生。

建立相应的规章制度，网络服务器和数据库要放在安全的地方，并做好备份工作，加强内部防范，建立数据保密范围、人员许可证、操作方式以及安全管理责任制等。

5) 加大安全技术的开发力度

加强信息安全体系结构标准化研究的同时，研究开发安全保密技术，特别是加强数据加密、鉴别、密钥管理、访问控制数据完整性、安全审计等标准化研究和技术研究，及时安排防火墙、监控、安全密钥管理、公钥、智能化过滤、WAN 容错、服务器和客户服务器的容错、智能化鉴别和访问控制、数据密码和安全认证协议、安全保密设备、信息内容筛选等技术有关的项目研究与开发。

10.6.2 安全评估

随着经济全球化和以 Internet 为代表的全球网络化、信息化的发展，信息技术已经成为应用面最广、渗透性最强的战略性技术。信息技术的安全问题也日益突出，信息安全产业应运而生。由于信息安全产品和信息系统固有的敏感性和特殊性直接影响着国家的安全利益和经济利益，世界各国特别是西方发达国家纷纷颁布信息安全标准，推行依据标准的测试、评估，建立政府主导的信息安全认证体系，对信息安全产品的研制、生产、销售、使用和进出口实行严格、有效的控制，对构成信息系统的物理网络及其有关产品进行认证，对信息系统的运行和服务进行测试评估，对信息系统的管理和保障体系进行评估验证。为满足市场需求，给用户提供信息技术产品和系统安全可靠的信心，产品和系统开发者也纷纷寻求可信第三方的安全评估。安全评估的基础主要是评估准则、评估方法和评估认证体系。中国目前重要的评估准则有安全保护等级划分准则(GB 17859)和 IT 安全性评估准则(GB/T18336)，评估方法有通用评估方法(common evaluation methodology，CEM)，评估认证体系有国家信息安全测评认证体系。

1. 安全保护等级划分准则

国家标准 GB 1785—1999《计算机信息系统安全保护等级划分准则》是中国计算机信息系统安全等级保护系列标准的核心，是实行计算机信息系统安全等级保护制度建设的重要基础，也是信息安全评估和管理的重要基础。此标准将计算机信息系统安全性从低到高划分为 5 个等级，分别为用户自主保护级、系统审计保护级、安全标记保护级、结构化保护级和访问验证保护级，高级别安全要求是低级别要求的超集。计算机信息系统安全保护能力随着安全保护等级的增高逐渐增强。

在该标准中，一个重要的概念是可信计算基(trusted computing base，TCB)。TCB 是一种实现安全策略的机制，包括硬件、固件和软件。它们根据安全策略处理主体(系统管理员、安全管理员、用户、进程)对客体(进程、文件、记录、设备等)的访问，TCB 还具有抗篡改的性质和易于分析与测试的结构。TCB 主要体现该标准中的隔离和访问控制两大基本特征，各安全等级之间的差异在于 TCB 的构造不同以及它所具有的安全保护能力不同。

1) 第一级：用户自主保护级

本级的计算机信息系统 TCB 通过隔离用户与数据，使用户具备自主安全保护的能力。它具有多种形式的控制能力，对用户实施访问控制，即为用户提供可行的手段，保护用户和用户组信息，避免其他用户对数据的非法读写与破坏。

本级实施的是自主访问控制，即通过 TCB 定义系统中的用户和用户组对命名客体的访问，并允许用户以自己的身份或用户组的身份指定并且控制对客体的访问。这意味着系统用户或用户组可以通过 TCB 自主地定义主体对客体的访问权限。

从用户的角度来看，用户自主保护级的责任只有一个，即为用户提供身份鉴别。在系统初始化时，TCB 首先要求用户标示自己的身份(如口令)，然后使用身份鉴别数据鉴别用户的身份，实施对客体的自主访问控制，避免非法用户对数据的读写或破坏。

在数据完整性方面，TCB 通过自主完整性策略，阻止非授权用户修改或破坏敏感信息。

2) 第二级：系统审计保护级

与用户自主保护级相比，本级的计算机信息系统 TCB 实施粒度更细的自主访问控制。它通过登录规程、审计安全性相关事件和隔离资源等措施，使得用户对自己的行为负责。

本级实施的是自主访问控制和客体的安全重用。在自主访问控制方面，TCB 实施的自主访问控制粒度是单个用户，并且控制访问权限的扩散，即没有访问权的用户只允许由授权用户指定其对客体的访问权。在客体的安全重用方面，在客体被初始指定或分配给主体或在客体再分配之前，必须撤销该客体所含信息的授权；当一个主体获得一个客体的访问权时，原主体的活动所产生的任何信息，对当前主体而言是不可获得的。

从用户的角度来看，系统审计保护级的功能有两个，即身份鉴别和安全审计。在身份鉴别方面，比用户自主保护级增加两点：为用户提供唯一标识，确保用户对自己的行为负责；为支持安全审计功能，具有将身份标示与用户所有可审计的行为相关联的能力。

在安全审计方面，TCB 能够创建、维护对具所保护客体的访问审计记录，授权主体提供审计记录接口，以便记录主体认为需要审计的事件，并且只有授权用户才能访问审计记录。本级还支持系统安全管理员根据主体身份有选择地审计任何一个用户的行为。在数据完整性方面，TCB 应当提供并发控制机制，确保多个主体对同一客体的正确访问。

3) 第三级：安全标记保护级

本级的计算机信息系统 TCB 具有系统审计保护级所有功能，还提供有关安全策略模型、数据标记以及主体对客体强制访问控制的非形式化描述，只有准确地标记输出信息的能力，以及消除通过测试发现的任何错误。

本级的主要特征是 TCB 实施强制访问控制。强制访问控制就是 TCB 以敏感标记为主体和客体指定其安全等级。安全等级是一个二维组，第一维是分类等级(如秘密、机密、绝密等)，第二维是范畴(如适用范围等)。由可信计算机控制的主体和客体，仅当满足一定条件，即仅当主体分类等级的级别高于客体分类等级的级别时，主体才能读/写一个客体；主体范畴包含客体范畴时，主体才能读一个客体；仅当主体分类等级的级别低于或等于客体

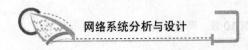

分类等级的级别，主体范畴包含于客体范畴时，主体才能写一个客体。

敏感标记是实施强制访问控制的基础。因此，系统应当明确规定需要标记的客体(如文件、记录、目录、日志等)，明确定义标记的粒度(如文件级、字段级等)，必须使其主要数据结构具有敏感标记。TCB 应当维护与每个主体及其控制下的存储对象相关的敏感标记，敏感标记应当准确地表示相关主体或客体的安全级别。

从用户的角度来看，系统仍呈现身份鉴别和审计两大功能。除了具有第二级的功能外，还有如下能力：确定用户的访问权和授权数据；接收数据的安全级别，维护与每个主体及其控制下的存储对象相关的敏感标记；维护标记的完整性；维护、审计标记信息的输出，且与相关联的信息进行匹配；确保以该用户的名义创建的那些在 TCB 外部的主体和授权，受其访问权和授权的控制。

在数据完整性方面，TCB 还应提供定义、验证完整性约束条件的功能，以维护客体和敏感标记的完整性。

4) 第四级：结构化保护级

本级的计算机信息系统 TCB 建立于一个明确定义的形式化安全策略模型之上，它要求将第二级系统中的自主访问控制和强制访问控制扩展到所有主体与客体，还要考虑隐蔽通道。本级的计算机信息系统 TCB 必须结构化为关键保护元素和非关键保护元素。计算机信息系统 TCB 的接口也必须明确定义，使其设计与实现能够经受更充分的测试和更完整的复审。本级还增强了鉴别机制，支持系统管理员和操作员的可确认性，提供可信设施管理，增强配置管理控制，确保系统具有相当的抗渗透能力。

本级有如下 6 个主要特征。

(1) TCB 基于一个明确定义的形式化安全保护策略。

(2) 将第三级实施的(自主和强制)访问控制扩展到所有主体和客体。在自主访问控制方面，TCB 应当维护由 TCB 外部主体直接或间接访问的所有资源的敏感标记；在强制访问控制方面，TCB 应对所有可被其外部立体直接或间接访问的资源实施强制访问控制，应为这些主件和客体指定敏感标记。

(3) 针对隐蔽信道，将 TCB 构造成为关键保护元素和非关键保护元素。

(4) TCB 只有合理定义的接口，使其能够经受严格测试和复查。

(5) 通过提供可信路径，增强鉴别机制。

(6) 支持系统管理员和操作员的可确认性，提供可信实施环节，增强严格的配置管理控制。

在审计方面，当发生安全审计时，TCB 还能检测事件的发生、记录审计条目、通知系统管理员、标示并且审计可能利用隐蔽信道的事件。在隐蔽信道分析方面，系统开发者应该彻底搜索隐蔽信道，确定信道的最大带宽。这样，才能确定有关使用隐蔽信道的非安全事件。

5) 第五级：访问验证保护级

本级的计算机信息系统 TCB 满足访问监控器(reference monitor)需求。访问监控器仲裁主体对客体的全部访问。访问监控器本身具备抗篡改性，且必须足够小，能够分析和测试。为了满足访问监控器需求，计算机信息系统 TCB 在其构造时，排除那些对实施安全策略来说并非必要的代码；在设计和实现时，从系统工程角度将其复杂性降低到最小程度，支持安全管理员可确认性；扩充审计机制时，当发生与安全相关的事件时发出信号；提供系统恢复机制。系统具有很高的抗渗透能力。

本级与第四级相比，主要区别在以下 4 个方面。

(1) 在 TCB 的构造方面，本级具有访问监控器。访问监控器监控主体和客体之间授权访问关系的部件，仲裁主体对客体的全部访问。访问监控罪必须是抗篡改的，且是可分析和测试的。

(2) 在自主访问控制方面，因为有访问监控器，所以访问控制能够为每个客体指定用户和用户组，并且规定它们对客体的访问模式。

(3) 在审计方面，在访问监控器的支持下，TCB 扩展了审计能力。本级的审计机制能够监控可审计安全事件的发生和积累，当积累超过规定的门限值时，能够立即向系统管理员发出报警；如果这些与安全相关的事件继续发生，能以最小的代价终止它们。

(4) 在系统的可信恢复方面，TCB 提供一组过程和相应的机制，保证系统失效中断后，可以进行不损害任何安全保护性能的恢复。

2. CEM

CEM 是为通用准则(common criteria，CC)评估而开发的一种国际公认方法。CEM 支撑信息安全评估的国际互认。CEM 主要是针对评估者而开发的。其他团体如开发者、发起者、监督者和其他与发布、使用评估结果有关的团体也都可从 CEM 中得到一些有用的信息。

保护轮廓(protect profile，PP)开发者可以是一组用户代表或 IT 产品的一个制造商。PP 开发者使用 CEM，有利于在执行 PP 评估的一致性和独立性方面证实 PP 方面的应用。

评估对象(target of evaluation，TOE)开发者可以是 IT 产品的一个制造商，将 IT 产品结合到系统中的一个系统集成商，或其他提出 IT 解决方案的组织实体。TOE 开发者使用 CEM 有如下好处。

(1) 在 PP 和 ST 中，文档化提出的安全特性可被独立地证实和验证。

(2) 开发者的顾客将更容易确信 TOE 提供了所声称的安全特性。

(3) 评估后的产品在所组成的安全系统中可以更有效地使用。

(4) CEM 有助于性能价格比评估和适时评估。

评估发起者是启动一个评估的组织实体。发起者可以是一个开发者(如制造商、集成商)或顾客(如用户、认可者、系统管理员、系统安全管理员)。发起者将把 CEM 用于以文档形式提出 TOE 的安全特性并且要求评估者独立地证实和验证，于是 TOE 之间就有可比性。

评估者使用 CC 时要与 CEM 一致。评估者将把 CEM 用在 CC 的一致性使用方面，提供详细的指导。监督者是确保所进行的评估过程与 CC、CEM 一致性的实体。监督者把 CEM 用于定义评估者所提供的一组一致性信息。

有关安全评估过程的关键团体如图 10.9 所示。

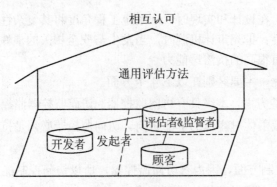

图 10.9　与安全评估过程有关的关键团体

评估过程由对开发过程和检测过程所执行的评估行为组成,其中开发过程和检测过程必须遵循评估方法。也有部分行为虽然在开发过程和检测过程中,但不在评估过程和 CEM 之中。CEM 的评估框架如图 10.10 所示。

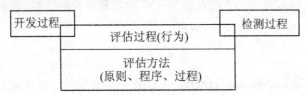

图 10.10　CEM 的评估框架

以下这些原则是评估的基础。评估方法不单独实施这些原则。如果有关团体涉及评估和管理这评估方法的应用方案,就应致力于这些原则的实施。

1) 普遍原则

(1) 适当性原则:为达到一个预定的评估保证级别所采取的评估活动应该是适当的。

(2) 公正性原则:所有的评估应当没有偏见。

(3) 客观性原则:应当在最小主观判断或主张情形下,得到评估结果。

(4) 可重复性和可再现性原则:依照同样的要求,使用同样的评估证据,对同一个 TOE 或 PP 的重复评估应该得出同样的结果。

(5) 结果的完善性原则:评估结果应当足够完备,并且采取的技术恰当。

2) 假设

普遍原则根本上是许多有关评估的环境和所有参与团体的活动的假设。普遍原则依赖于以下这些假设的有效性。

(1) 性能价格比假设:评估的价值将会弥补所有利益团体所花费的时间、资源和金钱。

(2) 方法发展假设:评估环境和技术因素变化的影响应当充分考虑,一致地反映到评估方法中。

(3) 可复用性假设:评估应当有效地利用以前的评估结果。

(4) 术语假设:所有参与评估的团体应当使用共同的命名法。

为了满足评估的国际互认要求,任何评估认证体系都应当遵照一般模型。

1) 角色和职责

一般模型定义的角色有发起者、开发者、评估者和监督者。在评估方法中为每个角色标示相应的职责。依据忠实于普遍原则，特别是公正性普遍原则，一般模型并不排除为一个组织或其他实体假定一个或多个角色。一个国家评估认证体系也可增加一些额外的要求，确保与国家的法律法规一致。

发起者的职责包括为评估建立必要的一致意见(如委托评估)，确保所提供的评估者拥有评估和检测所需资源(如评估证据、培训和支持)。

开发者的职责包括支持评估开发和维护评估证据。

评估者的职责包括接受评估证据(如文档、PP、ST 和 TOE 等)；执行 CC 所要求的评估行为；必要时请求并且接受评估支持(如接受开发者培训、接受监督者解释)；提供评估和检测所需的资源，文档化并且验证递交给监督者的总体结论和任何中间结论；遵守普遍原则和相关方案。

监督者的职责包括监控评估，如方案要求一样，接受并且核查评估和检测所需资源；创造条件以确保评估遵从普遍规则和 CEM 实现；通过提供方案、准则解释和指南，支持评估；赞成或不赞成总体结论；文档化并且验证递交评估权威机构的评估结论。每个角色的职责和角色之间的关系如图 10.11 所示。

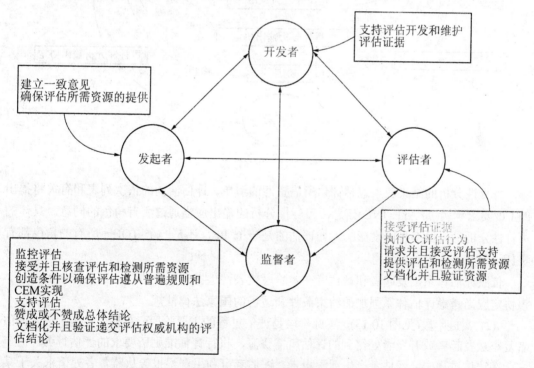

图 10.11　角色的职责和关系

2) 评估过程概述

以下是对 CEM 评估过程的高度概括。评估过程可被分成 3 个互相交叠的阶段。

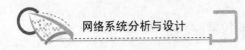

(1) 准备阶段(见图10.12)。在准备阶段，发起者接洽方案中的有关团体，启动一个PP或TOE的评估。发起者将PP或ST提供评估者。评估者执行可行性分析，估计成功评估的可能性，向发起者索要相关信息。发起者或开发者供给评估者评估所需资源的一个子集(可能以草案形式)。评估者可以复审PP或ST，且为评估确保拥有一个坚实的基础，建议发起者做适当的修改。如果评估的方案要求都满足了，评估将进行下一阶段。

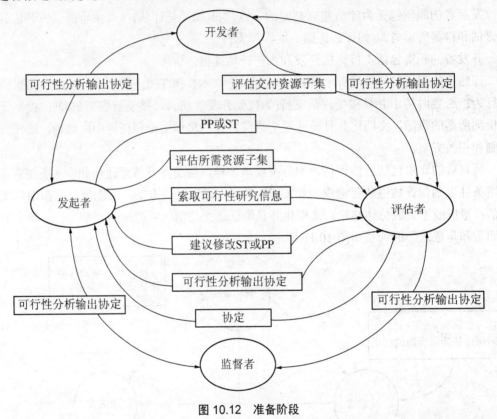

图 10.12　准备阶段

可行性分析的结果应当包括评估所需资源的清单、评估活动的依次列表和有关将提出的CC要求示例(如ATE_IND)信息。可行性分析的输出应当通过所有角色的同意。具体的可行性分析结果受多种因素影响，如评估的是一个PP，还是一个TOE。所有的角色都有责任识别并且保护私有信息。

依照评估体系，发起者和评估者在本阶段代表性地签署一个协定，定义评估的框架。该协定应当考虑评估体系强加的约束条件和适当的国家法律法规。

(2) 实施阶段(见图10.13)。实施阶段是评估过程的主要阶段。在整个实施阶段，评估者复审从发起者或开发者处得到的评估所需资源，执行评估准则所要求的评估行为。

在评估过程中，评估者产生观察报告。评估者可利用观察报告从监督者处请求关于某个要求应用的澄清。这种请求可能导致对某个要求的解释，确保在今后的评估中要求的一致性应用。评估者也可利用观察报告，标示一个潜在的弱点或不足，且向发起者或开发者索要附加信息。观察报告的分发将在方案中进一步详细说明。

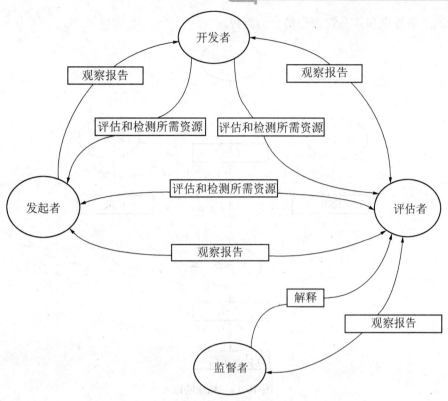

图 10.13　实施阶段

如方案所要求的一样,监督者监控评估。评估者提出评估技术报告(evaluation technical report,ETR),该报告包含总体结论和对结论的验证。

(3) 结束阶段(见图 10.14)。在结束阶段,评估者递交 ETR 给监督者。有关控制 ETR 的操作要求已经在方案中制定,可以一起递交给发起者或开发者。ETR 可能包含敏感的或私有的信息,并且可能需要在递交给发起者之前进行净化处理,因为发起者不能访问开发者的私有数据。

监督者复审并且分析 ETR,估计它与 CC、CEM 和方案要求的一致性。监督者决定同意还是不同意 ETR 的总体结论,并且准备评估总结报告(evaluation summary report,ESR)。监督者利用 ETR 作为 ESR 的主要输入。为了做好 ESR 的准备,监督者可能需要评估者在非泄露要求方面提供技术支持或指导。

在结束阶段的最后,监督者把 ESR 递交给评估权威机构。发起者、开发者和评估者有权复查 ESR,以确保评估权威机构能将其发布。

3. 信息安全评估认证体系

信息安全评估认证体系包括组织架构、业务体系、标准体系和技术体系等子体系。

(1) 组织架构(见图 10.15)。从已经建立或将要建立基于 CC 的信息安全评估认证体系的十几个发达国家来看,每个国家都具有自己的信息安全评估认证体系,基本上都专门为此成立了信息安全认证机构。认证机构一般受国家信息安全主管部门控制,并且接受标准化部门的业务管理和体系管理委员会的监督。

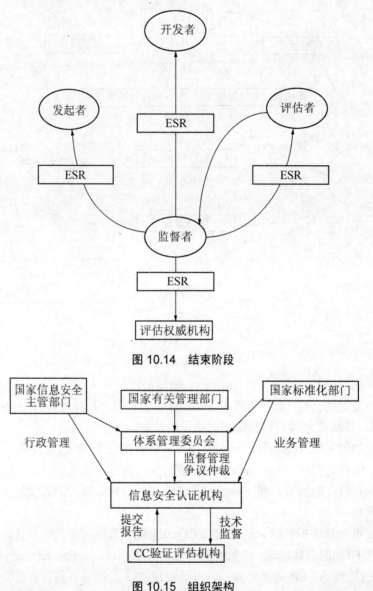

图 10.14　结束阶段

图 10.15　组织架构

(2) 业务体系(见图 10.16)。在信息安全评估认证体系中，信息安全机构负责选择信息安全评估认证所需标准，如 CC、CEM 及相应的产品标准；负责向社会干部批准的实验室名单、批准的测试方法目录、产品或系统的认证报告和通过认证的产品目录以及办法相宜的认证证书；负责提出整个评估认证体系的技术需求，并对 CC 检验评估机构(测试实验室)进行技术监督。CC 检验评估机构在通过实验室认可机构，根据 ISO 导则 25 要求的认可和认证机构的授权以后，在体系中负责代理产品或系统的认证申请以及具体的产品或系统安全性测试和评估工作，且将评估结果以评估报告的形式交给安全认证机构。评估发起者(如制造商、集成商、用户、系统管理员、系统安全管理员等)负责向 CC 检验评估机构申请评估自己开发或购买的 TOE 及其相应的 PP 或 ST。

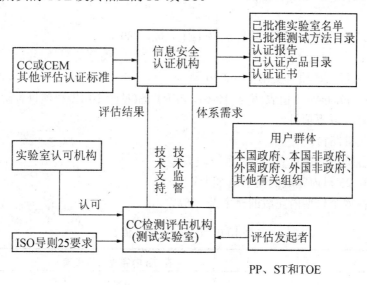

图 10.16　业务体系

(3) 标准体系。在信息安全评估认证体系中，标准体系主要由基础标准、应用标准和运行标准 3 部分组成。其中，基础标准包括评估准则和评估方法标准；应用标准指具体的产品或技术标准，依据 CC 要求，这些标准可以是相应的 PP；运行标准是指认证结构的运行标准(ISO 导则 65 要求)和实验室的运行标准(ISO 导则 25 要求)。

本 章 小 结

本章介绍了网络系统工程项目管理的系统、运用挣值分析法和计划评审技术审计管理，并详细介绍了 LAN 故障诊断与排除的方法和具体实例。

习　题

一．问答题

1. 综合布线与传统布线相比有哪些优点？
2. 简述排除网络故障的步骤。

二．应用题

1. 利用挣得值法分析该网络系统项目的绩效与偏差。

项目计划：

选择软件：5 月 1 日到 6 月 1 日，计划 40000 元。

选择硬件：5 月 15 日到 6 月 1 日，计划 36000 元。

团队报告：

6 月 1 日完成了硬件选择，软件选择工作完成了 80%。

财务报告：

截至 6 月 1 日，该项目支出了 68000 元。

2．参照正态分布的 Z 值表(见表 10-6)、PERT 图(见图 10.17)和项目各阶段的活动时间(见表 10-7)，计算以下项目。

(1) 计算关键路径。

(2) 计算各阶段 PERT 平均值、各阶段方差。

(3) 项目在 25 日内完成的概率是多少？

(4) 项目在哪个日期内完成的概率是 95%？

表 10-6　正态分布的 Z 值表

Z	在 Ts 内完成项目概率
3.0	0.999
2.0	0.977
1.0	0.841
0	0.500
−1.0	0.159
−2.0	0.023
−3.0	0.001

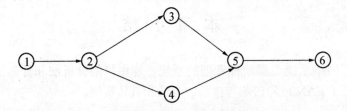

图 10.17　PERT 图

表 10-7　Z 项目各阶段的活动时间

活动	最乐观	最可能	悲观时间	PERT 值
1—2	17	29	47	
2—3	6	12	24	
2—4	16	19	28	
3—5	13	16	19	
4—5	2	5	14	
5—6	2	5	8	

第 **11** 章

网络系统分析与设计方案范例

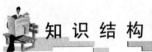

学 习 目 标

- 了解工程项目投标书结构及标准;
- 掌握构建网络设计方案具体细节;
- 了解办公大楼网络工程系统设计方案;
- 尝试建立具体的网络系统分析与设计方案。

知 识 结 构

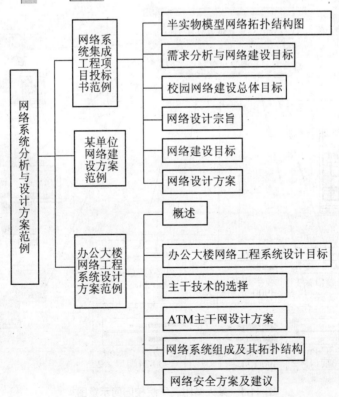

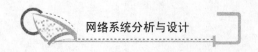

11.1　网络系统集成工程项目投标书范例

　　本节给出了一个真实完整的网络系统集成项目投标书实例，由此大家可对网络系统集成项目设计有一个全面的了解。

11.1.1　半实物模型网络拓扑结构图

　　某大学附属学院校园网示意图如图 11.1 所示。

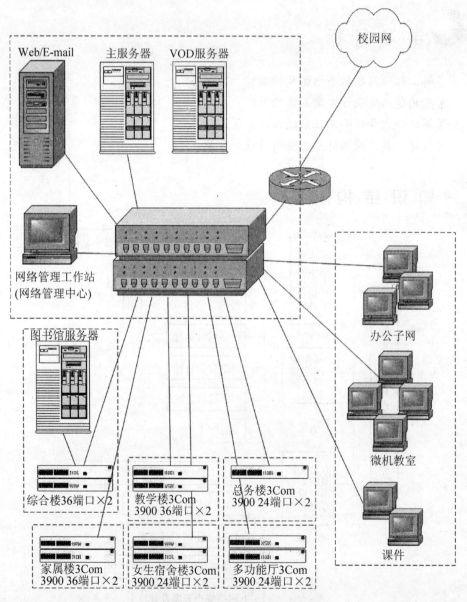

图 11.1　某大学附属学院校园网示意图

11.1.2　需求分析与网络建设目标

21 世纪是信息化的时代，为了使学院的教育和管理工作能够适应本世纪的挑战，具备长远的发展后劲，学院领导从战略高度提出了建设学院校园网的设想，将现代化数据通信手段和信息技术以及大量高附加值的信息基础设施引进校园，用以提高教育水平以及管理效率。

校园网的开通，多媒体教学、办公自动化、信息资源共享和交流手段的实现，尤其是与校园网和 CERNET 的互联互通，都会极大地提高学院的层次，为学院今后在激烈的教育市场竞争中取胜打下坚实的基础。

本设计方案是在《大学校园网招标书——现状与需求分析》的基础上，结合学院的应用特点和实际需要所完成的初步设计。

1．项目依据

根据《大学校园网招标书——现状与需求分析》中系统建设总目标的要求和经费承受能力，在充分调研的基础上，集合目前技术的发展方向，制定学院校园网的整体设计方案。通过校园网的整体设计，确定校园网的技术框架，未来具体的建设内容则可以在整体设计的基础上不断扩展和增加。

2．初步分析

学院校园网信息点与应用跟部情况如表 11-1 所示。

表 11-1　校园网信息点与应用

建　筑　物	信　息　点　数	主　要　应　用
实验楼	33	微机教室、课件制作、实验室、院办公室、网络管理中心、Internet 服务
综合楼	50	图书馆、VOD 电教室、Internet 服务
教学楼	60	教学、教务管理、Internet 服务
女生宿舍楼	36	Internet 服务、VOD
总务楼	18	后勤管理、Internet 服务
家属楼	60	Internet 服务
多功能厅	40	教学、会议、VOD、Internet 服务

11.1.3　校园网建设总体目标

学院校园网建设的总体目标是运用网络信息技术的最新成果，建设市郊实用的校园网络信息系统。具体地说，就是以校园网大楼综合布线为基础，建立高速、实用的校园网平台，为学校教师的教学研究、课件制作、教学演示，为学生的交互式学习、练习、考试和评价以及信息交流提供良好的网络环境，最终形成一个教育资源中心，并成为面向大学教学的、先进的计算机远程教育信息网络系统。

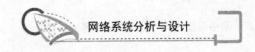

1. 第一期校园网建设目标

将先进的多媒体计算机技术运用于教学第一线，充分利用学校现有的基础设施，对其进行扩展及优化，把旧的微机教室改造成为具有影像及声音同步传输、指定控制、示范教学、对话及辅导等现代化多媒体教学功能的教室，而多媒体课件制作系统软件可以使教师自行编辑课件及实现电子备课功能。第一期校园网设计内容包括以下几点。

(1) 建立学校教学办公的布线及网络系统。

(2) 建立多媒体教室广播教学系统和视频点播。

(3) 实现教师制作课件及备课电子化。

(4) 接入 Internet 和 CERNET，以充分利用网上丰富的教学资源。

2. 第二期校园网建设目标

在第一期的基础上实施校园风全面联网，实现基于 Internet 的校园办公自动化管理，充分利用网络进行课堂教学、教师备课，实现资料共享，集中管理信息发布，逐步实现教、学、考的全面电子化。建立学校网站，设计自己的主页，更方便地向外界展示学校，实现基于 Internet 的授权信息查询，开展远程网上教育和校际交流等。第二期校园网设计内容包括以下两方面。

(1) 校园办公自动化系统。校园网需要运行一个较大型的校务管理系统(MIS 系统)建设几个大型数据库，如教务管理、学籍管理、人事管理、财务管理、图书情报管理及多媒体素材库等。这些数据库颁布在各个不同的部门器上，并和中心器一起构成一个完整的分布式系统。MIS 系统需在这个颁布式数据库上进行高速数据交换和信息互通。

(2) 校园网站。校园网站是指建立学校自己在 Internet 上的主页。

11.1.4　网络设计宗旨

关于校园网的建设，需要考虑的一些因素包括系统的先进程度、系统的稳定性、可扩展性、网络系统的维护成本、应用系统与网络系统的配合度、与外界互联网络的连通、建设成本的可接受程度。下面根据在校园网建设方面的经验提出一些建设。

1. 选择高带宽的网络设计

校园网应用的具体要求决定了采取高带宽网络的必然性。多媒体教学课件包含了大量的声音、图像和动画信息，需要更高的网络通信能力(网络通信带宽)的支持。

众所周知，早期基于 386 或者 486 CPU 的计算机由于其通信总线采用了 ISA 技术，与 10Mb/s 的网络带宽是相互匹配的，即计算机的处理速度与网络的通信能力是相当的。但是，如果将目前已经成为主流的 Pentium III 技术的计算机 CPU 仍然连接到 10Mb/s 的以太网环境，Pentium CPU 的强大计算能力将受到 10Mb/s 网络带宽的制约，即网络将成为校园的网络系统的瓶颈。这是因为，Pentium CPU 的计算机或服务器，其内部通信总线采用的是先进的 PCI 技术。显然，只有带宽为 100Mb/s 的快速以太网技术才能满足采用 Pentium CPU 的计算机的联网的需求。

综合上述分析，校园网应尽可能地采用最新的高带宽网络技术。对于台式计算机，建议采用 10/100Mb/s 自适应网卡，因为目前市场上的主流计算机型很大一部分已经是基于 Pentium IIICPU 了。对于校园网的主服务器如数据服务器、文件服务器以及 Web 服务器等，在有条件的情况下最好采用 1000Mb/s 的千兆以太网技术，为网络的核心服务器提供更高的网络带宽。

2. 选择可扩充的网络架构

校园网的用户数量、联网的计算机或服务器的数量是逐步增加的，网络技术也是日新月异，新产品新技术不断涌现。若校园网建立在资金相对紧张的前提下，建议尽量采用当今最新的网络技术，并且要分步实施。校园网络的建设应该是一个循序渐进的过程，这就要求要选择具有良好可扩充性能的网络互联设备，这样才能充分保护现有的投资。

3. 充分共享网络资源

联网的核心目的是共享计算机资源。通过网络不仅可以实现文件共享、数据共享，还可通过网络实现对一些网络外围设备的共享，如打印机共享、Internet 访问共享、存储设备共享等。对于一个多媒体教室的网络应用，完全可以通过有关设备实现网络打印资源共享、Internet 访问、E-mail 共享，以及网络存储资源共享。

4. 网络的可管理性，降低网络运行和维护成本

降低网络运行和维护成本也是在网络设计过程中应该考虑的一个重要环节。只有在网络设计时选用支持网络管理的相关设备，才能为将来降低网络运行和维护成本打下坚实的基础。

5. 网络系统与应用系统的整合程度

教育信息产业的专业公司在多媒教室(纯软件版本)、课件制作系统、试题编制系统、自动出题系统、网络考试系统、学籍管理系统、图书馆系统、图书资料管理系统、排课系统、政教教务系统、电子白板系统、教育论坛、教师档案管理、校长办公系统、VOD 系统等应用软件方面有很多合作伙伴，基本能满足学校在校园信息化建设方面的需求，而且还能根据客户的需求对相应的软件系统做进一步的开发。

软件系统应建立在网络的基础上，并大量引入 Internet/Intranet 的概念，与硬件平台能完美地整合，并在技术上具有独到之处。

6. 网络建设成本的可接受程度

考虑到目前的实际情况，很多学校在校园网的建设方面希望成本较低，为此，可以选用性能价格比高的网络产品，并根据学校不同的需求制定各种方案。

11.1.5 网络建设目标

1) 紧密结合实际，以服务教育为中心

学院的主要工作都是围绕教育进行的，因此建立校园网就要确立以教育为中心的思想，不仅提供教育、管理所必需的通信支撑，同时还要开发重点教学应用。

2) 以方便、灵活的可扩展平台为基础

可扩展性是适应未来发展的根本，学院校园网要分期实施，其扩展性主要表现在网络的可扩展性、服务的可扩展性方面。所有这些必须建立在方便、灵活的可扩展平台的基础上。

3) 技术先进，适应发展潮流，遵循业界标准和规范

学院校园网是一个复杂的多应用系统，必须保证技术在一定时期内的先进性，同时遵循严格的标准化规范。

4) 系统易于管理和维护

校园网所面对的是大量的具有不同需求的用户，同时未来校园网将成为全学校信息化的基础，因此必须保证网络平台及服务平台上的各种系统安全可靠、易于管理、易于维护。

11.1.6 网络设计方案

1. 网络基础平台

网络基础平台是提供计算机网络通信的物理线路基础。对于学院而言，网络基础平台应包括主干光缆铺设、楼内综合布线系统，以及拨号线路的申请与提供。

2. 网络平台

在网络基础平台的基础上，建设支撑校园网数据传输的计算机网络，这是学院校园网建设的核心。网络平台应当提供便于扩展、易于管理、可靠性高、性能好，性能价格比好的网络系统。

3. Internet/Intranet 基础环境

TCP/IP 已经成为未来数据通信的基础技术，而 TCP/IP 的 Internet/Intranet 技术成为校园网应用的标准模式，采用这种模式可以为未来应用的可扩展性和可移植性奠定基础。Internet/Intranet 基础环境提供 TCP/IP 的整个数据交换的逻辑支撑，其好坏直接影响到管理、使用的方便性，以及扩展的可行性。

4. 应用信息平台

应用信息平台为整个校园网提供统一简便的开发和应用环境、信息交互和搜索平台，如数据库系统、公用的流程管理、数据交换等，这些都是各个不同的专有应用系统中具有共性的部分。将这些功能抽取出来，不仅减少了软件的重复开发，而且有助于数据和信息的统一管理，有助于利用信息技术逐步推动现代化管理的形成。拥有统一的应用信息平台，是保证校园网长期稳定的重要核心。

5. 专有应用系统

专有应用系统包括多媒体教学、办公自动化、VOD 视频点播和组播、课件制作管理、图书馆系统等，都是人们看得见、摸得着的具体应用。

6. 网络基础平台——综合布线系统

综合布线是信息网络的基础，主要是针对建筑的计算机与通信的需求而设计的。PDS

具体是指在建筑物内和在各个建筑物之间敷设的物理介质传输网络。通过这个网络可以实现不同类型的信息传输。国际电子工业协会、电信工业协会及我国标准化组织制定提出了规范化的布线标准。所有符合这些标准的布线系统对所有应用系统开放，不仅完全满足当时的信息通信需要，而且对未来的发展有着极强的灵活性和可扩展性。

计算机网络的应用已经深入到社会生活的各个方面。当计算机网络的可靠性得不到保障时，所造成的损失将无法计算。根据统计资料，在计算机网络的诸多环节中，其物理连接有最高的故障率，约占整个网络故障的 70%～80%。因此，有效地提高网络连接的可靠性是解决网络安全的一个重要环节，而综合布线系统就是针对网络中存在的各种问题设计的。

综合布线系统可以根据设备的应用情况来调整内部跳线和互联机制，达到为不同设备服务的目的。网络的星形拓扑结构使一个网络结点的故障不会影响到其他的结点。综合布线系统以其仅占总建筑费用 5%的投资获得未来 50 年的各类信息传输平台的优越投资组合，获得了具有长远战略眼光的各界业主的关注。

学院校园网所涉及的网络基础平台包括主干光缆系统、楼宇内布线系统和其他线路部分。

7. 主干光缆工程

需要设计并敷设从实验楼(网络中心位置)到校园内其他楼宇(共 6 座楼)的主干光缆系统，要求光缆的数量、类型能够满足目前网络设计的要求，最好能够兼顾到未来可能的发展趋势，留出适当合理的余量。

另外，由于网络技术路线决定所采用的千兆以太网，那么根据千兆以太网的规范对主干工程的材料选择提出了要求：目前千兆以太网都采用光纤连接，包括两种类型，分别是 SX 和 LX。SX 采用 62.5 内径的多模光纤，传输距离为 275m；LX 采用 62.5 内径的单模光纤，传输距离为 3km。如果楼宇到实验楼的距离超过 275m，则必须采用单模光纤敷设(单模光纤端口费用高昂)。同时为了提高网络的可靠性和性能并兼顾今后的发展，光缆芯数均采用 6 芯。本方案中目前只使用多模光纤，未来有需要的话，可以调整为单模光纤。

8. 楼宇内布线系统

参照国际布线标准，学院楼宇内布线系统采用物理星形拓扑结构，即每个工作站点通过传输媒介分别直接接入各个区域的管理子系统的配线间，这样可以保证当一个站点出现故障时，不影响整个系统的运行。

9. 楼宇内垂直干线子系统

结合网络设计方案的要求，楼宇内垂直干线子系统主要考虑网络系统调整的传输速率，以及工作站点与交换机之间的实际路由距离及信息点数量，校园内大多数建筑物可以采用一个配线间，这样就可以省去了楼宇内垂直干线子系统。

10. 水平布线子系统

为满足 100Mb/s 以上的传输速率和未来多种应用系统的需要，水平布线全部采用超 5

类 UTP。信息插座和接插件选用美国知名厂家产品，水平干线敷设在吊顶内，并应在各层的承重墙或楼顶板上进行，不明露的部分采用镀锌金属线槽；进入房间的支线采用塑料线槽，管槽安装要符合电信安装标准。

11. 工作区子系统

工作区子系统提供从水平布线子系统的信息插座到用户工作站设备之间的连接。它包括工作站连线、适配器和扩展线等，主要包括连接线和各种转换接头。学院校园布线系统水平布线子系统全部为双绞线，最好采用成品线，但为了节约费用，也可以采用手工制作 RJ-45 跳线。

12. 网络平台设计思想

网络平台为学院校园网提供数据通信基础。通过对学院的实地调研，学院的网络平台设计应当遵从以下原则。

1) 开放性

网络平台在网络结构上真正实现开放，基于国际开放式标准，坚持统一规范的原则，从而为未来的业务发展奠定基础。

2) 先进性

网络平台采用先进成熟的技术满足当前的业务需求，使业务或生产系统具有较强的运作能力。

3) 投资保护

网络平台尽可能保留并延长已有系统的投资，减少以往在资金与技术投入方面的浪费。

4) 高的性能比

网络平台比较高的性能价格比构建系统，使资金的投入产出比达到最大值，能以较低的成本、较少的人员投入来维持系统运转，提供高效率、高生产能力。

5) 灵活性与可扩展性

网络平台具有良好的扩展性，能够根据管理要求，方便扩展网络覆盖范围、网络容量和网络各层结点的功能；提供技术升级、设备更新的灵活性，尤其是应能够适应学院部门搬迁等应用环境变化的要求。

6) 高带宽

学院的网络系统应能够支撑其教学、办公系统的应用和 VOD 系统，要求网络具有较高的带宽。调整的网络也是目前网络应用发展趋势的需要。越来越多的应用系统将依赖网络而运行，应用系统对网络的要求也越来越高，这些都要求网络必须是一个高速的网络。

7) 可靠性

该网络将支撑学院的许多关键教学和管理应用的联机运行，因而要求系统具有较高的可靠性。全系统的可靠性主要体现在网络设备的可靠性，尤其是 GBE 主干交换机的可靠性，以及线路的可靠性。如果经费足以支持，可以采用双线路、双模块等方法来提高整个系统的冗余性，避免单点故障，以达到提高网络可靠性的目的。

13. 网络平台技术路线选择——主干网技术分析比较

六七年前，计算机应用的结构还以主机为核心，目前以 C/S、浏览器/服务器(Browser/ Server，B/S)为模式的分布式计算结构使网络成为信息处理的中枢神经；同时随着 CPU 处理速度的提高，PCI 总线的使用，个人计算机已具备 166Mb/s 的传输速度。所有这些都对网络带宽提出了更高的要求，这种需要促进了网络技术的繁荣和飞速发展。目前有许多 100Mb/s 以上的传输技术可以选择，如 100BASE-T、100VG-AnyLAN、FDDI、ATM 等，究竟哪一种最适合学院网络平台的需要，为搞清楚这个问题，首先了解以下几种主干网技术的特征。

1) FDDI

FDDI 在 100Mb/s 传输技术上最成熟，但其销量增长最平缓。它的高性能优势被昂贵的价格相抵消。其优点如下。

① 令牌传递模式和一些带宽分配的优先机制使它可以适应一部分多媒体通信的需求。

② 双环及双连接等优秀的容错技术。

③ 网络可延伸达 200km，支持 500 个工作站。

但是 FDDI 也具有许多弱点。

① 居高不下的价格限制了它走向桌面的应用，无论安装和管理都不简单。

② 基于带宽共享的传输技术从本质上限制了大量多媒体通信同时进行的可能性。

③ 交换式产品虽然可以实现，但成本无法接受。

2) 100BASE-FX

100BASE-FX 区别于传统以太网的两个特征是在网络传输速度上由 10Mb/s 提高到 100Mb/s，将传统的采用共享的方案改造成交换传输；在共享型通信中，一个时刻只能有一对机器通信，而在交换型通信中则可有多对机器同时进行通信。

由于在这两个方面的改进，使以太网的通信能力大大的增加，而在技术上的实际改进不大，因为快速交换以太网和传统以太网采用了基本相同的通信标准。

100BASE-FX 技术采用光缆作为传输介质，以其经济和高效的特点成为平滑升级到千兆以太网或 ATM 结构的较好过渡方案。它保留了 10BASE-T 的布线规则和 CSMD/CD 媒质访问方式，具有以下特色。

① 从传统 10BASE-T 的升级较容易，投资少，与现有以太网的集成也很简单。

② 工业支持强，竞争激烈，使产品价格相对较低。

③ 安装和配置简单，现有的管理工具依然可用。

④ 支持交换方式，有全双工 200Mb/s 方式通信的产品。

其不足之处在于多媒体的应用质量不理想，基于碰撞检测原理的总线竞争方式使 100Mb/s 的带宽在通信量在增大时损失很快。

3) ATM

ATM 自诞生之日起有过很多的名字，如异步分时复用、快速分组交换、宽带 ISDN 等。其设计目标是单一的网络多种应用，在公用网、WAN、LAN 上采用相同的技术。ATM 产品可以分为 4 个领域。

① 针对电讯服务商的 WAN 访问。

② WAN 主干。

③ LAN 主干。

④ ATM 到桌面。

ATM 用于 LAN 主干和桌面的产品的主要标准都已经建立，各个厂商都推出了相应的产品。

ATM 目前还存在一些不足，如协议较为复杂，部分校准尚在统一和完善之中，价格较高，与传统通信协议如 SNA、DECNET、NetWare 等的互操作能力有限。因此，目前 ATM 主要应用于主干网，工作站与服务器之间的通信通过 LAN 仿真来实现。

目前，随着 Internet 的发展，IP 技术已经成为一种事实的工业标准，已经成为一种公认的事实，但是在 ATM 技术上架构 IP，需要采用 LANE 或 MPOA 技术，这使得技术上比较复杂，管理非常麻烦，同时使得 ATM 的效率大打折扣，性能价格比较差。

4) 千兆以太网

1000BASE-X 千兆以太网技术也继承了传统以太网的技术特性，因此除了传输速率有明显提高外，其他方面如服务的优先级、多媒体支持能力也都出台了相应的标准，如 802.3x，802.1p、802.1q 等。同时各个厂商的千兆以太网产品逐步形成了许多大型的用户群，并在实践中得到了验证。

另外，千兆以太网在技术上与传统以太网相似，与 IP 技术能够很好地融合，在以 IP 技术为主的网络中以太网的劣势几乎变得微不足道，其优势却非常突出，如容易管理和配置，同时支持 VLAN 的 IEEE 802.1q 标准，支持 QoS 的 IEEE 802.1p 也已形成，支持多媒体传输有了保证。另外，在 3 层交换技术的支持下，能够保持很高的效率，目前已经基本上公认为 LAN 主干的主要技术。

综上所述，LAN 的主干技术的出现与发展也是有时间区别，依出现的先后，LAN 主干技术经历了共享以太网(令牌环网)、FDDI、交换以太网、快速以太网、ATM 和千兆以太网。

根据以上对各种网络技术特点的分析以及学院校园网的特点，学院的网络平台主干网采用千兆以太网技术。

14. 二级网络技术选择

学院校园网采用两层结构，即只有接入层，没有分布层。学院二级单位网络采用快速以太网络和交换以太网的结构，各二级网络通过千兆以太网连接主干核心交换机，向下通过 10Mb/s 或 100Mb/s 自适应线路连接各个信息点。

15. 网络设备选型策略

主要从以下几点出发考虑设备的选型问题。

(1) 尽量选择同一厂家的设备，这样在设备可互连性、技术支持、价格等各方面都有优势。

(2) 在网络的层次结构中，主干设备选择应预留一定的能力，以便于将来扩展，而低端设备则够用即可。因为低端设备更新较快，且易于扩展。

(3) 选择的设备要满足用户的需要，主要是要符合整体网络设计的要求以及实际的终端数的要求。

(4) 选择行业内有名的设备厂商，以获得性能价格比更优的设备以及更好的售后保证。

16．网络设备选择

如前所述，学院校园网的网络技术路线已经选择千兆以太网。目前来讲，千兆以太网的生产制造厂商很多，如传统的 Cisco、3Com、Bay、新兴的 FoundryNet、Extreme、Lucent 等。显然，Cisco 公司的产品是所有网络集成商的首选，这是因为 Cisco 技术先进、产品质量可靠，又有过硬的技术支持队伍，但由于其费用高昂无法支持，因此这里选用性能价格比比较高的 3Com 公司的产品。

1) 核心交换机

选用 3Com SuperStack II Switch 9300 12 端口 SX(产品号为 3C93012)。其性能与竞争对手的比较如表 11-2 所示。

表 11-2　3Com 固定端口配置千兆以太网交换机与竞争对手比较

性　　能	3Com	Bay	FoundryNet	Extreme
产品	SuperStack II Switch 9300	Accelar 1200	Turbolron Switch	Simmit 1
端口数	12	12	6	8
交换性能(p/s)	1780 万	700 万	700 万	1150 万
内部交换机互连 /(Gb/s)	25.6	15	4	17.5
中继端口数	4 组，每组 6 个	4 组，每组 4 个	1 组，每组 2 个	1 组，每组 2 个
支持 RMON(7 类)	√	×	×	×
支持的 MAC 地址数	16000	24000	32000	12800
支持 ULAN	√	√	√	√
Web 管理	√		×	×

2) 接入层交换机

对于二级网络的设备，选用 3Com SuperStack II Switch 3900 36 端口(3C39036)或 3Com SuperStack II Switch 3900 24 端口(3C39024)，这两款均可提供 1 路和 2 路 1000BASE-SX 光纤链路上联。

17．网络方案描述

学院校园网网络方案由主干网方案和各楼或楼群网络方案组成，下面就对这些方案做一些简单地介绍。

经过反复论证，主干网结构设计为星形拓扑结构。星形主干网由 1 台 3Com SuperStack II Switch 9300 交换机组成(见图 11.1)，它提供 12 个 GE 接口。各楼分布层交换机 3Com SuperStack II Switch 3900 则至少有 1 个 SuperStack II Switch 3900 1000BASE-SX 模块(3C39001)，分别连接到核心交换机的 GE 接口上；网络管理中心除配置一台交换机外，剩

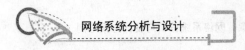

下的 6 个 GE 接口，既可供将来扩充网络，还可供安装千兆网卡的服务器，以供给猝发式高带宽应用(如 VOD)来使用。安装百兆网卡的服务器可以连接到网络中心 SuperStack Ⅱ Swith 3900 交换机的 10/100Mb/s 自适应网卡上。

18. 楼宇内接入网络

学院校园内直接用 GE 接口连到网络中心(实验楼)的楼宇有综合楼、教学楼、女生宿舍楼、总务楼、家属楼、多功能厅等。各个楼内根据信息点的数量采用相应规格的 SuperStack Ⅱ Switch 3900 交换机，其中女生宿舍楼使用两套 24 端口交换机，多功能厅使用 2 套 24 端口交换机，其余使用 2 套 36 端口交换机。楼内设备间均采用背板堆叠方式互连。每个 SuperStack Ⅱ Switch 3900 提供 24～36 个 10/100Mb/s 的端口到桌面。

19. 远程接入网络

大学 CERNET 的外网光纤已接入学院校园内。今后可考虑直接连接到核心交换机，也可通过路由器连接。路由器除提供路由外，还可控制网络风暴，设置防火墙抵御黑客袭击等。

20. 网络管理

学院校园内网络设备的管理选用 3Com Transcend for NT，运用于 NT 平台上。它使用国际流行的 HP OpenView 网管平台。同时由于网络设备采用 3Com 一家的产品，它能够完成几乎所有的 LAN 网络管理任务，如配置、报警、监控等。

本方案中选用的交换设备包括接入层设备都支持 VLAN 的划分，如图 11.2 所示。

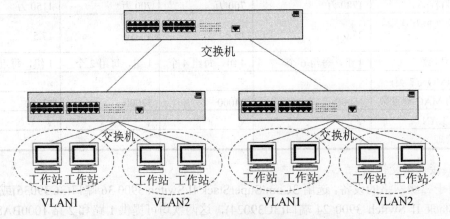

图 11.2　VLAN 划分示意图

划分 VLAN 的好处是在网络内部设置屏障，避免敏感信息的扩散，在信息的安全保密方面也起到很大的作用。学院的某些部门(如院办公室)是相当独立的，有些网络应用将在部门内完成，适合 VLA 的使用。

21. 网络应用平台

学院校园网络应当也必须按照国内和国际流行的开放式网络互联的应用方式来构造自己的网络应用，并采用 TCP/IP 协议来规划和分割网络，将以教学为核心的应用软件和管理软件建立在统一的 Internet/Intranet 平台基础上。

22．硬件服务器的选择与配置

学院校园网络必须保证内部与外部(CERNET)的沟通。本方案采用针对 WWW 站点和 E-mail 服务、信息资源共享、文件服务以及今后的 VOD/组播服务来配置服务器的策略，具体配置如表 11-3 所示。

表 11-3　硬件服务器配置

序号	服务器用途	配　置
1	数据库(data base，DB)、Web、E-mail、FTP	曙光天阔 PIII 800 CPU，512MB RAM，18GB 硬盘
2	VOD/组播	曙光天阔 PIII800 CPU×2，512MB RAM，36GB 硬盘×3 RAID
3	图书馆服务与业务管理	曙光天阔 PIII 800 CPU，256MB RAM，18 GB 硬盘

23．软件环境配置

软件环境是搭建网络基础应用平台的必备配置，包括服务器操作系统、数据库系统以及 Internet 应用服务器平台等，如表 11-4 所示。

表 11-4　软件服务系统配置

序号	服务器软件平台
1	网络操作系统：Microsoft Windows NT Server 4.0 SP5
2	数据库管理系统：Microsoft SQL Server 7.0
3	Web 服务：Microsoft Internet Information Server 4.0
4	POP3(E-mail)服务：Microsoft Exchange Server 5.0

24．工程进度表

工程进度表如表 11-5 所示。

表 11-5　工程进度表

阶段	工 作 内 容	时 间 进 度
初步调研	用户调查，项目调研，系统规划	1 周
需求分析	现状分析，功能需求，性能要求，成本/效益分析，需求报告	2 周
初步设计	确定网络规模，建立网络模型，拿出初步方案	1 周
详细调研	用户详细情况调查，系统分析，用户业务分析	2 周
系统详细设计	网络协议体系确定，拓扑结构设计，选择网络操作系统，选定通信媒体，结构化布线设计，确定详细方案	1 周
系统集成设计	计算机系统设计，系统软件选择，网络最终方案确定，硬件选型设备和配置，确定系统集成详细方案	2 周

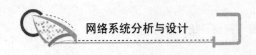
续表

阶 段	工 作 内 容	时 间 进 度
应用系统设计	设备订货，软件订货，安装前检查，设备验收，软件安装，网络分调，应用系统开发安装，调试，系统联调，系统验收	6 周
系统维护和服务	系统培训，网络培训，应用系统培训，预防性维护故障问题处理	3 周

25. 售后服务及培训许诺

实工公司负责为学院网络系统提供全面的技术服务和技术培训，对系统竣工后的质量保证提供完善的措施。

26. 质量保证

1) 对综合布线系统提供的质量保证

提供 3 年免费的系统保修和设备质量保证。在设备验收合格后 3 年内，因设备质量问题发生故障，乙方负责免费更换；因用户使用或管理不当造成设备损坏，乙方有偿提供扩展需要的技术咨询服务，为用户提供扩展需要的技术咨询服务。

2) 对网络设备提供的质量保证

所有 3Com 设备提供一年的免费保修和更换。

3) 对系统软件的质量保证

保证提供半年的正常运行维护。

4) 对应用系统的质量保证

达到设计书中的全部要求，并保证其正常运行，如发现是设计问题，做到 48h 响应，并将尽快改进完善。

技术服务包括以下几方面的内容。

① 应用系统需求详细分析。

② 定期举办双方会谈。

③ 工程实施动态管理。

④ 应用软件现场开发调试。

⑤ 协助整理用户历史数据。

⑥ 协助建立完善的系统管理制度。

⑦ 随时提供应用系统的咨询和服务。

27. 技术培训内容

在教学网络工程完成中及整个网络完工后，为学院培训 1 名系统管理员和 1 名数据库管理员。培训的主要内容包括以下几点。

① 计算机 LAN 的基本原理。

② 计算机多媒体教学网软件。

③ 计算机网络日常管理与维护。

④ Windows NT 操作系统。

⑤ 网络基础应用平台的搭建及主要 Internet 服务的开通和管理。

28. 培训对象

为保证本项目的顺利实施，以及在项目建设结束后能使网络系统充分发挥作用，需要对学院的有关领导进行培训，以使他们对信息技术发展的最新水平以及该网络系统中所涉及的新技术有所了解，并能利用该网络系统提供的先进手段更有效地掌握有关信息、处理有关问题。

对学院一些部门的技术人员也要进行有关该网络系统中各软硬件系统的技术培训。在培训结束后，这些人员应当能够独立完成该网络系统的日常维护操作。

此外，对相关人员要提供应用系统的使用培训，确保他们能正确使用所需要的应用软件(除设计书中的软件外，其他方面软件也要尽力提供帮助)。

29. 培训地点、时间与方式

培训地点初步定在用户现场，由用户提供培训场地，系统集成商将选派富有网络工程经验和培训经验的工程师对有关人员培训。

培训时间应该尽早安排，以确保在有关设备或软件系统的安装工作开始之前相应的培训课程已经结束。各类培训课程的期限需根据具体的课程内容来定。培训可采用课堂授课与上机实习，或现场操作指导方式。

30. 第一期工程报价单

工程费用如表 11-6 所示，硬件费用如表 11-7 所示。

表 11-6　工程费用

项　　目	费　　用/元
系统集成费(硬件费用的 9%～13%)	10570
合计	10570
总计	91940

表 11-7　硬件费用报价单

设备名称与配置	数　　量	单　价/元	合　　　计
交换机：SuperStack II Switch 3900(3C39036)(1×1000BASE-FX+36×100BASE-T+2 个插槽)	1 台	35000	35000
AMP 超 5 类室内综合布线	33 点	850	28050
网卡：联想 10/100Mb/s，PCI，RJ-45(LN 1068)	36 个	270	9720
网络管理高档微机：Pentium III 866/128MB-PC133/200GB/CD-ROM/16MB TNT2/17in/多媒体	1 台	8600	8600
合计			81370

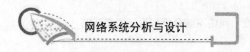

31. 第二期工程报价单

硬件费用如表 11-8 所示，工程费用如表 11-9 所示。

表 11-8　硬件费用报价表

设备名称与配置	数量	单　价/元	合　计/元
交换机：SuperStack II Switch 390(3C39036)(1×1000BASE-FX+ 36×100BASE-T+2 个插槽)	1 台	35000	35000
交换机：SuperStack II Switch 3900 (3C16980)(24×10/100BASE-TX)	2 台	13500	27000
AMP 超 5 类室内综合布线	62 点	850	52700
光缆：6 芯室外光缆	200m	30	6000
SC-SC 接口 3m 尾纤(陶瓷)	1 根	400	400
校园网(DB、Web、E-mail、FTP)主服务器：曙光天阔 PIII 800 CPU，512MB RAM，18GB 硬盘×2SCSI	1 台	46700	46700
VOD 视频点播/组播服务器(含专用硬件软件)：曙光天阔 PIII 800 CPU×2，512MB RAM，36 GB 硬盘×3 RAID	1 台	160000	160000
图书馆服务业务管理系统：曙光天阔 PIII 800 CPU，256MB RAM，18 GB 硬盘 SCSI	1 台	36500	36500
图书馆管理系统	1 套	120000	120000
网卡：联想 10/100Mb/s，PCI，RJ-45(LN1068)	66 个	270	17820
合计			502120

表 11-9　工程费用

项　　目	费　用/元
系统集成费(硬件费用的 13%)	49675
合计	49675
总计	431795

投标单位资质材料如下。

① ×××公司简介(略)。

② ×××公司从事网络工程项目的成功案例(略)。

③ 参与本项目的网络工程技术人员名单(略)。

④ 联系方法(略)。

11.2　某单位网络建设方案范例

下面通过某单位网络建设方案，初步了解网络系统分析的基本思路和步骤。

11.2.1　问题的提出

1. 背景

某单位总部位于北京，10 个分单位分别位于上海、广州、成都、西安等地。整个单位拥有用户近 3000 名，其中北京用户为 1500 名，其余分单位用户为 50～350 名不等。单位在各地建立了规模不等的 LAN，并租用专线连接成一个 WAN。单位使用的网络设备包括 3Com、Cisco、Lucent、Nortel 等公司的路由器、交换机、网卡。服务器上运行的操作系统有 IBM AIX、Sun Solaris、中软 Cosix、IBM OS 400、HP UNIX、Windows NT、Novell NetWare 等，客户端以 Windows 9x 为主。

2．问题

对于单位庞大的网络系统，最大的问题就是不易查找、诊断和修复故障。

3．希望

通过网络管理系统，在总部可以管理分单位网络设备，并支持网络管理人员的移动式管理；能防范来自内部与外部的入侵，解决安全问题；能适用单位规模的调整，易于实现设备的增减；适应单位业务向电子商务模式转变。

根据上述需求，拟采用如下解决方案。

(1) 采用 HP OpenView 网络结点管理软件(network node manager，NNM)作为集成化网络与系统管理的基础，可以自动发现和映射整个网络拓扑结构图，确保网络管理员知晓网络中发生的任何变化。

(2) 采用 NAI 公司的一系列安全产品，解决网络安全问题。选用 NAI 公司的 McAfee TVD 提供防病毒安全解决方案。选用 NAI 公司的 Gaultlet 防火墙提供 Internet 互联安全解决方案。选用 NAI 公司的 CyberCop 提供防黑客安全解决方案。

11.2.2　网络拓扑结构图的管理

1．使用 HP OpenView NNM 管理

HP OpenView 可用于管理整个网络拓扑结构图，主要实现以下功能。

(1) NNM 能够自动发现网络设备，并提供显示网络实际连接状况的视图。

(2) NNM 能够持续地监控网络上新的设备和网络设备状态，并可以探测到位于 WAN 上的设备。

(3) NNM 能够迅速找到网络故障的根源，并协助网络管理人员进行网络增长的计划和网络变化的设计。

(4) NNM 能够通过 Java Base 的 Web 界面灵活访问网络拓扑结构及网络管理数据，实现了从 WWW 的任何地点进行数据管理的能力。

(5) NNM 适合于任何规模的网络管理，既可以作为一个独立的网络管理站操作，也支持分布式体系结构，提供集中控制与分散执行。

(6) NNM 允许单位运用广泛的第三方解决方案扩展其网络的可管理性。

HP OpenView NNM 可以安装在 Windows NT、Sun Solaris、HP UNIX 3 种操作系统平台上，能够发现网络上的 TCP/IP、IPX 和 Level-2 设备。

NNM 的实施可以有两种方式，即集中式 NNM 和分布式 NNM。

(1) 集中式 NNM。集中式 NNM 是在网络系统中建立一个全面负责管理所有网络资源

的网管中心。该方法容易实现且操作简单，但如果网络规模较大或网络规模扩大，网络上所有网络管理轮询(Polling)和网络管理信息量增大，则集中式 NNM 管理中心可能会成为网络系统的瓶颈，并且网络管理信息流导致网络可用带宽的减少。

(2) 分布式 NNM。分布式 NNM 网络管理模式是按层次、区域建立多个网络管理中心，分别负责管理不同区域和不同层次的网络资源，不同网络管理中心相互配合共同完成网络系统的管理，顶端网络管理中心只管理第二级网络管理中心和两级之间的网络连接，第二层网络管理中心分区域管理下属的网络资源。该方式克服了集中式 NNM 的缺点，网络的分布区域可以很广，且效率较高。

根据以上特点，本方案最好采用分布式 NNM，在单位总部网络管理中心安装 NNM 企业版(无限节点版本)，作为采集和管理中心，它负责管理分单位网络管理中心和两级之间的网络连接；在各分支机构的 LAN 服务器上安装 NNM 标准版，作为管理各分支机构 LAN 网络资源的区域管理中心。

2. 管理网络设备

该方案中存在着如 Cisco、Bay、3Com、Lucent、Nortel 等公司的网络设备，为了从单位总部网络管理中心管理到位于总部或分单位 LAN 内这些网络设备，可在这些设备所处 LAN 的网络管理中心或单位总部网络管理中心的 NNM 上集成这些设备的网络管理软件，如要在单位总部管理上海分单位 LAN 内 Cisco 路由器，可在北京单位总部的网络管理中心安装 Cisco Works，通过 WAN 来管理到 Cisco 路由器的每一个端口。

3. 远程管理

HP OpenView NNM 现在能够通过 Java Base 的 Web 界面灵活访问网络拓扑结构及网络管理数据，实现了在 Web 的任何地点进行数据管理的能力。

11.2.3 防病毒的安全解决方案

NAI 作为全球反病毒解决方案的领导者，提供的 McAfee TVD 套件，就是一个综合的企业反病毒安全与管理方案，它具有以下显著特点。

1. 最广泛的多级进入点保护

TVD 提供了桌面、服务器和 Internet 网关的单一集成的防病毒系统，对所有潜在的病毒进入点实行全面保护。

2. 100%的病毒检测率

NAI 的防病毒软件在多个独立的实验室测试中多次获得检测不明病毒 100%的认证。NAI 拥有专利权的启发式技术，可以精确地检测到新的病毒。

3. 强有力的服务与研究支持

NAI 在全球六大洲拥有由近百名病毒研究专家组成的反病毒紧急响应小组，为用户提供全天 24h 小时的专业服务与支持。

4. 完善的企业级管理能力

NAI 中央控制台集中配置与管理模式，使企业网更加高效，更易管理。

5. 独特的病毒更新能力

当更新信息从实验室发布时，NAI 惊人的企业"推送"(SecureCast)技术立即将其送达系统管理员。通过自动更新(AutoUpdate)、台式计算机和服务器按计划从指定的中央服务器上提取更新信息使自己保持为更新状态。

具体到本系统，采用如下方案。

1. 多层保护

1) 保护服务器

如果服务器感染病毒，其被感染的服务器文件会成为病毒感染的源头，病毒迅速从桌面发展到整个网络，尤其像 Exchange、Lotus Notes 这样的群件会加速病毒传播的速度。因此，需要能高效、实时地检测发送或来自于服务器的病毒感染文件，以免它在整个网络中的扩散，同时可以按需要选择立刻或定时检测、扫描驻留在文件服务器中的病毒。

McAfee TVD 防病毒软件支持所有主流的操作系统，包括 Windows NT、HPUNIX、Sun Solaris、IBM AIX、SGI IRIX、SCO UNIXWare、Linux)、Novell NetWare、IBM OS/2 等，并支持 Microsoft Exchange、Lotus Notes 等群件服务器的防病毒。

在单位总部和各分单位 LAN 中所有的服务器上安装 TVD 的 NetShield，在群件服务器上安装 TVD 的 GroupShield。

2) 网关的保护

随着 Internet 的普及，越来越多的企业用户被感染病毒，都和从 Internet 上下载文件有关或以 E-mail 附件方式进入企业网，所以反病毒软件应能在网关上封住病毒，扫描所有入站、出站的 E-mail，能够为 HTTP、FTP 等多个 Internet 协议在内的通信提供病毒保护，同时扫描有恶意的 Java 和 ActiveX 小程序。

在网关上安装 TVD 的 WebShield 可以实现上述功能。

3) 桌面的保护

企业在把防病毒策略放在保护服务器和网关的同时，还要注意到 50%的病毒仍可能通过其他途径进入企业网络。所以，要在所有台式计算机上安装桌面防病毒软件，实现桌面保护功能。

McAfee VirusScan 是一个优秀的杀毒软件。它能够扫描包括引导区、文件分配表、分区表、文件夹、压缩文件在内的所有系统区域，并具有先进的实时扫描技术在磁盘访问、文件复制、程序执行、系统启动和关闭时捕获病毒，提供桌面的在线保护。另外，它还能够防止恶意 Java、ActiveX 小程序对网络用户的损害，防止病毒通过 Internet 下载的途径。

2. 企业级管理

McAfee TVD 拥有一个功能强大的管理工具，可以从控制中心管理企业范围内的反病毒安全机制，具有集中管理、分发和警告的功能。管理员可以使用控制台将软件升级版和

更新信息迅速传至企业内部的所有客户机和服务器上，或可制订计划，使个人计算机、服务器自动从指定的中央服务器提取更新信息使自己保持为最新状态。

11.2.4　Internet 互联安全解决方案

在大型网络系统与 Internet 互联的第一道屏障就是防火墙。

防火墙是近年发展起来的重要安全技术，其主要作用是在网络入口点检查网络通信，根据客户设定的安全规则，在保护内部网络安全的前提下，提供内外网络通信。

防火墙总体上分为包过滤和代理服务器两大类型。通常所说的应用级网关和代理服务器统称为代理服务器。

包过滤即 IP 数据包过滤，虽简单方便，但包过滤路由器存在许多弱点。例如，包过滤规则难于设置并缺乏已有的测试工具验证规则的正确性(手工测试除外)；一些包过滤路由器不提供任何日志能力，直到闯入发生后，危险的封包才可能检测出来等。

为了解决包过滤路由器的弱点，防火墙要求使用软件应用来过滤和传送服务连接(如 TELNET 和 FTP)。这样的应用称为代理服务，运行代理服务的主机被称为应用网关。应用网关和包过滤器混合使用能提供比单独使用应用网关和包过滤器更高的安全性和更大的灵活性。

应用网关的优点很多。例如，比包过滤路由器更高的安全性；提供对协议的过滤，如可以禁止 FTP 连接的 put 命令；信息隐藏，应用网关为外部连接提供代理；节省费用；简化和灵活的过滤规则，路由器只需简单地通过到达应用网关的数据包并拒绝其余的数据包通过等。

因此，应用网关防火墙的安全特性远比包过滤型的防火墙高。

Gauntlet 使用完全的代理服务方式提供广泛的协议支持以及高速的吞吐能力(70Mb/s)，很好地解决了安全、性能及灵活性的协调。由于完全使用应用层的代理服务，Gauntlet 提供了该领域最安全的解决方案，从而对访问的控制更加细致。其特点和优点如下。

(1) 动态安全性集成技术允许集中式的策略管理和整个事件管理系统中的事件的相互通信。

(2) 自适应代理技术在应用网关防火墙中可以提供信息包过滤器的高速度。

(3) 支持多处理器技术，提高了防火墙性能。

(4) NetMeeting 代理提供视频会议、新闻、公众事件和广播会议的安全实时访问。

(5) SQL 代理通过防火墙安全访问 Ms SQL、Oracle 和 Sybase 数据库。

(6) 内容安全性可以保护机构免受系统数据遭到来自 Internet 的威胁，如 Internet 病毒、恶意 Java、ActiveX 代码。

根据网络系统的安全需要，可以在如下位置部署防火墙。

(1) LAN 内的 VLAN 之间控制信息流向时。

(2) Intranet 与 Internet 之间连接时。

(3) 在本系统中，由于安全的需要，总部的 LAN 可以将各分支机构的 LAN 看成不安全的系统，(通过公网 CHINAPAC、CHINADDN、 帧中继等连接)在总部和各分支机构连接时采用防火墙隔离，并利用 GVPN 构成虚拟专网。

(4) 总部的 LAN 和分支机构的 LAN 是通过 Internet 连接，需要各自安装防火墙，并利用 Gauntlet GVPN 组成虚拟专网。

(5) 在远程用户拨号访问时，加入虚拟专网。

11.2.5　防止黑客的安全解决方案

利用防火墙技术，经过仔细的配置，通常能够在内外网之间提供安全的网络保护，降低了网络安全风险。但是，仅仅使用防火墙，网络安全还远远不够。因为入侵者可寻找防火墙背后可能敞开的"后门"，或者入侵者可能就在防火墙内，还有就是由于性能的限制，防火墙通常不能提供实时的入侵检测能力。

入侵检测系统是近年出现的新型网络安全技术，目的是提供实时的入侵检测及采取相应的防护手段，如记录证据用于跟踪和恢复、断开网络连接等。

实时入侵检测能力之所以重要首先是因为它能够对付来自内部网络的攻击，其次它能够阻止黑客的入侵。

入侵检测系统可分为两类，即基于主机的入侵检测系统和基于网络的入侵检测系统。

① 基于主机的入侵检测系统用于保护关键应用的服务器，实时监视可疑的连接、系统日志检查，非法访问的闯入等，并且提供对典型应用的监视如 Web 服务器应用。

② 基于网络的入侵检测系统用于实时监控网络关键路径的信息。

CyberCop Intrusion Protection 是设计用于保护企业系统与网络设备的各个方面免受不断增长的复杂恶意威胁的专用产品。

1. CyberCop Scanner

为找出网络上的脆弱环节，CyberCop Scanner 提供主动的安全性扫描和解决问题的现场解决建议，具体特性如下。

① 全面的扫描工具可以发现系统和网络的脆弱环节，并且提供了可执行的总结报告与挖掘报告选项。

② 独特的跟踪器信息包防火墙测试，提供了详细的防火墙/路由器审计。

③ 自动升级功能保持扫描引擎、扫描检测和脆弱性数据库处于当前最新状态。

④ 提供入侵检测监控测试校验系统和网络动态监测器的功能。

2. CyberCop Monitor

CyberCop Monitor 的实时入侵检测为关键任务系统提供全面保护。它是拥有多层监控结构的实时检测代理。基于主机的信息量分析、系统事件和提供双倍保护的独立方案的日志文件一起受到监控。其特性如下。

① 多层的检测结构支持高速交换网络。

② 中央控制台具有易于适用的图形界面的配置和策略设置功能。

③ 独立的监控代理技术提供局部响应和报警选项。

④ 报告组合特点压缩了攻击性登录被拒绝的数据。

⑤ 采用趋势分析选项，可以进行逐个系统监控和扫描信息的报告整理。

⑥ 自动升级功能将监控器引擎、检测特征与攻击数据库保持当前最新状态。

⑦ 与 Gauntlet 防火墙相集成作为 Active Security 结构组件。

3. CyberCop

Sting 和 CASL 用假目标服务器技术与先进的自定义审查工具提高了检测功能，这样做不仅保护了企业的数据与资源，还保护了企业的声誉。

11.3 办公大楼网络工程系统设计方案范例

针对某办公大楼的网络工程系统项目，通过具体的方案，进一步了解和掌握网络工程项目的设计思想。

11.3.1 概述

在当今社会中，信息已成为一种关键性的战略资源。为了使信息能准确高速地在各种型号的计算机、终端机、电话机、传真机和通信设备之间传递，世界上不少发达国家正纷纷兴建信息高速公路。

今天，信息社会将是 Internet、C/S 和多媒体整合的社会。当一个企业、一个政府部门在规划计算机系统时，首先从建网开始，然后再根据具体需求将各种型号的大、中、小、微型机与网络相连，从根本上上避免了以前"机器联网"造成的开放性不良的被动局面。因此，在新建大楼或旧楼改造的工程中迫切需要一种先进的布线系统来敷设信息高速公路。综合布线系统正是这样一个系统，它以其极大的灵活性、适用性、可靠性、完整性等优点代替了传统的布线系统概念，并在我国很快被各级主管和技术人员所认识。

因此，从长远的发展考虑，要设计的办公大楼网络工程系统将立足于开放原则，既支持集中式系统，又支持分布式系统，既支持不同厂家不同类型的计算机及网络产品，又支持可视电话，符合目前和未来的发展需要。总之，在高品质的综合布线系统支撑下，办公大楼将是一个既投资合理又拥有高效率、舒适、温馨、便利的环境，同时也具有长远的系统灵活性。

11.3.2 办公大楼网络工程系统设计目标

建立一个开放的高速、可靠的网络，采用分布式 C/S 处理模式，提供整个系统范围内的文件、数据与 E-mail 及通信服务。网络系统采用标准的结构化布线，办公室个人计算机通过墙上或地上的信息插座入网，各楼层网连接到大楼的高速主干网上。远地的 LAN 或计算机通过多种入网途径与本系统的网络中心互联，并由设置在计算机中心的网络管理工作站进行集中网络管理。网络的设计与实施应充分体现如下特点。

(1) 采用先进的通信设备，建立一个高速，高可靠的网络系统。

(2) 满足现在信息系统的数据传输和信息共享需求，并能够满足系统未来的扩展要求。

(3) 为较高质量视频点播及交互式视频会议提供基础。

(4) 适应网络技术的发展和保证系统升级的可行性。

(5) 提供最佳性能价格比。

11.3.3　主干技术的选择

从整个网络规模来看，初期达到全楼主干网可无阻塞地支持 1144 个独享 10Mb/s 的全交换以太网结点。从应用上来看，在保证支持现有应用的基础上，主干网还能支持视频会议、VOD 等多媒体传输应用。这些决定了主干网应采用高速且适合多媒体传输应用的网络技术，而且作为网络主干，其稳定性和可靠性更是不可忽视的因素。ATM 是较为理想的主干技术。因为 ATM 技术的主要设计目的之一就是用于多媒体的传输，并且该技术使数据、语音、图像等不同类型的信息能够最高效率地传输。现有的 ATM 技术可支持 622Mb/s、155Mb/s、100Mb/s 和 25Mb/s 等不同速度规范，其中 155Mb/s 是目前较成熟和较开放的高速主干技术。因此，在本方案中采用 155Mb/s ATM 技术作为主干技术。

11.3.4　ATM 主干网设计方案

1. 网络总体结构图

网络总体结构图参见图 11.3。

2. 设计说明

网络整体结构为分级星形结构，即主交换机与子网交换机，子网交换机与网络工作站之间都是以星形网络结构连接。

采用 155Mb/s ATM 技术作为主干技术网络主干，采用 10Mb/s 交换以太网作为普通工作站的网络末端。

网络中心交换机采用 IBM 8265 主干交换机，采用 8274/8271 以太网交换机作为到桌面的 10Mb/s 交换机。

中心交换机放置在办公大楼的主机房内。采用 IBM 8265 S17 交换机，该交换机有 17 个插槽，其中用户可用插槽为 14 个，该方案配置了 4 块 4 端口的 155Mb/s ATM 模块，4 个电源模块，共有 16 个 155Mb/s 的 ATM 端口。其中，10 个 155Mb/s 的光纤端口用来下连各层子网 8274 子交换机，共计 5 台 8274 以太网交换机，主机和 Intranet 服务器连在 8265 的 155Mb/s ATM SC 光纤端口上，各层工作站连接在 5 台 8274/8271 交换以太网 10Mb/s 端口，网络管理工作站也连接在交换以太网 10Mb/s 端口上。

根据布线结构，在大楼一层放置了 1 台 IBM 以太网交换机 8274 W93，共配置了 4 块 32 端口的交换模块，即有 128 个 10Mb/s 交换口。在大楼每一层的 8274 上配置了双端口的 155Mb/s 的 ATM 光纤端口用来上连主干交换机 8265。这样，主干网的带宽有 310Mb/s。

在大楼二层放置了 1 台 IBM 以太网交换机 8274 W93，共配置了 7 块 32 端口的交换模块，即有 224 个 10Mb/s 交换端口。

在大楼三层放置了 1 台 IBM 以太网交换机 8274 W93，共配置了 7 块 32 端口的交换模块，即有 224 个 10Mb/s 交换口。因与要求的 232 个 10Mb/s 交换端口相比还不够，需增加

1 个有 24 个 10Mb/s 交换端口的交换机 8271 524。这样，共有 248 个 10Mb/s 交换端口和 1 个 100Mb/s 交换端口。

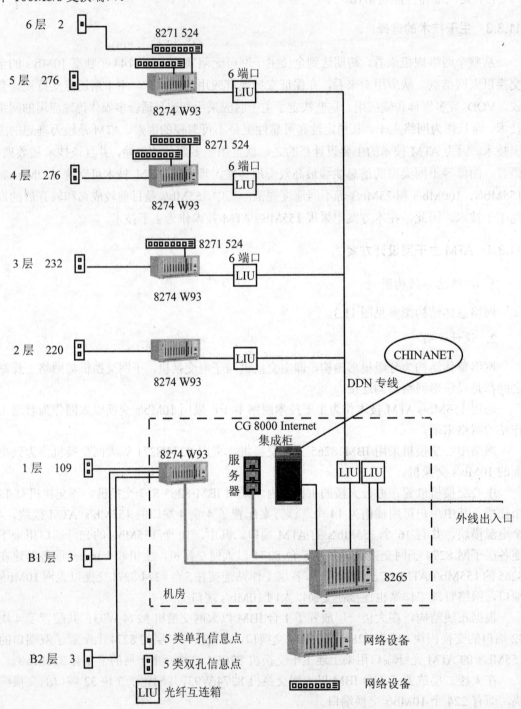

图 11.3　某机关办公大楼网络配置系统图

在大楼四层放置了 1 台 IBM 以太网交换机 8274 W93，共配置了 7 块 32 端口的交换模块，即有 224 个 10Mb/s 交换端口。与要求的 276 个 10Mb/s 交换端口相比还不够，需增加 2 个有 24 个 10Mb/s 交换端口的交换机 8271 524。这样，共有 272 个 10Mb/s 交换端口和 2 个 100Mb/s 交换端口。

在大楼五层放置了 1 台 IBM 以太网交换机 8274 W93，共配置了 7 块 32 端口的交换模块，即有 224 个 10M 交换端口。与要求的 278 个 10Mb/s 交换端口相比还不够，需增加 2 个有 24 个 10Mb/s 交换端口的交换机 8271　524。这样，共有 272 个 10Mb/s 交换端口和 2 个 100Mb/s 交换端口。

在大楼六层的 2 个网络端口接在五层的交换机端口上。本层不需用交换机。

配置的数据库服务器通过 155Mb/s ATM NIC 连接在 8265 主干交换机上，供全网的用户访问。

整个网络的 Intranet 服务器通过 155Mb/s ATM 连接在主干交换机 8265 上，为全网的用户提供 WWW 服务、E-mail 服务、FTP 服务等。

整个网络的网络管理工作站采用一台 IBM RS/6000 43P，它通过 10Mb/s 交换以太网端口连接至 8274，采用 TME10 Netview 网络管理软件实现对整个网络的配置管理、工作状态监控等功能，实现对整个网络的全面管理。

整个网络共配备 16 个 155Mb/s ATM 端口，1144 个 10 Mb/s 交换以太网端口，5 个 100 Mb/s 快速交换以太网端口。其中，10 个 155 Mb/s ATM 端口用于和下级交换机互连，6 个 155 Mb/s ATM 端口用于连接服务器或主机。8265 上还有 11 个插槽可供以后扩展。

3. 方案特点

1) 高速主干网

主干网采用 155 Mb/s ATM 技术，中心交换机到各楼层交换机都采用 155 Mb/s ATM 的连接方式，网络中的主要服务器也都以 155 Mb/s ATM 的方式连接在主干网上，为今后的视频点播和视频会议等多媒体应用提供了高性能的网络平台。

2) 方便的虚拟网设置和管理

主干交换机 8265 具有先进的虚拟网功能，能够实现基于策略(policy base)的虚拟网，可以按端口、协议或 MAC 地址设置虚拟网。和复杂的路由器配置方法相比，该功能更简单，并提高了吞吐量，降低了时延。具体应用时，可以灵活地根据部门、位置等要求将某些网络端口设置到一个虚拟网上。由于采用 MSS，用户可在 ATM 环境下集成所有可用的通信协议及产品，用户无需对现有应用做任何改动即可使用 ATM；无论是 IBM 或非 IBM 产品，只要使用符合 ATM 论坛的局域网仿真(LAN emulation, LANE)、Internet 工程任务组 (Internet engineering task force, IETF)、Classical IP 和 IBM LANE 环境，都可以和 MSS 互联操作。

3) 高可靠性和高可用性

网络中的主要交换机都采用了双电源模块，保证了系统无单点失误，单个电源或风扇的故障不会影响系统的正常工作。8265 为无源背板和模块化结构，保证了单个模块的故障不会影响到其他模块的正常工作。8265 的所有模块和电源都支持热插拔，不必停机就能够

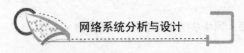

更换故障模块，保证了网络的高可用性。

4) 先进的网络管理系统

采用最先进的 IBM NetView 网络管理系统作为整个网络管理的平台，可以运行 IBM Nways Campus Manager LAN、IBM Nways Campus Manager ATM 和 IBM Route Switch Manager 管理软件，对全网进行管理和监控。NetView 不但能够管理各种网络设备，同时还可以管理服务器和工作站点，甚至可以管理 Oracle 数据库等系统软件。

4. 本方案中的主要网络产品简介

1) IBM 8265 ATM 主干交换机

8265 ATM 中心交换机(见图 11.4)是 IBM 在 ATM 解决方案中的核心部分，它被设计成网络的核心设备，因此在其容量、容错性、可靠性和可管理性方面均有非常独到的设计。

8265 交换核心模块的交换能力、背板容量高达 12.5Gb/s(或全双工 25Gb/s)，足以承担 ATM 网络的核心交换工作，该模块支持热备份和热插拔，并且在机箱、无源背板、电源和散热等方面均充分考虑了容错、安全等因素。例如，ATM 核心交换模块的 MTBF 高达 40 万小时，电源模块 MTBF 也高达 10 万小时以上。

图 11.4　8265 ATM 中心交换机

本方案所建议使用的 8265-A17 可提供 17 个插槽，远胜于其他厂家所能建议设备的容量。

8265 设备具有如下功能和特点。

(1) 具有 155Mb/s，100Mb/s 和 25Mb/s 3 种 ATM 接口能力，提供未来平滑升级 ATM 的途径。

(2) 优良的开放性，可以同时支持多个不同协议的 LAN，如 Ethernet、令牌环网、FDDI、ATM 等，以及多种不同的高层协议体系结构，如 IP、IPX、AppleTalk、SNA、DECnet 等。

(3) 具有高达 12.5G 以上的背板容量和 17 个机箱插槽，为网络扩展提供了很大的余地。

(4) 通过 8265 中的 MSS 模块实现符合 ATM Forum 标准的 LANE。

(5) 无源化的背板设计和阴性接头，所有模块均支持热插拔，消除了因模块插拔而造成的背板烧毁的可能，提高了可靠性。

(6) 电源及控制器部分采用了冗余的容错设计、千兆以太网接口，8265 提供千兆以太网模块，内部采用 ATM 交换，可以实现低成本、大容量的千兆交换能力。

(7) ARIS 是 IBM 提交标准组织的 3 层 IP 交换标准。与其他 IP 交换方式相比，该标准具有节约 VC 资源的优点。

(8) 8265 将成为 ARIS 3 层交换的平台，具有 64GB 的交换容量，可根据用户需求的发展，制作更高容量的交换机。由于 8265 具有先进的体系结构，制作更高容量的交换机将没有技术上的困难。

2) IBM 8274 LAN 路由交换机

IBM 8274 Nways LAN 路由交换机(见图 11.5)是一种支持高数据速率和复杂功能的智能硬件产品,该产品的定价使其可以作为基本的网络部件。8274 为桌面系统和主干网提供了独一无二的双重品质,既具有 ATM 速度水平的强大,又具有完全的 LAN 交换功能。该产品集成了当今市场上最全面、最灵活的 VLAN 结构,能够实现基于策略的虚拟网。

8274 有 5 种型号,在许多地方很相似,都提供了基于政策的 VLAN。例如,IP 和 IPX 路由,ATM PVC、SVC、ATM LANE,ATM 上的多协议封装,ATM 上的标准 IP,在多种标准管理平台上的图形化网络管理等功能。

图 11.5 8274 Nways LAN 路由交换机

8274 513/913 在机架内提供了 3 种独特的、功能强大的通信机构:它们都提供了管理总线,可用于配置、诊断和管理所有的系统单元;它们都具有能够充分利用帧–帧、帧–信元交换的结构,即使用硬件控制交换的高吞吐量、低延迟的高速传输总线;它们都为信元–信元交换及信元–帧结构提供了 13.2Gb/s 的信元矩阵,以向未来的 ATM 接口升级。

8274 具有如下特性。

(1) 强大、灵活的平台。品种繁多的型号及交换模块使 8274 成为独一无二的多功能产品。它可以通过双绞线、同轴电缆或光缆实现 IP 和 IPX 路由。它可以连接至网段、文件服务器或单独的工作站。它支持以太网、令牌环网、FDDI、CDDI、快速以太网和 ATM 之间的任意组合,并能自动进行相互转换。

(2) 高容量。具有 5 个插槽的 8274 可以包含一个管理处理器模块(management processor module,MPM)和最多 4 个交换模块。具有 9 个插槽的 8274 可以包含一个 MPM 和最多 8 个交换模块(最多 96 个以太网端口、16 个 0C-3 端口、48 个令牌环网端口、64 个 100BASE-TX 端口。16 个 100BASE-FX 端口、64 个 CDDI 端口、16 个 FDDI 端口)。

(3) 高可靠性。该产品的冗余度、可热插拔的双重冗余电源、冗余管理处理器、冗余制冷风扇以及温度警告功能使 8274 成为值得信赖的产品。软件和配置保存于不掉电的闪速内存中。

(4) 基于规则的虚拟网。使用基于规则的虚拟网功能,可以按端口、协议或 MAC 地址设置虚拟网。和复杂的路由器配置方法相比,该功能更简单,并提高了吞吐量,降低了时延。

(5) 灵活的管理。基于规则的虚拟网功能、虚拟网智能功能、可管理的 SNMP、RMON 以及一组路由交换和路由跟踪网络管理软件使网络管理轻而易举。

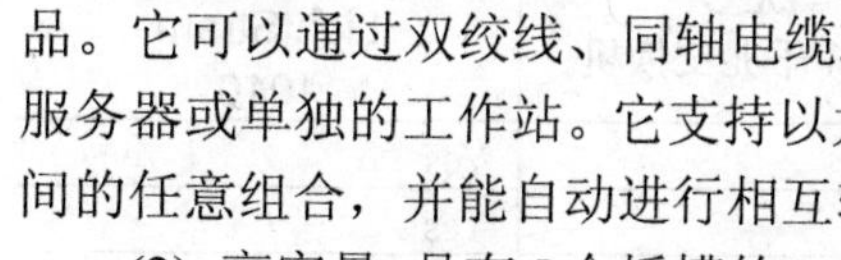

3) IBM 8271 LAN 交换机

IBM 8271 LAN 交换机(见图 11.6)采用了 IBM 专利的自适应随收随发技术(adaptive cut-through)和全双工技术在整个以太网之间交换信息,减少了碰撞

图 11.6 8271 LAN 交换机

几率,提高了网络吞吐量,其中自适应随收随发技术综合了随收随发技术及存储转发技术

的优势是同类产品中的佼佼者。它还提供了 155Mb/s 的 ATM Uplink 上行卡，使终端用户可以通过 ATM 主干网访问网络上的各种资料。8271 LAN 交换机支持 IBM 公司提出的"交换式虚拟网络" (switched virtual networking，SVN)的体系结构，在未来网络技术升级方面提供了很大的拓展空间。8271 LAN 交换机还提供地址过滤的功能，在缺省情况下可提供每个端口 10000 个 MAC 地址的过滤能力，既滤除了网上不必要的流量又提高了网络的安全性。

8271 524 设备具有如下的功能和特点。

(1) 采用全双工技术，减少了网络碰撞的几率，提高了网络吞吐量。

(2) IBM 的自适应随收随发技术使得 8271 能在不同的网络环境中表现出最佳的性能。

(3) 8271 的 Uplink 功能提供以太子网与 ATM 主干网的连接，用户已有的以太网上的应用可以透明地在 ATM 主干网上运行，保护用户的资源。

(4) 支持 SUN 和地址过滤功能，提高网络的安全性。

(5) 提供 24 个交换以太网端口和 1 个 100Mb/s 快速以太网端口。

5. 网络产品性能比较

常见网络产品性能比较如表 11-10 和表 11-11 所示。

表 11-10　ATM 交换机性能比较

性　能	IBM 8260 Nways Switch	DEC ATM 千兆交换机	Cisco LightStram 1010
ATMF Signaling	Yes	Yes	Yes
支持 CLP	Yes	Yes	Yes
最多 ATM 端口数	56	52	32
最少 ATM 端口数	1	1	1
模块式或固定配置	模块式	模块式	模块式
交换结构	switch-on-chip	Crossbar	Share Memory
交换速度	12.5Gb/s	10.4Gb/s	5Gb/s
支持 SVC	Yes	Yes	Yes
优先级个数	2/4	info N/A	info N/A
OC3c/STM1 MMF	Yes	Yes	Yes
OC3c/STM1 SMF	Yes	Yes	Yes
OC3c/STM1 UTP Cat.5	Yes	Yes	Yes
DS3	Yes	Yes	Yes
E3	Yes	Yes	Yes
支持 UNI	3.0&3.1	3.0&3.1	3.0
厂家支持的网卡	PCI、MAC、ISA…	PCI、Sbus、Turbochannel…	PCI、Sbus
流控功能	Yes	Yes	Yes
LANE	Yes	Yes	Yes
网络管理	Yes	Yes	Yes

表 11-11　以太网交换机性能比较

DEC Hub 900	IBM 8274 Nways	DEC Hub 900	Cisco Catalyst 5000
插槽数	5/9	8	5
最大支持端口数	16 OC3 ATM 端口 128/256 以太网端口 48/96 100BASE-TX 端口 32/64 100BASE-FX 端口 8/16 FDDI 端口 32/64 CDDI 端口	64 OC3 ATM 端口 192 以太网端口 32 100BASE-TX 端口 32 100BASE-FX 端口 16 FDDI 端口	3 OC3 ATM 端口 96 以太网端口 50 100BASE-TX 端口 50 100BASE-FX 端口 4 FDDI 端口 4 CDDI 端口
背板带宽	13.2GB	1.2GB	1.2GB
支持生成树	Yes	Yes	Yes
最大 MAC 地址	8192/16384	64000	16000
虚拟网支持	基于策略的虚拟网方式	基本的虚拟网方式	基本的虚拟网方式

6. 网络产品规格表

网络产品规格表，如表 11-12 所示。

表 11-12　网络产品规格表

名　称	提供的产品规格指标
IBM 8265 主干交换机	● 使用高性能 ATM 交换处理芯片，最大数据吞吐量为 12.5GB ● 支持 LANE 服务和 ATM 上传统 IP 服务 ● 具有分布路由功能，提供 LANE 与 IP 路由服务 ● 在交换机内部或跨多台交换机实现 VLAN 功能，支持的 VLAN 总数不少于 60 个 ● 真正的 ATM 无源背板，无单点故障 ● 具有电源负载均衡和冗余备份功能，所有模块均支持热插拔 ● 插槽数 17 个，提供 12 个 25Mb/s ATM 到桌面 ● 具有流量管理和拥塞控制各类技术 ● 支持多种 ATM 传输速率：155Mb/s、100Mb/s、25Mb/s ● 支持 SNMP 协议 ● 支持各种流量类型：CBR、VBR、UBR 和 ABR ● 支持以下各类 ATM 协议标准： 　　● 端口支持 UNI 3.0/3.1 　　● 支持 VC、VP 交换和 VP 隧道 　　● 支持 PVC、SVC 　　● 端口支持 PNNI-1、PNNI-0(IISP) 　　● 支持信令 0.2931 　　● 支持 ATM Forum ILMI 　　● 支持 TELNET、TFTP、LANE、Client、RFC 1577 Classical IP over ATM client 　　● 支持标准 MIB II、ATM Forum ILMI MIB、IETF AToMIB 和专用 MIB

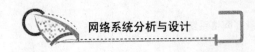

名　　称	提供的产品规格指标
IBM 8285 子网交换机 ATM 工作组 交换机	● 1 个 155Mb/s 端口至部门交换机，至少 12 个 25Mb/s ATM 端口到桌面 ● 支持 LANE 服务和 ATM 上传统 IP 服务，建立的 VLAN 总数不少于 20 个 ● 具有流量管理和拥塞控制各类技术 ● 支持 SNMP 协议 ● 支持各种流量类型：CBR、VBR、UBR 和 ABR ● 吞吐量达到 4.2Gb/s ● 支持以下各类 ATM 协议标准： ● 端口支持 UNI 3.0/3.1 ● 支持 VC、VP 交换和 VP 隧道 ● 支持 PVC、SVC ● 端口支持 PNNI-1、PNNI-0(IISP) ● 支持信令 0.2931 ● 支持 ATM Forum ILMI ● 支持 TELNET、TFTP、LANE client、RFC 1577 Classical IP over ATM client ● 支持标准 MIB II、ATM Forum ILMI、MIB、IETF AToMIB 和专用 MIB
IBM 2210 路由器	● 配置有 2 个以太网端口和 4 个 WAN 端口 ● 配置 IP/IPX 软件 ● 可经 DDN 专线接入，速率为 9.6～$N×$64KB/s(N=1～31)，物理接口为 V.35 ● 经 X.25 接入，支持 TCP/IP 协议，用户速率为 1.2～64KB/s，物理接口为 V.35′ ● 帧中继直接接入，速率为 9.6～$N×$64KB/s(N=1～31)，物理接口为 V.35
IBM 8235 访问服务器	● 支持 8 个异步 modem ● 具有一个以太网端口 ● 支持 SNMP、NETBIOS、TCP/IP、IPX/SPX、PPP、SLIP 等协议

7. 网络管理

　　一个没有网络管理和网络控制的网络将是低效的网络，网络也不能被称为智能的，网络的故障诊断、运行状态、收费等都很难实现。对于一个先进的网络来说，用网络管理软件对网络进行管理是必不可少的。

　　本系统中的所有网络用户可利用虚拟网功能，在全楼上下构成跨楼层的虚拟网(部门)，位于不同楼层的网络结点经过网络管理软件的设置可划分在同一个网段内，而在这些结点上的用户就感觉是在同一间办公室一样。各虚拟网之间通过路由互通。利用网络管理软件，能够对网络各结点进行实时监控、故障检测和流量控制。

　　当有需要对这些部门(虚拟网)进行调整时，仅需在网络管理工作站上更改设置，而不会影响这些结点的物理连线与位置。这对于大型而复杂的网络环境来说，大大简化了系统管理的复杂性。

　　××部机关办公大楼网络系统是一个庞大而复杂的系统。其网络维护和管理十分重要，直接关系到整个网络是否能稳定而可靠地运行。在××部机关办公大楼网络系统中，除了在网络设计时采用了统一的建网模式，利用了清晰的网络拓扑结构，还将提供一整套网络测试或维护方案。另外，采用一套好的网络管理软件也是至关重要的。

由于整个网络系统基于整体设计，采用 IBM 高性能网络设备，因此采用最先进的 IBM NetView 网络管理系统作为整个网络管理的平台，上面运行 IBM Nways Campus Manager LAN、Nways Campus Manager ATM 和 Nways Routerswitch Manager 管理软件，对全网进行管理和监控。NetView 不但能够管理各种网络设备，同时还可以管理各台服务器和工作站点，甚至可以管理 Oracle 数据库等系统软件。在该网络管理工作站上，实现对整个网络的设备配置、监控、动态运行分析、安全设置、问题诊断、流量控制以及虚拟网划分和管理等工作。使网络的运行更能符合企业实际应用的需要，达到网络高速有效的传输和安全可靠的使用。

网络管理系统设计要求如下。

1) 网络管理系统设计的原则

(1) 网络管理平台是一个支持 SNMP 的标准平台。

(2) 网络管理平台有能力管理足够的站点。

(3) 网络管理平台能及时准确地显示网络拓扑结构。

(4) 网络管理平台能提供必要的流量分析手段。

(5) 网络管理平台能对各种敏感参数设置告警阈值，对异常事件告警并做记录。

(6) 网络管理平台能提供安全管理机制。

(7) 网络管理平台能提供适当的用户编程接口。

(8) 网络管理平台能与足够多的网络管理应用软件相配合。

2) 网络管理系统的实现

(1) 网络管理策略。××部机关办公大楼网络系统建议建立中心网络管理系统，网络中心监测网络运行的状况、异常及统计工作。

(2) 网管实现的功能。

① 网络结点、设施警报的产生、内容、消除的统计。

② 按照 IP 地址提供交通流量和方向的统计报告。

③ 监测网络运行情况，包括设备的主干的用量可靠性的统计。

④ 提供网络使用情况、应用趋势的统计分析报告。

⑤ 监测网内的通信情况，追踪路径。

⑥ 具体分析网络的各应用层的使用状况，分析发现网络的潜在问题，并加以协调解决。

⑦ 平衡主干网上的交通流量。

⑧ 网络管理系统的错误不影响整个信息网的正常动作。

⑨ 网络管理系统采取层次的安全措施，严格保护各设置数据及统计数据。

⑩ 当网络管理系统失败时，能够手工或自动地从错误状态恢复到正常状态。

(3) ATM 网络管理。IBM Nways Campus ATM manager 是在 IBM TME10 for AIX 上运行的管理应用软件，具有如下特点。

① 提供 ATM 网络拓扑结构，自动发现 ATM 设置的 Nways 8265 ATM 交换器、Nways 8281 ATM LAN 网桥、Nways 8282 ATM 集线器和在 8265 ATM 交换器之间的 ATM 线路。

② 动态显示 Nways 8265 ATM 交换器、Nways 8281 ATM LAN 网桥、Nways 8282 ATM

集线器的拓扑结构层次。

(4) ATM 资源设置。

① 设置 IBM 8265 ATM 交换/控制点模块和 ATM 155 Mb/s，100Mb/s 媒体模块。

② 设置 IBM Nways 8281 ATM LAN 网桥。

③ 设置 IBM Nways 8282 ATM 集线器。

④ 永久虚拟线路(PVC)的管理，包括安装和取消。

⑤ 永久虚拟线路(SVC)的管理，包括追踪和清理。

⑥ 虚拟通路虚拟频道(VP/VC)的连接，管理。

⑦ 连接追踪。

(5) 错误管理。错误管理包括显示误区、彩色状态显示、调用错误记录。

(6) ATM 网络监控和统计。当 IBM Nways Campus ATM manager for AIX 与 IBM Nways Campus LAN manager for AIX 同时使用时，它能够为发现 ATM 拓扑结构和管理 IBM Nways 8260 集线器的管理提供全面的集成方案。当其与 IBM NetView for AIX 结合应用时，Campus ATM manager for AIX 能在传统的 LAN 应用环境中管理 ATM 网络。IBM Campus ATM manager for AIX 可与 NetView for AIX 相互操作，这就可以对从不同网络发出的网络管理信息进行快速识别，因此解决问题的时间大大缩短。

Campus ATM manager for AIX 可利用 NetView for AIX 开放系统计算机环境的优点。例如，把 ATM 拓扑结构集成为 NetView for AIX 拓扑结构显示。提供一般的图表接口面板，向 NetView for AIX 事件记录提供 ATM 交换警报信息。因此，Campus ATM manager for AIX 和 NetView for AIX 集成使网络管理者能在 ATM 的布局图和 NetView for AIX 的布局图之间传递信息。

3) 交换虚拟网络

本方案采用交换虚拟网络(switched virtual network,SVN)结构来构造××部机关办公大楼网络系统整体。SVN 既提供主干的信元交换与传输功能，又着重于对现有应用和设备的支持，即为用户提供基于 ATM 的 LAN 交换功能；同时又将路由选择功能从现在的分支路由中分离出来，交给 LAN 交换机或工作站中的适配卡处理，这种分布式路由技术将路由选择功能转移到外围设备，这样网络就能够真正地实现端到端的交换。

这种结构使本地网成为综合 ATM 交换和 LAN 交换的全交换结构，实现 VLAN 的划分和业务量控制；通过分布式路由选择模型，提供 VLAN 之间的广播控制和单步路由甚至端到端路由，减少时延，灵活且效率更高。

8265 和 8285 都具有 IBM 独特的分布式子网路由功能，因而无需为子网路由添置内部路由器，这样的网络结构模式不仅可以节省添置设备带来的额外花销，而且还使基于新型应用的内部 LAN 具有远远高于传统集中式路由模式的子网间通信的能力。

对于××部机关办公大楼网络系统，可能越来越多的工作人员在流动的信息室工作，这就产生了一个称为"虚拟工作组"的新实体，即在逻辑上相关而物理上分散的人群。这个人群要求进行相同级别的通信，这就促成了 LAN 及其连接 LAN 的主干网的产生，从而形成 VLAN 拓扑结构。即使工作组的成员遍及全国甚至国外，他们也可共享同一个身份，以便相互通信。如果用户偶尔改变其工作的位置，不必重新配置用户结点。通过交换技术，

VLAN 可将通信量进行有效分离，从而更好地利用带宽，并可从逻辑的角度出发将实际的 LAN 基础设施分割成多个子网，这样信息包只能在同一个 VLAN 中的端口间进行交换，从而减轻了扩充压力。如果 VLAN 与中心配置管理支持结合起来，VLAN 就可简化工作组和客户机及服务器的增加和更改。

虚拟网是解决虚拟工作组问题的途径，本地 VLAN 的容量必须同广域设施的虚拟网结合起来，这是因为许多 LAN 系统运行着多种应用协议，以便更容易地适应不同的网络拓扑结构。网络应该互联而不应是封闭的，虚拟网技术正是保证这一点的关键。

VLAN 是一个具有高度灵活性和扩展性的解决方案，可满足当前网络对分段、有效带宽分配以及工作组支持的需求。但是，要完全认识到这些优势，还需要实施共用标准来实现多厂商互操作性。IEEE 802.10 标准提供了一种直截了当的 VLAN 机制。该协议还包括综合安全特性，这是当今共享网络环境中日益重要的属性。基于 802.10 的 VLAN 可将 ATM 主干网借助 LANE 的 ATM 链路、高速以太网或共享点对点串行连接上的 LAN 终端站结合成一个 VLAN。它的采用令 VLAN 技术应用到了现有的网络基础设施中，这不仅保护了用户的投资，并且还可与未来移植战略相兼容。

针对目前交换及 ATM 网络的出现，IBM 提出了 SVN 的网络策略，它提供了一种具有最大灵活性和最佳性能价格比的交换网络基础结构。SVN 能够建设和管理一个基于交换技术的网络系统，这个系统集成了 ATM 交换、LAN 交换、桥接功能、路由功能和其他交换服务。SVN 功能包括 LAN 和 WAN 环境。

(1) 外围交换。网络上任何一个终端都能够访问高速的交换主干网。为保护用户资源，现有的网络功能包括路由、SNA、TDM、桥接等多厂商都能包含在外围交换中，享受高速主干网的服务。

(2) 主干交换。主干交换为外围交换提供高性能的连接，把网络流量分散到网络的各个部分。ATM 主干则能为外围交换提供高速、稳定，并且保证 QoS 的连接，还具有支持将来网络应用的能力。例如，阻塞和流量控制、高可用性、动态用户组管理、有效流量管理，支持工业标准等。

(3) 高级网络服务。高级网络服务的一个体现是网络宽带服务(networking broadband services，NBBS)体系，它为高速交换网络提供端到端的控制功能。例如，允许网络合并为单一的基础结构，映射所有协议和信息类型到 ATM，提供 QoS 保证和预留带宽，用最小资源支持不同类型的混合流量，在 LAN 和 WAN 主干范围内管理虚拟电路和虚拟路径。

NBBS 最初定位在 WAN 的访问，传输和高级网络控制服务，现在也包括了 LAN 的多协议交换服务(multiprotocol switched services，MSS)。MSS 为交换网络提供的功能包括以下几方面。

① 分布式路由。MSS 剔除了传输路径中的路由器，把第三层的路由功能分布到网络外围。它为现有的路由器网络提供了一种无缝的移植方式，并能在虚拟网、传统 IP 和 LANE 之间提供路由功能。

② LANE。(与 ATM 论坛兼容)MSS 支持更大的仿真 LAN，提供广播管理以减少网络流量过载。支持多个 LANE 服务器。同一个用户能够同时属于多个仿真 LAN。

③ VLAN 支持。VLAN 是指逻辑上的一组用户和服务器，它不受地理位置的限制，把

同一部门或同一功能的用户组成同一用户组(VLAN)。VLAN 还具有下列优势：使广播减至最小，不同类型的服务器可位于同一安全的地方，移动、增加、改变用户简单方便。

高级网络控制也是 NBBS 的一部分，它提供阻塞控制、流量管理、拓扑服务、路径选择、多路广播服务和目录服务。

④ 网络管理。IBM 的 SVN 可跨越 WAN 和 LAN 来提供端到端的网络管理。其功能包括支持 ATM 拓扑和容错，支持多管理平台和操作系统，支持多厂商设备，带有集成图像的实时的企业级网络管理和图形化的虚拟网络管理功能。

SVN 可以解决许多网络上目前存在的问题，如在服务器和路由器的阻塞、子网间的阻塞、主干网上的阻塞、高级多媒体应用和先进的网络控制等。

这些先进的功能着重考虑管理一个高速(千兆比特级)网络时的新的技术问题。这些高速网络是由低比特错误率的链路构成的。这种链路必须支持那些要求保证级别的多种业务类型。先进的网络控制服务提供目录服务、路径选择、拥塞控制、业务量管理、拓扑服务，以及为分配、控制和管理网络资源所需要的多点广播服务。先进网络控制的一些要点包括以下几方面：

a. 拥塞控制。拥塞控制采用 ATM 论坛建议的"双漏斗"技术。在业务流进入网络之前，建立一个用户必须遵守的业务流量协议，它规定了最大的分组/信元速率。在网络的入口点，业务流受到监测，如果超过了协定，它就被打上可以丢弃的标记。一旦为给定的数据源选择了一条路径，就给业务流分配带宽。然后只要未检测到拥塞，分组/信元就允许穿过通道。在网络中一旦检测到拥塞，为了确保已获保证的业务流量的通过，就要丢弃那些打上了标记的分组/信元。另外，也可以通过调节业务量来降低业务进网的速率，以降低带宽要求。

b. 带宽管理。带宽管理能够明显地节约广域链路的开销(50%或更多)，算法能根据业务的突发性和所要求的 QoS 进行业务量分析，只分配为满足 QoS 要求必需的带宽，这种方法与峰值分配相反，带宽是由建立连接时决定的。在连接的过程中通过调节带宽来监测带宽的使用，并且允许在边界内进行调整。

c. 多点广播服务。多点广播服务为多点广播用户群(如可视会议)中的终端用户建立与维护相互关系。它能够为用户建立到用户群的连接，不管用户是否是用户群中的成员。这种用户群连接可以是点到点、点到多点或多点到多点。

d. MSS。简单地说，MSS 是为了减轻由路由器引起的拥塞。MSS 包括分布式路由选择、增强型 LANE、广播管理和 VLAN 支持，总体可看成是一类新的 NBBS 接入服务，它为终端站点提供丰富的 NBBS 功能。最重要的是，MSS 是以 LAN、LANE 和多协议标准为基础的。

e. 分布式路由选择。要了解分布式路由的功能和价值，只需将其他厂商已经推出的路由器模型与其选择模型的方案相比较。独立路由器内部是由路由处理器和一个物理接口组成的。路由处理器负责路由计算、广播管理、帧传输和过滤。物理接口提供帧传输和过滤功能。由于这个功能全部保存在一个平台上，因此插槽和接口的数目，以及总线速度都会限制路由器的性能。而且，在网络中枢中没有对 QoS 和分布式用户群的支持。但路由器也有其积极的一面，它能非常有效地支持地址判断、安全性和广播控制。

利用智能集线器，路由器的局限性得到了部分改进。因为集线器对虚弱的网络中枢采用了高速母版，并且提供了智能端口管理功能。在物理上也综合了集中器模块和路由选择模块。尽管这样，总的来说集线器还是限制了多协议支持，并且与路由器一样缺乏对分布式工作组和 QoS 的支持。

为工作组和主干网建立真正的交换模型是一大进步，因为服务器和终端站点都可以从 QoS 支持以及按需分配的高速率中受益，另外也可以实现 VLAN，而且路由器主干网的性能价格比也能显著提高(达 5～10 倍)。这种配置的唯一弱点是缺乏多协议支持。因为这种需求已为时不远，所以需要产生一种既能借鉴路由器的模式，又能避免它的固有限制的新方法。

工业界的主要厂商普遍认为分布式路由选择是解决多协议难题的一种方法。实际上，MSS 就是一种分布式路由选择模式，但是它与 Cisco Fusion 和 Newbridge VIVID 推出的竞争模式有很大区别。一般来说，分布式路由选择把路由选择功能分成两部分，即路由服务器和路由客户机。在该模式中，路由服务器完成路由计算，并且为路由客户机提供路由表更新服务。路由客户机负责帧的传输和过滤，提供 ATM LANE 服务，并且保留路由表备份。

分布式路由选择模型可以用于一个交换环境中，这个环境由一个中心 ATM 主干网组成，某个 ATM 交换器附带一个路由服务器。然后通过 LAN 交换器可以附接 LAN，LAN 交换器也能够用做路由客户机。由于客户机保存被服务器更新的路由表，这个模型还是 LAN 交换器之间的一个多级路由选择，因此在这些点上的性能也会受到限制。这种分布式路由选择模式有许多优势，它提供 VLAN 之间带有广播控制的 VLAN 和虚拟子网支持。它也可以根据性能(因为是多处理器而且没有总线限制)、端口数目和冗余度进行调整，但是它不能在 VLAN 内提供广播控制。

现在若要比较 SVN 体系结构中的 MSS 方法和分布式路由选择模式，必须首先了解 MSS 服务器(路由服务器)和 MSS 客户机(路由客户机)的功能。MSS 服务器同样提供路由计算功能，但不同的是，它还提供目录服务，并且支持 LANE 服务器和广播服务器。MSS 客户机也处理帧的传输和过滤，而且有一个 LANE 客户机，但保存目的地址的备份 (destination cache，而不是路由表)。这个区别在主干网中很明显。利用 MSS，服务器功能将分布在主干网 ATM 交换机中。客户机的功能可以移到外围网络并且驻留在 LAN 交换机中，甚至可以驻留到终端站点自身中。如果 MSS 客户机驻留在 LAN 交换机中，最后的单步(one-hop)路由选择将会减少等待时间，性能/价格比可达到原来路由器的两倍；如果客户机全部移到终端站点，那么性能价格比会提高为原来的 5 倍，等待时间将进一步减少。网络中的非 ATM 单元也能具有交换器的性能价格比优势。并且，MSS 也提供 VLAN 内部的广播控制。

可见，全交换的网络结构同一个简单的基于路由器的模型相比具有明显的优势。但是，并不是所有的网络都有相同的移植时间表，或者说具有相同的最终目标，IBM 旨在提供一条使用交换技术改革的严谨的通路，它逐步地提供附加的价值，同时避免对网络和用户的造成损失。沿着这条路，用户能够决定什么时候、按照什么程度采用交换技术。

SVN 的第一阶段是通过赋予 8265ATM 交换机 MSS 服务器功能，来提供多协议/集线器交换集成。优点是能为多种类型 LAN 提供广播和多点管理支持，同时利用标准路由器

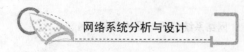

来保持互操作性。

SVN 第二阶段是通过在 8271/2LAN 交换器中实现 MSS 客户机,加入多协议 LAN 交换。这个阶段的显著效益在于 VLAN 和虚拟子网功能的实现,以及由单步路由选择而产生的双倍性能。

在 SVN 第三阶段,用户有权选择把 MSS 客户机功能全部移植到终端站点适配卡上,这将在大容量网络中产生最佳的性能价格比。在这个实现过程中,在 LAN 到 LAN 以及 LAN 到 ATM LANE 之间,将提供路由交换功能。这个阶段很有可能为那些正在开发高带宽应用的终端用户所采用。通过这 3 个阶段的开发,交换的优势将会扩展到 ATM 网络本身以外,甚至涉及 LAN 交换领域。

最后,增强 LANE。增强的 LANE 能够使仿真 LAN 的域扩大一个数量级。另外,MSS 允许在每个域中有多个 LANE 服务器,并允许用户接入多个相关的 LAN 中。同 MPOA 一样,IBM 也是 ATM 论坛中 LANE 工作小组的积极参加者,而且全力实现小组制定的规范。

11.3.5 网络系统组成及其拓扑结构

主干网采用 100Mb/s 以太网作为主干,从网络管理中心(设备间)的主干交换机连接到每个楼层的管理间交换机(或集线器)上。

建议采用二级星形拓扑结构,即主干网和各子网(或网段)都采用星形拓扑结构,整个网络为树形拓扑结构,如图 11.7 所示。

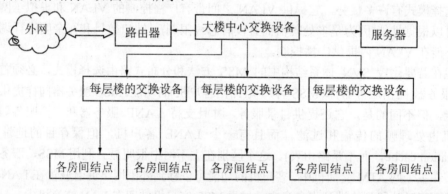

图 11.7　二级星形拓扑结构

11.3.6 网络安全方案及建议

1. 拨号上网的安全措施

如果需要拨号接入 Internet,可在网络中配置远程访问服务器,用户通过公用电话网接入远程访问服务器,通过 PPP 拨号上网。为了保证拨号入网的安全,可以采用如下措施。

(1) 设置访问控制器,对用户实行认证、授权、记账管理。

(2) 采用安全协议。

(3) 在远程访问服务器上采用访问列表技术指定访问地址、权限等。

(4) 在远程访问服务器设置回拨用户电话号码。

(5) 通信线路加密。

2. 网络系统管理

网络中包含的交换机、集线器、路由器等设备都是被管理对象。可以授权网络中的一台或数台主机为网络管理系统，通过网络管理系统对网络进行管理。网络管理的目标是使网络的性能达到最优，网络更加安全可靠，主要包括以下几个方面。

(1) 配置管理。大多数智能设备都需要某种配置，网络管理系统把这些配置信息通过网络传递到被管理的网络设备上。必要时，网管人员还可以对被管理设备的配置进行查询、修改，同时可以建立用于网络管理的数据库。

(2) 性能管理。通过网络收集性能数据，并对这些数据进行记录统计、汇总，从而可以实现对网络的监视，找出网络中的瓶颈，详细记录网络流量高峰的时刻，维护系统性能历史纪录，为网络的高效运行提供数据。

(3) 故障管理。故障管理主要管理并监督网络的非正常操作，提供维护差错日志，响应差错通知，定位并隔离故障，进行诊断测试以确定故障类型，检修排除故障。

(4) 安全管理。安全管理是指对网络系统各种资源的访问实施各种保护功能，提供安全服务，维护安全日志，分发有关安全方面的信息。

办公大楼综合布线系统工程概算如表 11-13～表 11-15 所示。

表 11-13　网络互联设备报价单

型　号	配 置 说 明	数　量	单 价/元	总　价/元
Cisco 3 层交换机	3 层交换机	1	6500	6500
24 端口 2 层交换机	2 层交换机 10Mb/s/100 Mb/s 自适应	21	800	16800
12 端口路由器	12 端口路由器	1	1100	1100
合　计		24400		

表 11-14　网络工程材料报价单

材 料 名 称	单　位	数　量	单 价/元	总　价/元
5 类 UTP 线缆	箱	10	200	2000
信息插座(超 5 类)	套	200	20	4000
5 类配线架 16 端口	个	30	160	4800
1.6m 机柜	个	1	6000	6000
0.5m 机柜	个	1	3000	3000
PVC 槽 80×50	m	200	50	10000
PVC 槽 40×30	m	300	60	18000
PVC 槽 25×12.5	m	250	100	25000
RJ-45 接头	个	300	6	1800
小件消耗品		500	40	20000
合　计		94600		

表 11-15　网络工程施工和工程费

施 工 费				
分项工程名	单　位	数　量	单　价	总　价/元
PVC 槽敷设				2000
双绞线敷设				2000
跳线制作				3000
机柜安装				2000
信息插座打线、安装				5000
竖井打洞				2000
合　计		16000		
工 程 费				
设计费	(施工费＋材料费)×5%			6700
督导费	(施工费＋材料费)×7%			9380
测试费	(施工费＋材料费)×4%			5360
合　计				

本 章 小 结

本章分别通过 3 个范例来具体介绍网络系统分析与设计方案，通过实例使读者掌握工程项目投标书的具体要求；通过介绍某单位网络建设方案，系统描述了方案所包含的要求和注意事项，同时介绍了办公大楼网络工程系统设计中的组成及拓扑结构，并系统分析了办公大楼对布线的要求。

习　　题

1．简述规划设计的任务、基本原则。
2．试画图并描述网络拓扑的分层结构。
3．试建立防流量异常的安全解决方案。
4．如何设计网络安全系统？

参 考 文 献

[1] [美]David C.Hay. 需求分析[M]. 孙学涛，等译. 北京：清华大学出版社，2004.

[2] 杨卫东. 网络系统集成与工程设计[M]. 北京：科学出版社，2005.

[3] 骆耀祖，叶宇凤，刘东远. 网络系统集成与管理[M]. 北京：人民邮电出版社，2005.

[4] 郭军. 网络管理[M]. 2版. 北京：北京邮电大学出版社，2003.

[5] 王群，王琳琳. 局域网一点通：组建交换式局域网[M]. 北京：人民邮电出版社，2004.

[6] 陈向阳，谈宏华，巨修炼. 计算机网络与通信[M]. 北京：清华大学出版社，2005.

[7] 严若愚，郑庆华. 使用交叉熵检测和分类网络异常流量[J]. 西安交通大学学报，2010，6(44)：10-15.

[8] 王群，诸顺华，王琳琳，等. 局域网一点通：TCP/IP管理及网络互联[M]. 北京：人民邮电出版社，2004.

[9] [印]Atul Kahate. 密码学与网络安全[M]. 邱仲潘，等译. 北京：清华大学出版社，2005.

[10] [美]Adrew S Tanenbau，计算机网络[M]. 熊桂喜，王小虎，译. 北京：清华大学出版社，2003.

[11] 钱叶魁，陈鸣，郝强，等. ODC-在线检测和分类全网络流量异常的方法[J]. 通信学报，2011，32(1)：111-120.

[12] 张宝军. 网络入侵检测若干技术研究[D]. 杭州：浙江大学，2009.

[13] 张军华，臧胜涛，单联瑜. 高性能计算的发展现状及趋势[J]. 石油地球物理勘探，2010，45(6)：918-925.

[14] 刘晓辉，杨兴明. 中小企业网络管理员实用教程[M]. 北京：科学技术出版社，2004.

[15] 曾明，李建军. 网络工程与网络管理[M]. 北京：电子工业出版社，2003.

[16] [美]Tom Thomas. 网络安全第一阶[M]. 李栋栋，许健，译. 北京：人民邮电出版社，2005.

[17] 张卫，王能，俞黎阳，等. 计算机网络工程[M]. 北京：清华大学出版社，2004.

[18] 远望图书部. 网管成长日记[M]. 北京：人民交通出版社，2005.

[19] 张保通. 网络互联技术：路由、交换与远程访问[M]. 北京：中国水利水电出版社，2004.

[20] 夏靖波. 网络工程设计与实践[M]. 西安：西安电子科技大学出版社，2005.

[21] 史秀璋. 计算机网络工程[M]. 2版. 北京：中国铁道出版社，2006.

[22] 孟洛明，等. 现代网络管理技术[M]. 北京：北京邮电大学出版社，1999.

[23] 郭军. 智能信息技术[M]. 北京：北京邮电大学出版社，1999.

[24] 谢希仁. 计算机网络[M]. 5版. 北京：电子工业出版社，2008.

[25] 陈鸣. 网络工程设计教程：系统集成方法[M]. 2版. 北京：机械工业出版社，2008.

[26] Gordon Rain. Configuration Management. Telecommunications Network Management into 21st Century，IEEE Press，1995.

[27] 郭军. 网络管理与控制技术[M]. 北京：人民邮电出版社，1999.

[28] 杨家海，任宪坤，王沛瑜. 网络管理原理与实现技术[M]. 北京：清华大学出版社，2000.

北京大学出版社本科计算机系列实用规划教材

序号	标准书号	书名	主编	定价	序号	标准书号	书名	主编	定价
1	7-301-10511-5	离散数学	段禅伦	28	42	7-301-14504-3	C++面向对象与 Visual C++程序设计案例教程	黄贤英	35
2	7-301-10457-X	线性代数	陈付贵	20	43	7-301-14506-7	Photoshop CS3 案例教程	李建芳	34
3	7-301-10510-X	概率论与数理统计	陈荣江	26	44	7-301-14510-4	C++程序设计基础案例教程	于永彦	33
4	7-301-10503-0	Visual Basic 程序设计	闵联营	22	45	7-301-14942-3	ASP .NET 网络应用案例教程 (C# .NET 版)	张登辉	33
5	7-301-10456-9	多媒体技术及其应用	张正兰	30	46	7-301-12377-5	计算机硬件技术基础	石磊	26
6	7-301-10466-8	C++程序设计	刘天印	33	47	7-301-15208-9	计算机组成原理	娄国焕	24
7	7-301-10467-5	C++程序设计实验指导与习题解答	李兰	20	48	7-301-15463-2	网页设计与制作案例教程	房爱莲	36
8	7-301-10505-4	Visual C++程序设计教程与上机指导	高志伟	25	49	7-301-04852-8	线性代数	姚喜妍	22
9	7-301-10462-0	XML 实用教程	丁跃潮	26	50	7-301-15461-8	计算机网络技术	陈代武	33
10	7-301-10463-7	计算机网络系统集成	斯桃枝	22	51	7-301-15697-1	计算机辅助设计二次开发案例教程	谢安俊	26
11	7-301-10465-1	单片机原理及应用教程	范立南	30	52	7-301-15740-4	Visual C# 程序开发案例教程	韩朝阳	30
12	7-5038-4421-3	ASP .NET 网络编程实用教程 (C#版)	崔良海	31	53	7-301-16597-3	Visual C++程序设计实用案例教程	于永彦	32
13	7-5038-4427-2	C 语言程序设计	赵建锋	25	54	7-301-16850-9	Java 程序设计案例教程	胡巧多	32
14	7-5038-4420-5	Delphi 程序设计基础教程	张世明	37	55	7-301-16842-4	数据库原理与应用 (SQL Server 版)	毛一梅	36
15	7-5038-4417-5	SQL Server 数据库设计与管理	姜力	31	56	7-301-16910-0	计算机网络技术基础与应用	马秀峰	33
16	7-5038-4424-9	大学计算机基础	贾丽娟	34	57	7-301-15063-4	计算机网络基础与应用	刘远生	32
17	7-5038-4430-0	计算机科学与技术导论	王昆仑	30	58	7-301-15250-8	汇编语言程序设计	张光长	28
18	7-5038-4418-3	计算机网络应用实例教程	魏峥	25	59	7-301-15064-1	网络安全技术	骆耀祖	30
19	7-5038-4415-9	面向对象程序设计	冷英男	28	60	7-301-15584-4	数据结构与算法	佟伟光	32
20	7-5038-4429-4	软件工程	赵春刚	22	61	7-301-17087-8	操作系统实用教程	范立南	36
21	7-5038-4431-0	数据结构(C++版)	秦锋	28	62	7-301-16631-4	Visual Basic 2008 程序设计教程	隋晓红	34
22	7-5038-4423-2	微机应用基础	吕晓燕	33	63	7-301-17537-8	C 语言基础案例教程	汪新民	31
23	7-5038-4426-4	微型计算机原理与接口技术	刘彦文	26	64	7-301-17397-8	C++程序设计基础教程	郜亚辉	30
24	7-5038-4425-6	办公自动化教程	钱俊	30	65	7-301-17578-1	图论算法理论、实现及应用	王桂平	54
25	7-5038-4419-1	Java 语言程序设计实用教程	董迎红	33	66	7-301-17964-2	PHP 动态网页设计与制作案例教程	房爱莲	42
26	7-5038-4428-0	计算机图形技术	龚声蓉	28	67	7-301-18514-8	多媒体开发与编程	于永彦	35
27	7-301-11501-5	计算机软件技术基础	高巍	25	68	7-301-18538-4	实用计算方法	徐亚平	24
28	7-301-11500-8	计算机组装与维护实用教程	崔明远	33	69	7-301-18539-1	Visual FoxPro 数据库设计案例教程	谭红杨	35
29	7-301-12174-0	Visual FoxPro 实用教程	马秀峰	29	70	7-301-19313-6	Java 程序设计案例教程与实训	董迎红	45
30	7-301-11500-8	管理信息系统实用教程	杨月江	27	71	7-301-19389-1	Visual FoxPro 实用教程与上机指导（第2版）	马秀峰	40
31	7-301-11445-2	Photoshop CS 实用教程	张瑾	28	72	7-301-19435-5	计算方法	尹景本	28
32	7-301-12378-2	ASP .NET 课程设计指导	潘志红	35	73	7-301-19388-4	Java 程序设计教程	张剑飞	35
33	7-301-12394-2	C# .NET 课程设计指导	龚自霞	32	74	7-301-19386-0	计算机图形技术(第2版)	许承东	44
34	7-301-13259-3	VisualBasic .NET 课程设计指导	潘志红	30	75	7-301-15689-6	Photoshop CS5 案例教程（第2版）	李建芳	39
35	7-301-12371-3	网络工程实用教程	汪新民	34	76	7-301-18395-3	概率论与数理统计	姚喜妍	29
36	7-301-14132-8	J2EE 课程设计指导	王立丰	32	77	7-301-19980-0	3ds Max 2011 案例教程	李建芳	44
37	7-301-13585-3	计算机专业英语	张勇	30	78	7-301-20052-0	数据结构与算法应用实践教程	李文书	36
38	7-301-13684-3	单片机原理及应用	王新颖	25	79	7-301-12375-1	汇编语言程序设计	张宝剑	36
39	7-301-14505-0	Visual C++程序设计案例教程	张荣梅	30	80	7-301-20523-5	Visual C++程序设计教程与上机指导(第2版)	牛江川	40
40	7-301-14259-2	多媒体技术应用案例教程	李建	30	81	7-301-20630-0	C#程序开发案例教程	李挥剑	39
41	7-301-14503-6	ASP .NET 动态网页设计案例教程(Visual Basic .NET 版)	江红	35					

北京大学出版社电气信息类教材书目(已出版)
欢迎选订

序号	标准书号	书 名	主编	定价	序号	标准书号	书 名	主 编	定价
1	7-301-10759-1	DSP 技术及应用	吴冬梅	26	38	7-5038-4400-3	工厂供配电	王玉华	34
2	7-301-10760-7	单片机原理与应用技术	魏立峰	25	39	7-5038-4410-2	控制系统仿真	郑恩让	26
3	7-301-10765-2	电工学	蒋 中	29	40	7-5038-4398-3	数字电子技术	李 元	27
4	7-301-19183-5	电工与电子技术(上册)(第2版)	吴舒辞	30	41	7-5038-4412-6	现代控制理论	刘永信	22
5	7-301-19229-0	电工与电子技术(下册)(第2版)	徐卓农	32	42	7-5038-4401-0	自动化仪表	齐志才	27
6	7-301-10699-0	电子工艺实习	周春阳	19	43	7-5038-4408-9	自动化专业英语	李国厚	32
7	7-301-10744-7	电子工艺学教程	张立毅	32	44	7-5038-4406-5	集散控制系统	刘翠玲	25
8	7-301-10915-6	电子线路 CAD	吕建平	34	45	7-301-19174-3	传感器基础(第2版)	赵玉刚	30
9	7-301-10764-1	数据通信技术教程	吴延海	29	46	7-5038-4396-9	自动控制原理	潘 丰	32
10	7-301-18784-5	数字信号处理(第2版)	阎 毅	32	47	7-301-10512-2	现代控制理论基础(国家级十一五规划教材)	侯媛彬	20
11	7-301-18889-7	现代交换技术(第2版)	姚 军	36	48	7-301-11151-2	电路基础学习指导与典型题解	公茂法	32
12	7-301-10761-4	信号与系统	华 容	33	49	7-301-12326-3	过程控制与自动化仪表	张井岗	36
13	7-301-10762-5	信息与通信工程专业英语	韩定定	24	50	7-301-12327-0	计算机控制系统	徐文尚	28
14	7-301-10757-7	自动控制原理	袁德成	29	51	7-5038-4414-0	微机原理及接口技术	赵志诚	38
15	7-301-16520-1	高频电子线路(第2版)	宋树祥	35	52	7-301-10465-1	单片机原理及应用教程	范立南	30
16	7-301-11507-7	微机原理与接口技术	陈光军	34	53	7-5038-4426-4	微型计算机原理与接口技术	刘彦文	26
17	7-301-11442-1	MATLAB 基础及其应用教程	周开利	24	54	7-301-12562-5	嵌入式基础实践教程	杨 刚	30
18	7-301-11508-4	计算机网络	郭银景	31	55	7-301-12530-4	嵌入式 ARM 系统原理与实例开发	杨宗德	25
19	7-301-12178-8	通信原理	隋晓红	32	56	7-301-13676-8	单片机原理与应用及 C51 程序设计	唐 颖	30
20	7-301-12175-7	电子系统综合设计	郭 勇	25	57	7-301-13577-8	电力电子技术及应用	张润和	38
21	7-301-11503-9	EDA 技术基础	赵明富	22	58	7-301-12393-5	电磁场与电磁波	王善进	25
22	7-301-12176-4	数字图像处理	曹茂永	23	59	7-301-12179-5	电路分析	王艳红	38
23	7-301-12177-1	现代通信系统	李白萍	27	60	7-301-12380-5	电子测量与传感技术	杨 雷	35
24	7-301-12340-9	模拟电子技术	陆秀令	28	61	7-301-14461-9	高电压技术	马永翔	28
25	7-301-13121-3	模拟电子技术实验教程	谭海曙	24	62	7-301-14472-5	生物医学数据分析及其 MATLAB 实现	尚志刚	25
26	7-301-11502-2	移动通信	郭俊强	22	63	7-301-14460-2	电力系统分析	曹 娜	35
27	7-301-11504-6	数字电子技术	梅开乡	30	64	7-301-14459-6	DSP 技术与应用基础	俞一彪	34
28	7-301-18860-6	运筹学(第2版)	吴亚丽	28	65	7-301-14994-2	综合布线系统基础教程	吴达金	24
29	7-5038-4407-2	传感器与检测技术	祝诗平	30	66	7-301-15168-6	信号处理 MATLAB 实验教程	李 杰	20
30	7-5038-4413-3	单片机原理与应用	刘 刚	24	67	7-301-15440-3	电工电子实验教程	魏 伟	26
31	7-5038-4409-6	电机与拖动	杨天明	27	68	7-301-15445-8	检测与控制实验教程	魏 伟	24
32	7-5038-4411-9	电力电子技术	樊立萍	25	69	7-301-04595-4	电路与模拟电子技术	张绪光	35
33	7-5038-4399-0	电力市场原理与实践	邹 斌	24	70	7-301-15458-8	信号、系统与控制理论(上、下册)	邱德润	70
34	7-5038-4405-8	电力系统继电保护	马永翔	27	71	7-301-15786-2	通信网的信令系统	张云麟	24
35	7-5038-4397-6	电力系统自动化	孟祥忠	25	72	7-301-16493-8	发电厂变电所电气部分	马永翔	35
36	7-5038-4404-1	电气控制技术	韩顺杰	22	73	7-301-16076-3	数字信号处理	王震宇	32
37	7-5038-4403-4	电器与 PLC 控制技术	陈志新	38	74	7-301-16931-5	微机原理与接口技术	肖洪兵	32

序号	标准书号	书 名	主 编	定价	序号	标准书号	书 名	主 编	定价
75	7-301-16932-2	数字电子技术	刘金华	30	91	7-301-18260-4	控制电机与特种电机及其控制系统	孙冠群	42
76	7-301-16933-9	自动控制原理	丁 红	32	92	7-301-18493-6	电工技术	张 莉	26
77	7-301-17540-8	单片机原理及应用教程	周广兴	40	93	7-301-18496-7	现代电子系统设计教程	宋晓梅	36
78	7-301-17614-6	微机原理及接口技术实验指导书	李干林	22	94	7-301-18672-5	太阳能电池原理与应用	靳瑞敏	25
79	7-301-12379-9	光纤通信	卢志茂	28	95	7-301-18314-4	通信电子线路及仿真设计	王鲜芳	29
80	7-301-17382-4	离散信息论基础	范九伦	25	96	7-301-19175-0	单片机原理与接口技术	李 升	46
81	7-301-17677-1	新能源与分布式发电技术	朱永强	32	97	7-301-19320-4	移动通信	刘维超	39
82	7-301-17683-2	光纤通信	李丽君	26	98	7-301-19447-8	电气信息类专业英语	缪志农	40
83	7-301-17700-6	模拟电子技术	张绪光	36	99	7-301-19451-5	嵌入式系统设计及应用	邢吉生	44
84	7-301-17318-3	ARM 嵌入式系统基础与开发教程	丁文龙	36	100	7-301-19452-2	电子信息类专业 MATLAB 实验教程	李明明	42
85	7-301-17797-6	PLC 原理及应用	缪志农	26	101	7-301-16914-8	物理光学理论与应用	宋贵才	32
86	7-301-17986-4	数字信号处理	王玉德	32	102	7-301-16598-0	综合布线系统管理教程	吴达金	39
87	7-301-18131-7	集散控制系统	周荣富	36	103	7-301-20394-1	物联网基础与应用	李蔚田	44
88	7-301-18285-7	电子线路 CAD	周荣富	41	104	7-301-20339-2	数字图像处理	李云红	36
89	7-301-16739-7	MATLAB 基础及应用	李国朝	39	105	7-301-20340-8	信号与系统	李云红	29
90	7-301-18352-6	信息论与编码	隋晓红	24	106	7-301-20644-7	网络系统分析与设计	严承华	39

请登录 www.pup6.cn 免费下载本系列教材的电子书(PDF 版)、电子课件和相关教学资源。

欢迎免费索取样书,并欢迎到北京大学出版社来出版您的著作,可在 www.pup6.cn 在线申请样书和进行选题登记,也可下载相关表格填写后发到我们的邮箱,我们将及时与您取得联系并做好全方位的服务。

联系方式:010-62750667,pup6_czq@163.com,szheng_pup6@163.com,linzhangbo@126.com,欢迎来电来信咨询。